U0003070

The Mathematical Universe

An Alphabetical Journey Through
the Great Proofs, Problems, and Personalities

Universe

數學教室
A to Z

數學證明難題 **&** 大師背後的故事

威廉・鄧漢 William Dunham —— 著

蔡承志 —— 譯

【出版緣起】
開創科學新視野

何飛鵬

有人說，是聯考制度，把台灣讀者的讀書胃口搞壞了。這話只對了一半；弄壞讀書胃口的，是教科書，不是聯考制度。

如果聯考內容不限在教科書內，還包含課堂之外所有的知識環境，那麼，還有學生不看報紙、家長不准小孩看課外讀物的情況出現嗎？如果聯考內容是教科書佔百分之五十，基礎常識佔百分之五十，台灣的教育能不活起來、補習制度的怪現象能不消除嗎？況且，教育是百年大計，是終身學習，又豈是封閉式的聯考、十幾年內的數百本教科書，可囊括而盡？

「科學新視野系列」正是企圖破除閱讀教育的迷思，為台灣的學子提供一些體制外的智識性課外讀物；「科學新視野系列」自許成為一個前導，提供科學與人文之間的對話，開闊讀者的新視野，也讓離開學校之後的讀者，能真正體驗閱讀樂趣，讓這股追求新知欣喜的感動，流盪心頭。

其實，自然科學閱讀並不是理工科系學生的專利，因為科學是文明的一環，是人類理解人生、接觸自然、探究生命的一個途徑；科學不僅僅是知識，更是一種生活方式與生活態度，能養成面對周遭環境一種嚴謹、清明、宏觀的態度。

千百年來的文明智慧結晶，在無垠的星空下閃閃發亮、向讀者招手；但是這有如銀河系，只是宇宙的一角，「科學新視野系列」不但要和讀者一起共享大師們在科學與科技所有領域中的智慧之光；「科學新視野系列」更強調未來性，將有如宇宙般深邃的人類創造力與想像力，跨過時空，一一呈現出來，這些豐富的資產，將是人類未來之所倚。

我們有個夢想：

在波光粼粼的岸邊，亞里斯多德、伽利略、祖沖之、張衡、牛頓、佛洛依德、愛因斯坦、蒲朗克、霍金、沙根、祖賓、平克……，他們或交談，或端詳撿拾的貝殼。我們也置身其中，仔細聆聽人類文明中最動人的篇章……。

（本文作者為城邦文化商周出版事業部發行人）

【前言】

　　許多孩子都從簡單的字母書開始學習閱讀，他們舒服地坐在父母溫暖的膝上，逐一聆聽字母，從「A 拼寫出alligator（鱷魚）」到「Z 拼寫出zebra（斑馬）」。這類書籍或許不是偉大的文學作品，卻是教導孩子認識字母、詞彙和語言最有效的啟蒙讀物。

　　本書仿效這類孩童的字母學習讀物，收錄系列短文，從 A 到 Z 概括論述數學學識。但內容部分比較精深（這時 D 不再代表doggie〔小狗〕，而是拼寫出differential calculus〔微分學〕），而且也不需要坐在溫暖的膝上。不過基本理念相同，依然是從 A 到 Z 的閱讀歷程。

　　就專供讀者從頭到尾閱讀的書籍來講，這種格式帶來一項嚴苛的限制。畢竟數學課題的進程，並不依循拉丁字母的邏輯順序來發展，因此章節變換有時會顯得突兀。此外，儘管某些字母涵括眾多可能題材，有些卻也十分冷僻，這種狀況在孩童的字母讀本也可以發現，比如「C 拼寫出cat（貓）」，輪到 X 卻是「X 拼寫出xenurus（犰狳）」。往後讀者就會注意到，其中論題有些是硬塞進去的，就像把一隻十六號的大腳，用鞋拔硬塞進八號的靴子裡。為配合字母順序來規畫論題流程，確實引發重大邏輯難題。

　　本書開頭（顯然）是很簡單的算術題材，後續各章則反覆探討各項主題，還常有糾結交織的情況。相連各章有時彼此很能匹配，例如 G、H 和 I 三章，都談幾何學，還有 K 和緊接在後的第 L 章，則是談十七世紀的以撒·牛頓和戈特弗里德·萊布尼茲（Gottfried Wilhelm Leibniz）兩位死對頭。有些章節集中論述單一數學家，比如第 E 章的歐拉、第 F 章的費馬，和第 R 章的羅素。有的篇章論述特定成果，例如等周問題或阿基米德求得球狀曲面表面積的作法。還有的則探究比較寬廣的議題，好比數學人物，或者女性在這個學門的身影。另外，不論探討哪項題材，各章都撥出大量篇幅來探究歷史沿革。

　　隨著論述發展，所有篇章起碼都會簡略提及數學的主要分支（從代數到幾何，

乃至於機率和微積分）。這些段落的設計，著眼於解釋關鍵數學理念，帶有非正式教科書的意味，而且每個篇幅都零星出現實際的證明（或者至少是「小證明」）。舉例來說，D 和 L 兩章便分別介紹微分和積分的算法，也因此背負的數學包袱較爲沉重一些。

然而，就多數章節而言，陳述時都刻意避開直接技巧推演。所有數學題材幾乎都屬於基礎層次，也就是針對腹中裝有些許高中代數和幾何學識的對象來講述。專業數學家在字裡行間應該找不到什麼驚奇的內容。本書的目標對象，是對數學具有廣博興趣，程度至少和他們所受訓練相符的讀者。

有幾項主題會一再出現書中：數學是種歷史悠久，卻又生機蓬勃的學問，處理的課題包括日常重要事務，也包括沒有絲毫用處的事項；數學亦是一門汪洋浩博的學問，其寬廣程度，唯有其精深程度堪可比擬。依照字母順序安排章節，鋪陳道出這其中事理，就是本書的目標。

爲免輕忽之失，這裡不能遺漏約翰・保羅士（John Allen Paulos）的《超越數》（*Beyond Numeracy,* Knopf, New York, 1991）。他表示，這本書「部分是字典，部分是數學文集彙刊，還有部分則是數學學人的反思心得」。保羅士以生動的論述，從 A 到 Z 描繪出一組數學課題——他在該書中的內容安排，是從algebra（代數）到Zeno（芝諾）。他爲某些字母安排了多項條目，採這種作法，涵括範疇才更爲寬廣；我則收納較少條目，不過文章篇幅較長，如此安排可提增深度。期望我們這兩本書可以和平共存，構成同採字母編排的變化成果。

當然，一名作家不可能探討所有關鍵要點、介紹所有重要人物，或兼顧數學界所有迫切的議題。每有轉折都必須做出抉擇，而影響抉擇的要件包括，內部一致的需求、題材的複雜程度、作者的興趣和專業，還有全然人爲的字母順序布局。這類計畫總有遺珠，而且缺捨的數量，甚至有獲採納條目的數千倍之多；同時，大批有潛力的論題，也在剪輯室中，命喪於文字處理人員之手。

到頭來，這本書就成爲一個人隻身面對浩瀚數學宇宙的反應成果。本書描繪出一段旅程，代表在無數作家、無窮盡可能的旅程當中，最後眞正落實的選擇。同時，這裡我並不聲稱自己確實恪遵從 A 到 Z 的廣博路徑來鋪陳內容。

暫且把這些限制要件擺在一旁，我希望這些章節能夠彰顯所述題材的無窮魅力，起碼要讓讀者略瞥箇中妙處。十九世紀數學家索菲亞・柯瓦列夫斯卡婭（Sofia

Kovalevskaia）便曾指出：「許多無緣更深入認識數學的人士，分不清數學和算術的差異，還誤以為這是一門枯燥冷僻的科學。事實上，這卻是門需要最高強想像力的科學。」[1]本書或許還有一項功能，藉此可以彰顯十五世紀希臘哲人普羅克洛斯（Proclus）所述見識：「單憑數學，便能重振生機、喚醒靈魂……洞見生命。還能化形影為實在，化黑暗為智慧光芒。」[2]

目錄

Arithmetic

算術

　　就我們看來，數學都是從算術開始，本書也是如此。我們都知道，算術處理的是最基本的數量概念——1、2、3……等全數（whole number）。若說數學帶有任何普適理念，那就是區辨多重性高下程度的觀點，也就是「計數」。

　　全數必然具備一項固有特點，那就是無從否認的自然性，這就是利奧波德・克羅內克（Leopold Kronecker）那句名言的核心思想：「上帝創造了整數，而其餘的都是人為的成果。」[1]若我們把數學想像成是一支陣容壯盛的交響樂團，那麼全數系統就可比擬為一面大鼓：簡單、直接、反覆，提供其他所有樂器根本的節奏。此外肯定還有更精妙的概念——數學的雙簧管、法國號和大提琴等，這其中有些部分在往後的章節還會分別檢視。不過，全數始終是最基礎的。

　　數學家稱 1、2、3……這種無限群組為正整數，不過，自然數或許是更貼切的用詞。對它們有了初步認識，還取了個名字之後，接下來我們就改換焦點，思考如何以某些重要的方式來結合正整數。最基本的是加法。這項運算不只是種基本作法，考量到數字生來都是由累加而成，所以加法也是種「自然的」作法，亦即2＝1＋1、3＝2＋1、4＝3＋1等等。我們甚至可以說，若強健的純種馬是「天生跑手」，自然數則是「天生累加手」。

　　我們在小學階段（幾乎）總是加個不停，接著就反向操作，做逆向的減法運算。接下來，課程進入乘法和除法，還加上似乎永無止境的習題演練。就這樣經過多年教學，孩童就掌握了算術運算作法，不過也多少帶些瑕疵缺點。還有，儘管台幣兩百四十九塊錢的計算機，只需片刻就能完美無暇算出所有的結果，孩子們依然勇往學習。只可惜，在許多年輕人的心目中，算術卻成為演練和沉悶的代名詞。

　　然而，在不算很久以前，「算術」一詞涵納的意義，還不只是加、減、乘、除基本運算而已，裡頭還包含了全數更深奧的特質。舉例來說，歐洲人從前使用的詞彙是「高等算術」，意思不折不扣就是指「高深的算術」。如今大家偏愛的用詞則是「數論」。

　　這個題材牽涉廣泛，不過多少都以質數理念做為支軸。凡是大於 1 的全數，只要無法寫成兩個較小全數的乘積，都為「**質數**」。因此，前十個質數就是2、3、5、7、11、13、17、19、23和29。這所有數字，除了1和本身之外，就無法再被任一正整數除盡。

　　好議論的讀者或許會辯稱，17也可以寫成兩數的乘積，比方說，17＝2×8.5或17＝5×3.4。不過，這些例子裡面的因子，本身都不是整數。各位必須記住，在數論登場的角色，都由全數來擔綱演出；至於程度更高深、牽涉範圍更廣泛的親屬數系（分數、無理數和虛數），都只能待在台下乾著急。

　　倘若某個大於 1 的全數並非質數，也就是說，倘若某數除了 1 和本身之外，還擁有其他整數因子，這時我們就說那個全數是「合成的」，簡稱「**合數**」。舉例來說，24＝4×6和51＝3×17都是這種數。全數 1 並不列入這群質數或合數之林，箇中道理稍後就可以清楚得知。這樣一來，最小的質數就是 2。

　　有種方式可以具體審視這些概念，這種作法很簡單，也經常為人引用，那就是設想以正方形地磚拼出長方形面積。若是有十二塊地磚，這時我們就有幾種選擇來排成不同的矩形，如圖一所示。當然，這是由於12＝1×12或12＝2×6或12＝3×4

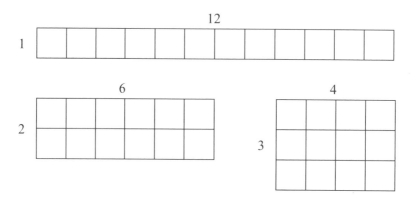

圖一

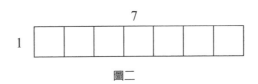

圖二

（我們認為3×4和4×3並沒有差別，因為這兩種情況，拼出的地板形狀是相同的，只是其中一種得轉個方向）。相同的道理，四十八片地磚能拼出五種平面圖，相當於以下分解方式：48＝1×48＝2×24＝3×16＝4×12＝6×8。

另一方面，用七片地磚只能拼出一種平面圖：結果顯而易見，也就是不十分有趣的1×7，如下頁圖二所示。若有人必須用整整七片地磚來鋪設矩形房間地面，那麼他心中盤算的房間，最好是非常狹長才行。從這點看來，倘若 p 數只能規畫出一種平面圖，那麼 p 就是質數：稀鬆平常的 p＝1×p。若是使用某數可以規畫出不同的平面圖，這個數就是合成的。

質數或許是高等算術的核心，不過，質數也是數學最大亂象的禍首。理由很簡單：既然全數不折不扣就是加法運算的產物，那麼質數和合數的問題，就把「乘法」推上了舞台。儘管數論相當迷人，卻也十分艱深，因為數學家總想運用乘法理念，來檢視加法得出的產物。

從這個觀點來看，自然數就像是離水的魚。自然數是藉由加法步驟孕育生成，卻發現自己身處陌生的乘法環境。當然，先別認為這個冒險行為是毫無指望的，想想在三億五千萬年之前，魚類的確是從水中上陸，當年牠們在不完全適合本身構造的世界，費勁喘了幾口氣，接著演化成兩棲類、爬蟲類、鳥類、哺乳類，還演化出數學家。惡劣陌生的環境，有時會醞釀出全然不同的結果。

若是沒有出現算術基本定理這樣的產物，質數在數論當中肯定會扮演比較偏離核心的地位（請注意，前面「算術」一詞，是採用比較廣義的觀點）。從這個名字來看，算術基本定理是整個數學界最基本又最重要的命題。命題敘述十分簡潔：

算術基本定理：任意不等於 1 的正整數，都可以寫成質數的乘積，而且寫法僅得一種。

這裡我們有個兩面刃主張。首先，任意全數都可以寫成質數的「某種」乘積；第二，寫法僅得「一種」。於是我們就必然得出結論，認為質數是乘法的建構砌

磚，所有全數都是按照這種步驟組裝成形，質數的重要性就是棲身在這裡。質數扮演的角色，和化學元素可以相提並論。我們知道，任意自然化合物都可以分解成周期表上的九十二種自然元素成分（或者包括在實驗室生成的總計一百多種元素）；相同的道理，任意全數同樣也可以分解成質數因子。水分子可以寫成H_2O，這種化合物可以分解出兩顆氫原子，加上一顆氧原子。相同道理，化合的（也就是合成的）數45，也可以分解成兩個質因數 3 和一個質因數 5 的乘積。我們可以仿效水的化學標記法，寫成$45＝3_25$，不過，數學家偏愛採用指數式寫法$45＝3^2×5$。

不過，除了提出分解成質數的作法之外，算術基本定理還有其他同樣重要的貢獻，那就是這項定理保證，每種分解方式都是獨一無二的。倘若有人做質數因子分解，求得92,365可以分解為$5×7×7×13×29$，那麼，在辦公室或國土另一個角落的人，無論是在今日或距今一千個世紀之後動手運算，求得的質數分解結果，肯定也是完全一模一樣。

這讓數學家非常安心。當然，還有一種情況也同樣令人安心，當化學家把水分子分解成一顆氧原子和兩顆氫原子，另一位化學家並不會分解出一顆鉛原子和兩顆鉬原子。質數就像元素，不只是種建構砌磚，更是獨一無二的砌磚。

這裡有必要指出，為了求得唯一因子分解結果，我們就必須把 1 排除在質數之外。因為，倘若把 1 納入質數之列，那麼舉例來說，數14的質數分解，除了$14＝2×7$之外，還會有$14＝1×2×7$和$14＝1×1×1×2×7$等等「不同的」質數分解結果。如此則質因數分解就不再是獨一無二了。數學家說，讓 1 扮演特殊角色，結果就好得多了。數字 1 不是質數，也不是合數，它叫做「單元數」。

數學家面對一個正整數時，偶爾會希望判定這是個質數或合數，若是合數，他們還會想找出所含的質數因子。這有時很容易解決。任意偶全數（2 除外）都有個因數 2，因此顯然都非質數；同時，最後一位等於 5 或 0 的任意全數，同樣也都是合成的。就其他情況來看，這道質數性的問題，難度就遠高於此。例如，誰願意費心斷定4,294,967,297和4,827,507,229哪個是質數，哪個不是？＊

十九世紀的數學家卡爾・高斯（Carl Friedrich Gauss, 1777-1855）或許是有史

＊信不信由你，641可以把4,294,967,297除盡；另一個數4,827,507,229則是質數。見大衛・韋爾斯（David Wells）《有趣怪數企鵝大辭典》（*The Penguin Dictionary of Curious and Interesting Numbers*, Penguin, New York, p.192）一書。

以來最偉大的數論學者，他在一八○一年的鉅著《整數論研考》（*Disquisitiones Arithmeticae*）一書中坦白道出：

> 　　區辨質數和合數之別，把合數解析成所含質數因子，這是已知最重要，也最有用的算術問題……看來科學本身的尊嚴，有賴全心投入，探究一切可能作法，設法解決這麼優雅，又這麼著名的問題。[2]

　　隨後在超過二十四個世紀期間，從古代希臘人到現代數論學家，數學界對這類問題始終無法抗拒，甚至可以比擬為飛蛾撲火，或者白襯衫吸引義大利麵醬汁沾染上身。這一路走來，學者已經針對質數提出眾多猜想。有些已獲證實，有些則已然證明為非，還有為數驚人的構想，依然未解。

　　舉個例子，法國教士馬蘭・梅森（Marin Mersenne, 1588-1648）在一六四四年提出一道耐人尋味的問題。梅森在十七世紀科學界扮演重要的角色，這不單是基於他對數論所做的貢獻，還因為他在當時數學界發揮資訊交流中心重大功用所致。每當學者對數學現況感到好奇，或者對一道難題茫無頭緒時，都會寫信給梅森。有時梅森知道答案，或者他也能指點他們向有條件回答的權威人士求教。當年還沒有科學集會、專業期刊，甚或電子郵件，所以他所扮演的此種資訊管道的價值，可說是高得無以復加。

　　梅森迷上了 $2^n - 1$ 算式包含的數群，也就是 2 的乘冪減 1 所得數群。如今，為了紀念他，這群數就稱為「**梅森數**」。這種數顯然全都是奇數。更重要的是，其中有些還是質數。

　　梅森馬上認出，若 n 為合數，那麼 $2^n - 1$ 也必為合數。舉例來說，若 $n=12$，梅森數 $2^{12} - 1 = 4,095 = 3 \times 3 \times 5 \times 7 \times 13$ 就是合數（因為12是個合數）；就合數 $n=33$ 來看，$2^{33} - 1 = 8,589,934,591 = 7 \times 1,227,133,513$ 同樣也不是質數。

　　然而，當指數是質數時，結果就不那麼明確了。設 $p=2$、3、5和7，結果就得出一群「梅森質數」：$2^2 - 1 = 3$、$2^3 - 1 = 7$、$2^5 - 1 = 31$，還有 $2^7 - 1 = 127$。不過，若是我們以質數 $p=11$ 做為指數，結果就得到 $2^{11} - 1 = 2,047$；唉，這個數是23和89的乘積，因此是個合數。梅森完全明白，當 p 為質數時，並不保證 $2^p - 1$ 也是質數。事實上，他還曾經斷言，介於2和257的質數群當中，能夠讓 $2^p - 1$ 也為質數的 p 值，只有 $p=2$、3、5、7、13、17、19、31、67、127和257。[3]

　　遺憾的是，梅森神父的結論有罪，包括職務之過和疏失之罪。例如，他漏看了一件事例，$2^{61}-1$ 是個質數。後來又發現，$2^{67}-1$ 根本不是質數。後面這點，在一八七六年由愛德華·盧卡斯（Edouard Lucas, 1842-1891）確認，他採論述來證明這是個合數，作法拐彎抹角，完全沒有明確指出任一因數。於是，就某種意義來說，$2^{67}-1$ 的故事，結局仍屬未定，值得暫時離題，來談談它最後一段重要的發展。

　　那是在一九○三年，背景是美國數學學會的一次集會。那次議程的講員，有一位是來自哥倫比亞大學的佛蘭克·柯爾（Frank Nelson Cole）。輪到柯爾發表時，他走到講堂前，靜靜把 2 累乘 67 次，然後減 1，最後得出 147,573,952,588,676,412,927 這劃時代的結果。目睹這次沉默的計算過程，聽眾滿頭霧水。接下來又見柯爾在黑板上寫道：

$$193,707,721 \times 761,838,257,287$$

這次他也是靜靜地計算。乘積不是別的，正等於

$$147,573,952,588,676,412,927$$

隨後柯爾便回到位子上坐下。他的表演，真可當成默劇演員大會的理想演出劇目。

　　聽眾席上，來賓才剛剛親眼目睹梅森數 $2^{67}-1$ 明明白白經過因子分解，得出兩個巨大因數，霎時間，他們就像柯爾那般靜默無語。接下來，席上爆出掌聲，來賓起立向他致敬！期望這項表彰舉止，讓柯爾的心溫暖起來，因為，後來他曾坦承，在這之前的二十年期間，他都不斷從事這項計算工作。[4]

　　儘管柯爾完成因子分解，梅森數依然是質數研究的一項豐碩成果。幾無疑問，每當一份報紙刊登有人發現嶄新「最大」質數的消息，最後總會發現，那是個 2^p-1 型式的數。直到一九九二年止，已知最大質數是 $2^{756839}-1$，那是個位數多達 227,832 的巨獸數。[5]不過，就比較一般化的問題來看，哪些梅森數是質數，哪些則否，依然是數論的未解難題。

　　梅森數 2^7-1 也包含另一個質數方面的故事。十九世紀中期，法國數學家波利尼亞克（A. de Polignac）斷言：

　　　所有奇數都能以 2 之乘冪與一質數之和來表示。[6]

　　舉例來說，數15可以寫成$8+7=2^3+7$，此外$53=16+37=2^4+37$，而且4,107$=4,096+11=2^{12}+11$。

　　儘管波利尼亞克並未聲稱自己證明了這個迷人的猜想，然而他卻隱約指稱，自己曾經把三百萬以下的所有奇數都拿來核算。

　　既然凡是 2 的乘冪，經過質數分解都得不出任何奇數，因此這種乘冪值，總歸是最道地的純偶數群。波利尼亞克的陳述隱約指出，任意奇數都可以用一個質數（最基本的建構砌磚），加上一個（只能是偶數的）2 的乘冪來建構。好大膽的陳述。

　　但這項陳述也是一錯到底。倘若波利尼亞克果真投入必要的時間檢核他的論斷達數百萬位數，那麼我們只能可憐他，因為相對微小的梅森質數127，就能駁倒他的主張；數127完全無法寫成一個 2 的乘冪加上一個質數。事實清楚分明，只需分解127，寫成 2 的乘冪和一個餘項，列出所有可能的算式，我們就可以看出餘項全都不是質數：

$$127=2+125=2+(5×25)$$
$$127=4+123=2^2+(3×41)$$
$$127=8+119=2^3+(7×17)$$
$$127=16+111=2^4+(3×37)$$
$$127=32+95=2^5+(5×19)$$
$$127=64+63=2^6+(3×21)$$

（由於$2^7=128$，得數大於127，這裡我們沒必要再繼續下去。）如今，波利尼亞克的猜想已經被丟進數論的垃圾堆中，因為他錯過了一個反例，就數學觀點來看，這項反例根本是近在眼前。就像十九世紀的撲翼飛機，他的雄心主張，始終沒有離地升空。

　　前面我們把化學物質分解成元素的唯一性，拿來和整數以因子分解化為質數的唯一性相提並論。這種化學比喻確有幫助，但就一個重要層面來看，兩邊卻無相似之處：有史以來，所有化學家投身實驗，致力擴充元素種類，最後成果加總起來，元素數才剛超過一百個，然而質數卻有無窮多個。就化學元素方面，周期表可以貼

上中等大小壁面，但數學質數的同類表格就需要一面永無止境延伸的牆壁，才貼得上去。

質數無限性的最早證明，緣自希臘數學家歐幾里德（Euclid，約西元前三〇〇年），出現在他的經典著作《幾何原本》（*Elements*）。[7]這裡就提出他的證明，但是我們的版本略有改動，不過仍保有他原始論證的威力和美感。

要理解這段推論，必須先提出數論研究所得的兩項成果，此兩者都不是非常深奧。第一項是，就任意全數 n 而論，n 的兩個倍數之差，本身就是 n 的倍數。以符號表示，若 a 和 b 都是 n 的倍數，則 $a-b$ 也是。舉例來說，70和21都是 7 的倍數，因此兩數的差70－21＝49，也是 7 的倍數；相同道理，216和72都是 9 的倍數，則216－72＝144，也是 9 的倍數。

這項論據的普適證明，這裡就不予討論，不過，檢定很簡單，也很可信。

另一項先決要件同樣也十分簡單。就這點來講，任意合數至少都含有一個質因數。這裡我們也舉例來說明。合數39有質因數 3，合數323有質因數17，合數25有質因數 5。就這項定理，歐幾里德提出了一項很巧妙的證明，納入《幾何原本》第七冊，列為第三十一項命題。

除此之外，我們只需確立，質數的無限性是經由歸謬反證所得理解，這就夠了。這樣一來，我們就必須採信邏輯的最基本二分法：一句陳述非真即假。

有種作法可以證明陳述為真，那就是直接證實所述。這點顯而易見，也是老生常談。另一條門路也很可信（所謂的「**歸謬法**」，或稱「**反證法**」），也就是假定陳述為「假」，接著循此假定，採邏輯法則，導出不可能的後果。既然出現這種後果，我們就可以推知，推理環節有個地方出了點問題，倘若我們的步驟都很可靠，那麼禍首就只可能是「陳述為假」這項原始假定。因此，我們必須拒絕這項謬誤假定，於是根據前面提到的二分法，我們只剩下一種可能性：事實上該陳述必然為真。這裡要承認，這項對策拐彎抹角、迂迴曲折，看來似乎有點古怪。為了彰顯這種間接特性，我們先審視以下實例，接著再回頭討論質數的無限性課題。

假設我們正在研究完全平方兼完全立方的數群，比方說，64等於 8^2，也等於 4^3，還有729等於 27^2，也等於 9^3，以下就稱這類數為「平立方數」（sqube）。我們的目標是證明：

定理：平立方數有無限多個。

證明：這裡採用完全直接的簡單證法。我們只需注意，若 n 為任意全數，則$n^6=n^3 \times n^3 = (n^3)^2$為一完全平方數，且$n^6 = n^2 \times n^2 \times n^2 = (n^2)^3$同時也是個完全立方數。所以，我們得到為數無窮的平立方數，如下所示：

$$1^6 = 1^2 = 1^3 \qquad\qquad 2^6 = 64 = 8^2 = 4^3 \qquad\qquad 3^6 = 729 = 27^2 = 9^3$$

$$4^6 = 4{,}096 = 64^2 = 16^3 \qquad 5^6 = 15{,}625 = 125^2 = 25^3 \qquad 6^6 = 46{,}656 = 216^2 = 36^3$$

$$7^6 = 117{,}649 = 343^2 = 49^3 \qquad 8^6 = 262{,}144 = 512^2 = 64^3 \qquad\text{並依此類推。}$$

顯然，這套步驟可以無止境延續，因為每為 n 選定一個數值，都會產生新的且不同的n^6。平立方數無限性直接證明完畢。

遺憾的是，質數無限性並沒有這種直接證明法。歐幾里德和往後其他所有人士，都找不出有哪項簡單的公式，能夠像我們的n^6公式導出大批平立方數那般導出大批質數。這裡不能採用正面攻擊手法，只能仰賴歸謬法做間接攻擊——這比較複雜，也比較微妙，不過到頭來卻也漂亮得多。事實上，這種證明經常被當成一種「石蕊試驗」，拿來檢定數學的靈敏度：真正具有數學熱情的人，見此都會感動落淚；沒有這種熱情的人，見此會厭煩得落淚。我們讓讀者自己來評斷。

定理：質數有無限多個。

證明：（採歸謬法）改假定質數的個數有限，並設質數都以 a、b、c、……d 來表示。這群數可能含有四百個或四十萬個質數，不過，我們假定所有這些質數全都包含在內。現在，我們開始朝歸謬邁進。

把這批質數相乘起來再加 1，得到新的數：

$$N = (a \times b \times c \times \dots\dots \times d) + 1$$

注意，由於我們的數值數量有限，確實可以採用這種作法，把它們相乘起來；若是為數無限的質數，就無法這麼做。

顯然，N 大於任意個別質數（包括 a、b、c、……或 d），所以 N 和這所有質數都不相等。既然質數就只有這些，我們得到結論，N 並非其中任一質數。

　　這就表示，N 必然是個合數，那麼，根據我們前面談到的第二項先決要件，N 有一個質因數。由於我們假定，世界上所有質數全都包括在 a、b、c、……d 裡面，N 的這個質因數，必然也位於其中某處。

　　換個說法，N 是質數 a、b、c、……或 d 當中某一數之倍數。究竟是哪個質數的倍數，完全沒有關係，不過，為了具體說明起見，這裡假定 N 是 c 的倍數。既然 c 看來就是其中一個因數，那麼 $a \times b \times c \times \dots\dots \times d$ 的乘積，顯然也是 c 的倍數。根據前面舉出的第一先決要件，N 和 $a \times b \times c \times \dots\dots \times d$ 之差，肯定也是 c 的倍數。然而，我們定義 N 只比這個乘積大 1，因此這個差就等於 1。

　　於是導出結論：1 是 c 的倍數（或 N 之其他任一質因數之倍數）。這顯然不可能，因為最小的質數是 2，也因此 1 並非「任何」質數的倍數。看來這裡出了差錯。

　　回頭審視前面的論證，我們看出只有一處出了問題，那就是「質數個數有限」的原始假定。因此，我們拒絕這項假定，依反證法歸出結論：質數必然有無限多個。證明完畢。

　　這項美妙的推理既淺顯又深邃。這能證明質數為數無窮，取之不盡。如今已經用最強大的電腦確認，$2^{756839} - 1$ 是個質數，沾沾自喜之餘，我們可以斷言，還有更大的質數（而且是多得數不清的更大質數）尚待發現。就算我們無法指明這較大的質數是哪些，大家也別認為這是在推託。由於邏輯和歸謬法的微妙貢獻，我們知道確實存有那種質數。

　　數論能產出這般單純漂亮的結果，所以年輕學者鑽研高等數學，一向都從此處登堂入室。這其中有一位是美國數學家茱莉雅・羅賓遜（Julia Robinson, 1919-1985）。一九七〇年，羅賓遜是學界一個三人組的成員，他們的使命是解答一道非常艱深的難題，稱為「希爾伯特第十問題」。這道問題出自數論，更早七十年之前，就由大衛・希爾伯特（David Hilbert, 1862-1943）率先提出，直至當時依然沒有解決。羅賓遜還很小的時候，就迷上全數的美妙特性。「數論的若干定理特別讓我感到興奮，」她寫道：「而且晚上我和姊姊康絲坦斯爬上床後，我還會對她講述這些定理。很快她就發現，如果她還不想睡覺，只要問我數學問題，我就會保持清醒。」[8]

　　另有一位是匈牙利數學家保羅・埃爾迪什（Paul Erdös, 1913-1996）。有次埃爾迪什回顧自己漫長的事業生涯，追憶道：「我十歲的時候，父親對我說明歐幾里德的〔質數無限性〕證明，我就這樣入迷了。」[9]

　　埃爾迪什在童年階段已經開創智慧成就，至於社交方面則是與世隔絕。十七歲的大學新鮮人，多半只期望能熬過青春期，而埃爾迪什在那個年紀，已經在數學界出人頭地。他設想出一項基本證明，斷定在任意全數 n 和2n之間，存有至少一個質數。舉例來說，在 8 和16之間，或者80億和160億之間，都至少存有一個質數。

　　這看來好像是個相當膚淺的定理。沒錯，將近一個世紀之前，一位俄羅斯數學家已經證明這點，那個人的名字很美，叫做帕納帝・切比雪夫（Pafnuty Lvovich Chebyshev），他的姓氏在數學文獻出現時，拼法各不相同，包括Chebychev、Tchebysheff、Cebysev和Tshebychev，這些應該都是語文音譯誤差，可不是由於他特別愛取別名。不過，切比雪夫的證明非常複雜。埃爾迪什的論證就相當奇妙，不但簡單得多，而且是那麼年輕的人所設想出來的。

　　這裡要順道一提，埃爾迪什的定理還衍生出質數無限性的另一種證法，因為這能擔保在 2 和 4 之間有個質數，在 4 和 8 之間還有一個，而且在 8 和16之間又有一個，並以此類推。就算我們不斷倍乘數值，結果依然如此，因此質數肯定也有無限多個。

　　這就成為埃爾迪什長串定理的第一項。後來他成為二十世紀產量最豐，也或許是最古怪的數學家。就算在這個可以接受反常行為、見怪不怪的專業領域，埃爾迪什都可以列入傳奇。舉例來說，這位年輕學者受到嚴密保護，直到二十一歲（證明前述質數定理四年之後）他才第一次自己在麵包上塗抹奶油。後來他回想道：「當時我才剛前往英國讀書。那是在用茶時間，備有麵包。我實在太尷尬了，不敢承認自己從來沒有塗奶油的經驗。我試做了，並不是太難。」[10]

　　埃爾迪什還有一點同樣稀罕，他居無定所，只隨身帶著一只手提旅行箱，四處環球旅行，逐一拜訪各地數學研究中心。他有把握每到一處，總有人會安排讓他過夜。由於他周遊不絕，這位漂泊數學家，便成為史上無人能及、曾與最多同行合作、發表過最多合著論文的學者。他證明源出《聖經》的一句諺語確鑿無誤──人不是光靠（給）麵包（塗奶油）過活。

　　數學界的回報可說是異想天開，設想出所謂的「埃爾迪什數」來表彰他的貢

獻。埃爾迪什本人的埃爾迪什數等於 0；凡是曾和他聯手發表論文的數學家，埃爾迪什數都等於 1；若是雖不曾直接與埃爾迪什合作，卻曾經和埃爾迪什合著論文的合作夥伴聯手發表論文，那位數學家的埃爾迪什數就等於 2；若有人發表了合著論文，合作對象是曾經和埃爾迪什合著論文的合作夥伴聯手發表論文的人，那麼他的埃爾迪什數就等於 3⋯⋯以此類推。就像一棵巨大的櫟樹，埃爾迪什樹的分支，蔓延遍布整個數學界。

　　所以，有了質數、合數、梅森數，甚而加上埃爾迪什數，情況清楚分明，對數論的熱情，沒有絲毫退燒風險。因為，在數學家眼中，包括從高斯到羅賓遜，從歐幾里德乃至埃爾迪什看來，沒有哪個數學部門能像高等算術那般漂亮、優雅，帶有無盡迷人的風采。

Bernoulli Trials

伯努利試驗

　　可別望文生義，見到「trial」這個字就以為是在講「伯努利審判案」訴訟程序。「伯努利試驗」是指一種機率試驗，這是機率基本理論的礎石，因此在我們對不確定世界的理解當中，也扮演一個重要角色。

　　伯努利試驗單純指稱結果非彼即此的實驗。實驗要嘛成功，否則便失敗，是非黑白清楚分明。沒有中間立場，沒有妥協餘地，沒有含糊不清的灰色空間。

　　這種例子很多。取一疊撲克牌，抽出一張，這張牌不是黑的就是紅的；生了個孩子，不是女的就是男的；一天二十四小時，要嘛就被隕石打中，不然就沒被打中……就這每種情況，我們都可以順手指定其中一種結果為「成功」，另一種則是「失敗」。舉例來說，選出一張黑牌、生了一個女兒、沒被隕石打中，都可以標示為成功。然而，就機率的觀點來看，是否把紅牌、兒子或隕石視為成功，結果並沒有差別。在這個角力場上，「成功」一詞不帶價值判斷。

　　單獨一次伯努利試驗，恐怕沒有太大樂趣。然而，一旦重複執行伯努利試驗，見到這其中有多少試驗出現成功結果，多少次結果是失敗的，情節就會變得複雜。累積所得的紀錄，會產生非常有用的資訊，讓我們見識到箇中的根本過程。

　　我們在實驗過程中，必須遵行一項規定：重複執行時，每次試驗都必須是「**獨立的**」。「獨立」一詞帶有專門定義，不過，這個詞彙還有個非正式的意義，很適合我們在這裡使用：當某一事件的結果，對另一起事件的結果沒有產生絲毫影響，這時就稱這兩起事件彼此獨立。因此，以生孩子為例，史密斯夫妻生了個兒子和詹森夫妻生了個女兒，兩件事彼此獨立。相同道理，拋擲五塊錢硬幣和十塊錢硬幣，第一枚所得結果（正、反面），對第二枚的結果也沒有影響。

　　不過，倘若我們拿一疊撲克牌，一次發一張，且認定每發出一張黑牌，就算成功一次，這時從發第一張牌到發第二張牌，就不再具有獨立性。因為。倘若第一張牌是黑色的梅花 A（成功一次），這就會影響到下一次的發牌結果：出現黑牌的機會，就降低了一些；出現 A 牌的機會也會降低，且絕不可能再出現一張梅花 A。

　　所幸這種欠缺獨立性的問題，只要簡單變通一下，就可以彌補過來。我們抽出第一張牌之後，可以再把它放回那疊牌中，好好洗牌，然後再抽一次。由於我們的第一張牌已經放回去，且牌疊也徹底混勻，於是第一次抽的是哪張牌，對下一次抽牌就不構成影響。從這點看來，獨立事件必須是每次實驗都有乾淨的候選清單，這樣一來，一次次試驗的成功機率，才能完全保持相等。

　　伯努利試驗的最乾淨實例見於機遇賽局，好比拋硬幣或擲骰子。就硬幣方面，每次的拋擲顯然都是獨立事件，因此每次拋擲的成功機率（好比拋出正面）都是相等的。我們講硬幣「很均衡」，意思是，這項機率恰好等於1/2。就一般的六面骰子而言，若指定擲出三點就算成功，那麼成功機率始終都等於1/6。

　　然而，倘若我們拋硬幣五次，這時會出現什麼現象？在這五次試驗當中，拋出三次正面加上兩次反面的機率是多少？就這點來講，當我們拋硬幣500次，得到247次正面、253次反面的機會有多高？這似乎有點像個噩夢難題，不過，這項解法見於談機率論最早的鉅著之一，雅各布・伯努利（Jakob Bernoulli, 1654-1705）的《猜度術》（*Ars Conjectandi*）。

　　伯努利是瑞士人，他的祖父、父親和岳父都是富裕的藥劑師。雅各布卻背棄了研缽藥杵，進入大學研讀神學，二十二歲時取得學位。不過，儘管雅各布・伯努利出身醫藥世家，本人專研布道，但他的真正興趣，卻是在數學方面。

　　自一六七〇年代晚期，直到辭世為止，伯努利都是全世界最重要的數學家。他擁有卓絕稟賦，卻生性極端自負，對不具同等天賦的人士所做的努力，往往嗤之以鼻。好比有次伯努利研讀如今（為紀念他而）命名為「伯努利數」的課題，他發現一種巧妙捷徑可以用來累加正整數乘冪值。他表示「花了我不到四分之一小時之半」就求出前一千個正整數的十次方和。換言之，他花了不到十分鐘，就求出

$$1^{10}+2^{10}+3^{10}+4^{10}+\cdots\cdots+1{,}000^{10}$$
$$=91{,}409{,}924{,}241{,}424{,}243{,}424{,}241{,}924{,}242{,}500$$

眞是個嚇人的總和。不過，雅各布還從自私利己的角度，寫了一篇編輯評述，裡面
提到，他的快捷算法「清楚顯示，以實瑪·布利奧（Ismael Bullialdus，譯注：本名
Ismaël Boulliau）的成果是多麼沒有價值……他沒什麼了不起，只是大費周章地算
出前六次方的和，得到的結果，在我們花一頁篇幅就完成的事項裡面，卻只占了一
部分」[1]。可憐的以實瑪，眞令人同情，因爲按照一般評價，他這位數學家不只具
有卓絕洞見，而且還極端自負。

　　雅各布·伯努利的多產時期，恰好是萊布尼茲發明微積分的年代。微積分是一
門用途極廣的數學分支，也吸引雅各布投入研究，成爲其主要倡言人之一。凡是發
展中的理論，都得益於後續追隨者之力，微積分也是如此，那批學者跟隨開創人的
腳步前進，縱然才氣不如萊布尼茲，卻也爲這門學問去冗存精，做出不可或缺的貢
獻。其中一人就是雅各布·伯努利。

雅各布·伯努利
獲授權許可轉載，版權單位：Birkhäuser Vertag AG, Basel, Switzerland
出處：*Jakob Bernoulli, Collected Works, Vol. 1: Astronomia, Philosophia naturalism*
edited by Joachim O. Fleckenstein, 1969

圖一

　　就在這段期間，他和弟弟約翰（Johann, 1667-1748）一度聯手，但兩人關係卻不和睦。我們可以如此形容這兩個人：出類拔萃卻爭執不休的伯努利兄弟。事實上，雅各布曾經扮演老師的角色，教導弟弟研讀數學。多年之後，他大概也悔不當初，當年把約翰教得太好了，結果這個弟弟竟成為足堪匹敵的數學家，甚至還勝過老師。兩兄弟間龍爭虎鬥，競逐數學泰斗地位。有一次約翰破解一道哥哥百思不解的難題，他毫不掩飾歡欣之情，而雅各布則貶稱約翰是他的「弟子」，隱指約翰只不過是拾人牙慧，尾隨恩師沾光。伯努利兩人實在稱不上友愛。

　　兩兄弟有一次著名的衝突，源頭是懸鏈線（catenary）問題。懸鏈線是種假設曲線，由附著牆上兩點的懸鏈構成（見圖一）。讀者若是熟悉高中代數，或許就要揣測，那條鏈子會懸出一道拋物線弧，這種猜想十分合理。十七世紀較早之時，已經有人提出此點，那人就是大名鼎鼎的伽利略。然而，懸鏈線卻非拋物線，到了一六九○年，雅各布致力想求得那種曲線的真正相貌——也就是，它的方程式。

　　到頭來，雅各布卻沒有本領解題。我們很容易想像，當約翰帶著答案現身時，他是多麼驚駭。約翰對這場勝利沾沾自喜，後來也得意洋洋地表示，那項解答「讓我沒辦法休息，鑽研了一整晚」。[2]約翰的才氣甚高，處事卻極其笨拙，他匆匆去見雅各布，拿正確答案給他那依然束手無策的哥哥看，讓雅各布當場羞愧難當。

　　不過，雅各布卻有機會還以顏色。這次的戰場是所謂的等周問題。他們手邊有道問題，要從周長相等的所有曲線中，找出哪一種圍出的面積「最大」。稍後在第Ⅰ章（第114頁）會更詳細檢視這道問題，眼前我們只談雅各布如何運用微積分，在一六九七年求出這道問題的一種解法。為了完成這項工作，他必須費勁處理一種

約翰·伯努利
提供單位：Camegie Mellon University Library

號稱「三階微分方程」的複雜數學課題，並指出一門嶄新數學分支的發展趨向，這門深邃的重要分支，就是如今我們所稱的「變分學」。

弟弟約翰不認同這條途徑，並宣稱自己已經解決等周難題，他採用的是二階微分方程，作法簡單多了。這次也像伯努利家常見的情況，兩人意見不一，甚至險些動手舉槍相向。

不過，這次雅各布扳回一城，傲笑對手，因為他弟弟的二階微分方程做錯了。遺憾的是，雅各布始終沒機會開懷大笑，連咧嘴微笑都來不及。他在一七○五年去世，至於約翰就這項問題提出的錯誤解法，卻莫名其妙依舊保存在巴黎法國科學院的辦公室。據推測，約翰知道自己犯了錯，特意安排隱瞞這次失誤，不使自己因此公開蒙羞，以免哥哥在世之時，對此事幸災樂禍。[3]

這類插曲讓我們窺知這對兄弟之間的摩擦是多麼嚴重。難怪，就在雅各布死後不久，有人提議，他留下的論文顯然該由約翰負責編輯。但雅各布的遺孀卻大力反

對，深恐約翰挾怨報復，暗中破壞雅各布遺留的數學成果。[4]關於雅各布的性格，描述最好的或許要數《科學傳記辭典》（*Dictionary of Scientific Biography*）的雅各布條目，這則內容由 J. E. 霍夫曼（J. E. Hofmann）負責撰文，裡面寫道：「他是個任性、頑固、好鬥、心懷怨懟，卻又深感自卑，飽受折磨的人，然而，他對自己的能力卻又篤信不移。由於這些特點，他必然要與同具相仿傾向的弟弟發生衝突。」[5]確實，雅各布和約翰兩兄弟，就是那種因自負而染上惡名的人。

　　暫且把兄弟鬩牆擺在一旁，讓我們回頭討論前面提過的機率問題：若拋擲一均衡的硬幣五次，出現三次正面、兩次反面的機率為何？雅各布在《猜度術》中提出一條通則：若我們做實驗時，完成$n+m$次重複、獨立試驗（也就是做了$n+m$次伯努利試驗），設任意試驗的成功機率為 p，且失敗機率為$1-p$，接下來，就可以依下列公式準確算出，n 次成功、m 次失敗的出現機會：

$$\frac{(n+m)\times(n+m-1)\times\ldots\times3\times2\times1}{[n\times(n-1)\times\ldots\times3\times2\times1]\times[m\times(m-1)\times\ldots\times3\times2\times1]}p^n(1-p)^m$$

數學家使用「**階乘**」（factorial）記號來簡化這條算式：

$$n!=n\times(n-1)\times\cdots\times3\times2\times1$$

例如，$3!=3\times2\times1=6$ 且 $5!=5\times4\times3\times2\times1=120$。（這裡要強調，見到階乘記號那個驚嘆號，並不必提高聲量。）藉由這種註記手法，伯努利的結果就簡化成：

$$\text{Prob}（n \text{ 次成功和} m \text{ 次失敗}）=\frac{(n+m)!}{n!\times m!}p^n(1-p)^m$$

　　因此，要計算拋擲均衡硬幣五次，出現三次正面的機率，先設$n=3$，$m=2$，則$p=\text{Prob}$（拋出一次正面）$=1/2$。這可以寫成，

$$\text{Prob}（3\text{次正面}，2\text{次反面}）=\frac{(3+2)!}{3!\times2!}\left(\frac{1}{2}\right)^3\left(1-\frac{1}{2}\right)^2=\frac{5!}{3!\times2!}\left(\frac{1}{8}\right)\left(\frac{1}{4}\right)$$

$$=\frac{120}{6\times2}\left(\frac{1}{32}\right)=0.3125，\text{或者比}31\%$$

相同道理，若想求出擲骰子十五次，出現五次四點的機率，且擲出四點算「成功」一次，並指定數值：

$$n＝5（成功次數）$$
$$m＝15-5＝10 （失敗次數）$$
$$p＝1/6 （成功機率）$$

於是，經過十五次試驗，擲出五次四點的機會就等於，

$$\frac{(5+10)!}{5! \times 10!}\left(\frac{1}{6}\right)^5\left(1-\frac{1}{6}\right)^{10} = \frac{15!}{5! \times 10!}\left(\frac{1}{6}\right)^5\left(\frac{5}{6}\right)^{10} = 0.0624$$

這是種相當罕見的情況。

接著，回頭討論前面更早提出的問題，拋擲硬幣五百次，得到247次正面和253次反面的機遇為，

$$\frac{(247+253)!}{247! \times 253!}\left(\frac{1}{2}\right)^{247}\left(1-\frac{1}{2}\right)^{253} = \frac{500!}{247! \times 253!}\left(\frac{1}{2}\right)^{247}\left(\frac{1}{2}\right)^{253}$$

儘管結果正確，但這個機率算式卻太複雜了，就算手上有一台高價位的隨身計算器，像500!這樣的算式，恐怕也令人望之卻步（不信的話，就儘管去試吧）。我們在第N章會談到一種技巧，可以求出這種機率的近似值。但就算直接計算令人生畏，就理論看來，上述公式並無瑕疵。這是算出連串獨立伯努利試驗機率的關鍵。

只可惜事實證明，日常生活多數事件，都比拋擲硬幣複雜得多，出現正反兩面的機率，簡直可說是太陽春了。其他機率問題就太難計算了，比方說，一名二十五歲的男子，有多少機會能活到七十歲以上。或者下週二的降雨量，超過三公分的機率有多高。或者一輛汽車駛近路口，向右轉的機會有多大。真實世界複雜之極，讓所有事件都受外力干擾，雅各布亦體認到這點，他曾寫道：

我要問，有哪個凡人能夠查明疾病數量，全盤納入可能病例，羅列荼毒人體各個部位，折騰老少青壯的諸般病情；更能指明，一種疾病取人性命的機

會，比另一種高出多少——好比拿鼠疫比水腫，或者拿水腫比熱病。再以此為本，預測未來世代的死活關係？[6]

這等機率問題，是否超出數學的統轄領域？機率論是否淪入區區人為機遇賽局的範疇？

伯努利針對這項問題，提出一項威力強大的解答，寫在《猜度術》的一段論述裡，這或許就是他留下的最豐碩遺產。事實上，伯努利還曾表示，這是他的「黃金定理」，他寫道：「這是新奇創見，又具廣大用途，加上難度又如此高，這套學說的重要性和價值，都超過其他所有章節。」[7]如今我們稱其為「伯努利定理」，通俗講法則稱為「大數定律」，他這套學理成為機率論的中流砥柱之一。

這裡就簡單介紹此定理。再次假定，我們正在做獨立伯努利試驗，每次試驗的成功機率分別為 p。我們持續記錄試驗完成總數（稱之為 N），加上試驗成功的次數（稱之為 x）。接著求分式 x/N，這就完全等於我們觀察成功試驗次數占試驗總數的「比例」。

舉例來說，若拋擲一枚均衡的硬幣100次，出現47次正面，則所觀察正面比例等於47/100＝0.47。倘若再拋擲硬幣100次，這次出現55次正面，則綜合成功比例就等於，

$$\frac{47+55}{100+100}=\frac{102}{200}=0.510$$

同時也沒有任何事情（除非做膩了）能夠制止某人再拋擲硬幣100次，不然也可以多拋個100萬次。重點在於，長遠下來，x/N 成功的比例會出現什麼變化？

結果也沒有人會感到太意外，隨著實驗重複次數逐漸累加，這個比例也會跟著愈來愈逼近0.5。大體而言，當 N 值逐漸加大，我們就會看出，x/N 變動數值逐漸向定數 p 逼近，這也正是任意個別試驗的真正成功機率。所以（這就是伯努利定理的威力所在），當成功機率 p 為「未知值」，由高次數試驗的成功比例（x/N），應該可以準確估出 p 值。我們以符號寫作

$\frac{x}{N}\fallingdotseq p$，若 N 為大數（式中「$\fallingdotseq$」意為「約等於」）

這個公式，加上幾項重要限定條件，就成為大數定律。伯努利定理值得注意

的並不是定理成立，而是它很難以嚴謹的論據來驗證。雅各布本人就承認這點，他以一貫毫不寬容的語氣寫道：「就連最蠢笨的人，天生本能都明白『大數定律』。」[8]然而，這條定律的有效證明，卻是他歷經二十年努力所得的成果，還填滿《猜度術》好幾頁篇幅。[9]他曾經說明「這條原理的科學證明，一點都稱不上簡單」，事實證明，這項評註實在太過輕描淡寫。

前面提到伯努利定理的「重要限定條件」，這裡也該拿來談一談。基本上，這項定理是在講述機率現象和其他一切機遇事件，同樣受到固有不確定因素的約束。我們不能絕對肯定，拋擲硬幣1,000次，出現正面的次數比例，會比拋擲區區100次，更接近0.5。倘若拋100次出現51次正面，而拋1,000次卻只出現486次，這種情況仍是可以理解的。因此，就實際而言，「小樣本」估算值 $x/N＝51/100＝0.51$，比起「大樣本」估算值 $x/N＝486/1000＝0.486$，還更為接近正面次數概率真值。機遇就能做出這等事情。

從這點來看，倘若我們多拋擲硬幣1,000次，要每次都拋出正面，也不是完全不可能。這時就會出現，拋2,000次出現1,486次正面的駭人結果，同時估計機率也等於1,486/2,000＝0.743。這樣一來，大數定律似乎就要失效了。

不過也不盡然。因為，雅各布證明的事實是，給定任意小幅允差（好比0.000001），則估計機率 x/N 和真正機率 p 的差，等於或小於這個允差的發生機率，得受試驗次數的影響，只需增加次數，我們就可任意讓這個機遇盡可能接近1。只要試驗充分，幾乎可以肯定（伯努利用的是「確切肯定」一詞），我們的估計值 x/N 會落入機率真值 p 的0.000001允差範圍。[10]無可否認，我們不是百分之百肯定，p 和 x/N 的相符程度必然落入0.000001範圍，不過，我們對於大量試驗有充分信心，肯定兩者確能相符，因此完全不必為此失眠。

就上述情況，拋擲均衡硬幣2,000次，拋出正面次數的估計機率，很難達到0.743，這種機遇，比一個人閱讀本章時，被隕石擊中的機會更低。此外，就算出現這種很不可能的估計值，伯努利依然可以得意地斷言，只要進行更多試驗（再多個2,000次，或20億次），到時 x/N 比率就「確切肯定」會回到0.5附近。

這裡必須強調一點，就算有這些相當次要的限定條件，大數定律依然是「可以證明的」。就由於這點，大數定律才顯得特別，不同於日常生活會遇上的（從墨菲定律到重力律等）其他著名定律。這些要嘛就是廣受採信的老生常談（如墨菲定

律），不然就是深受崇敬（不過，每當新證據出現，也總需改動修正）的物理模型（如重力律）。然而，大數定律卻是一項數學定理，在毫不寬容的邏輯約束下證明為真，永遠有效。

而且，這項定理當然有實際用途。保險公司精算表的支配要素是生存概率，這類數值的依據，就是大量進行相仿試驗所得的結果（也就是民眾的生死情況）。氣象預報的降雨機率，也是這樣得來的。

不然也可以回顧檢視十九世紀的一則事例，那是女子生男不生女的機率問題。怎麼可能有人先驗得這項機率？遺傳因素複雜至極，情況混淆，完全不可能採純理論作法，先期斷定生出男嬰的機會。逼不得已，我們只得在事發之後（採後驗作法），再端著我們的武器（伯努利定理）來動手解題。

一七○○年代早期，英國人約翰・阿布斯諾特（John Arbuthnot）已經在斟酌這項議題。就像諸多前輩一樣，他也注意到，普查紀錄顯示，每年誕生的男嬰人數超過女嬰。他還斷定，這種不均衡現象，見於「世世代代，而且不只倫敦如此，舉世皆然」。[11]阿布斯諾特試著以神意來解釋這種現象，認為這是上天干預人間事所致。過了幾年，雅各布和約翰的姪兒，出身同一數學天才家族的尼古拉・伯努利（Nicholas Bernoulli），應用大數定律歸結推斷，生兒機率等於18/35。換句話說，大量出生紀錄顯示，男女比例有清楚、穩定的趨勢，每十八名男嬰，就有十七名女嬰。這時伯努利定理已經投入應用，「而且不只倫敦如此，舉世皆然」。

至今定理依然運作。有種技術號稱「蒙地卡羅方法」（Monto Carol method），結合了伯努利定理和電腦威力，發揮相當重要的功用，科學家可以依循機率樣式，藉此模擬出各式各樣的隨機現象。底下就提出一個例子，雖然經過簡化，卻能清楚闡明蒙地卡羅方法。假定我們有一片外形不規則的湖泊，希望求出湖面所占面積。我們可以沿著湖濱行走，或拍一張空照圖，然而，湖泊界線彎曲，似乎毫無章法，這往往讓簡單的數學公式完全失靈，無法用來判定湖泊的面積。

我們假定那片湖泊，輪廓就如圖二所示，還依規格在圖中添加 x、y 兩軸。由於我們打算在第 **L** 章回頭討論這個例子，這裡就選個相當馴良的湖泊——湖界一邊是 x 軸，其他範圍就由一段拋物線圈繞，方程式寫成 $y = 8x - x^2$。

我們採機率作法來估算湖泊面積。首先，以圖示 8×16 矩形框住湖區。接著，放手讓電腦選擇，在這個矩形範圍內，選出幾百個隨機點 (x, y)。好比，電腦或許

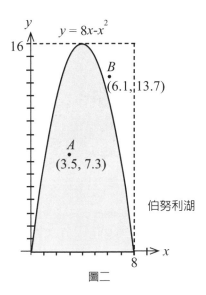

圖二

會產出圖示點 $A=(3.5, 7.3)$ 或點 $B=(6.0, 13.7)$。

　　現在，我們詢問電腦，這些隨機點是否落入湖中。就這個例子來看，問題很好解答。核對點 A，令 $x=3.5$，代入拋物線方程式，求得對應值 $y=8(3.5)-(3.5)^2=15.75$。這就代表點 $(3.5, 15.75)$ 位於拋物線上。於是，由於 A 的第一個座標值相等，而第二個座標值只為7.3，因此 A 位於拋物線下方，落入水中。

　　相同道理，考量點 B 之時，我們把 B 點第一個座標值代入方程式，求得數值 $y=8(6)-6^2=12$。因此 $(6, 12)$ 位於拋物線上，所以 $B=(6, 13.7)$ 位於曲線稍上方位置，因此 B 點觸及乾地。只需幾毫秒電腦時間，我們就能選出大批隨機點，並判定各點是否落入湖中。

　　不過就在這時，蒙地卡羅觀點產生了一項重要的見解：某隨機選定的點，落入湖中的準確機率（以 p 表示），正等於湖泊在 8×16 長方形範圍中所占面積比。也就是，

$$p＝\text{Prob（某隨機點落入湖中）}＝\frac{\text{湖泊面積}}{\text{外圍矩形面積}}$$

$$＝\frac{\text{湖泊面積}}{(8 \times 16)}＝\frac{\text{湖泊面積}}{128}$$

　　當然了，我們必須知道湖泊面積，這是必須探知的未知數，不然就算不出這個

機率值。不過,我們可以用 x/N 來「估計」命中湖泊的機率 p,也就是命中陰影範圍的次數比例。本法使用最後成功比例,來估算眞正的成功機率,這就是大數定律的直接應用。

就本例來講,我們的電腦在矩形範圍選出500個點,發現其中342個點命中湖泊。因此,我們估計

$$\frac{342}{500} \fallingdotseq p = \frac{湖泊面積}{128}$$

經過交叉相乘,結果便爲

$$湖泊面積 \fallingdotseq 128 \times \frac{342}{500} = 87.552 \text{ 平方單位}$$

由此,我們得到湖泊大小的粗估近似值,而且除了伯努利定理和一台電腦之外,就不必再借助任何東西。

我們該如何得出更嚴謹的估計結果?只要讓電腦在矩形範圍選出不只500個點,而是5,000個點即可。結果,電腦發現其中3,293點落入水中,結果即得,

$$\frac{3293}{5000} \fallingdotseq p = \frac{湖泊面積}{128}$$

所以

$$湖泊面積 \fallingdotseq 128 \times \frac{3293}{5000} = 84.301 \text{平方單位}$$

當然,這時我們也可以要求電腦選出 5 萬或50萬個隨機點,或者在電費額度範圍內盡量多選。我們的信心愈來愈高,最後就能判定拋物線圍成的湖面面積。

這是個簡明的人爲實例,換成眞實世界中遠較此更爲複雜的現象,也可採行蒙地卡羅方法來探究。此外,稍後我們就可以見到,這裡談的拋物線面積,正可藉由積分法求得。不過,這個例子依然讓我們見識到機率的威力。

從雅各布·伯努利證明他的偉大定理至今,三個世紀過去了。他的原始論證也已經隱退,由更俐落的版本取而代之,這在數學界並非罕見事例。新版效率遠勝舊說,更能直指事理核心。如今的標準證明,必須靠一項研究成果,作者就是我們在第 A 章見過的俄羅斯數學家切比雪夫。這條門路牽涉到隨機變項的期望值和標準

差等概念，採行這條途徑，大數定律證明還可以濃縮、精簡成區區一段篇幅，也確實讓伯努利的多頁論證，顯得繁雜累贅。然而，縱然雅各布完全不知道什麼叫做寬宏大量，我們卻該秉持這種精神，力拒誘惑，別因為他而必須用上一個章節來完成「我們花一頁篇幅就能完成的事項」，就把他的成果貼上「無用」的標籤。

　　進步原本就是這樣。不過，就如人類一切努力進程，最好能把開路先鋒謹記在心。今天的雷射光碟科技，讓我們聽到絕美錄音音樂，品質遠勝十九世紀留聲機的沙沙聲響；相同道理，現代機率論也大幅精簡伯努利的大數定律。時代後浪推前浪，托馬斯·愛迪生（Thomas Edison）的原始創作已經廢棄，儘管如此，我們對他依然崇敬。伯努利對自己的黃金定理深感自豪，那是實至名歸，就此我們也該對他致上同等敬意。

Circle

C/D=π

圓

前兩章介紹了數論和機率兩門領域，這裡暫不做進一步討論，先讓我們思索一個課題，就是出自數學主要分支之一——幾何學。幾何學是希臘數學界的主要核心，這點在第**G**章時還會談到，而且幾何學的歷史沿革相當精彩又特別。這個題材在古典世界十分顯赫，當時「數學」和「幾何」是同義詞。就很大比例來說，幾何就是數學家的工作內容。

我們可以從許多角度來介紹幾何學。本章則是從「圓」入手，因爲圓是極其重要的幾何概念。圓很單純、優雅又漂亮，展現出眞正盡善盡美的二維造型。在希臘人手中，圓不只是本身引人矚目，還是解釋其他幾何構想的主要工具。

圓的專用術語，已經成爲我們常用語彙的一環。按照定義，圓是種平面圖形，圖形上所有點和某一定點的距離全都相等，那個定點稱爲「**圓心**」，圓上所有點和圓心的共通距離稱爲「**半徑**」。通過圓心橫貫圓形的距離稱爲該圓的「**直徑**」，圓弧曲線本身的長度（沿著弧線移行，繞滿一圈所通過的距離）稱爲「**圓周**」。

生手初見圓形，很快就會認出一項基本事實：所有圓的形狀全都相同。或許有些尺寸很大，有些很小，不過，圓的「圓形性質」，那完美渾圓的造型，都明顯見於所有圓形。數學家說，所有圓都是「**相似的**」。先別認爲這完全是種老生常談，我們做個比對來說明，三角形並非全都具有相同造型，矩形也是如此，人亦如此，我們很容易設想有瘦長的矩形、瘦長的人，然而，瘦長的圓卻根本不是圓。

所以，圓的形狀全都相同。這項引不起激情的論述背後，藏有一項深奧的數學定理：所有圓的圓周率（圓周對直徑的比率）都相等。不論是圓周、直徑都很長的大圓，或圓周和直徑都極短的小圓，圓周和直徑的「相對」長度，皆完全相等。設

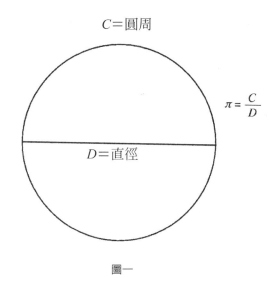

$C=$ 圓周

$\pi = \dfrac{C}{D}$

$D=$ 直徑

圖一

C 代表圓周，D 代表直徑，數學家表示，就所有的圓來講，C/D比率固定不變。

那我們該如何稱呼這個常數？數學家絕對不錯過機會，來引進新的符號。他們選定希臘文的第十六個字母 π，霎時之間，就將它推上數學的不朽殿堂。選擇希臘字母十分恰當，因為從數學角度來細細探究圓的最早先驅正是希臘人，不過，希臘人自己並沒有拿 π 來做這種用途。

這裡把概念化為公式，讓我們細看圖一，並介紹：

定義：若 C 為一圓的圓周，且 D 為該圓直徑，則C/D= π。

交叉相乘之後，這項定義便導出著名的公式：$C=\pi D$。另一種作法，由於直徑等於半徑的兩倍，改寫本式便導出同樣有名的$C=2\pi r$。

因此，π 扮演把圓周（一個長度）和半徑（另一個長度）串連起來的關鍵角色。還有一點也相當重要，儘管直覺上並不很明確，這同一個常數還發揮同等出色的功能，把圓面積和半徑也串連起來。這裡值得花點篇幅來討論為何有這種現象。

最緊要的構想是以一內接正多邊形，來產生圓的近似圖。正多邊形是各邊長度相等，各角角度也都相等的多邊形。多邊形比圓更容易理解，而且，我們對多邊形的知識，還能帶我們認識多邊形裡面的圓。

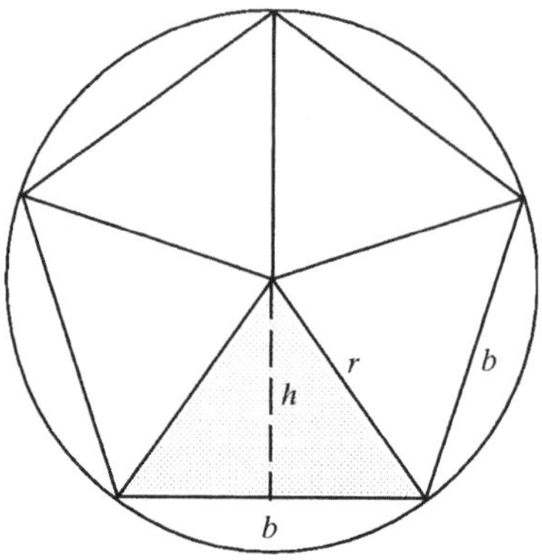

圖二

　　由圖二可見一半徑爲 r 的圓，裡面還有個內接正五邊形。爲測定五邊形的面積，我們從圓心向圓上的五個頂點畫出五條半徑，把五邊形區隔爲五個三角形。每個三角形的底長都等於 b，相當於五邊形的邊，高則爲 h，也就是從圓心向多邊形的邊垂直延伸的虛線，稱爲「**邊心距**」。根據三角形面積知名公式，我們知道，

$$（各三角形的）面積 = \frac{1}{2}\,底 \times 高 = \frac{1}{2}\,bh$$

因此，

$$（內接五邊形的）面積 = 5 \times（各三角形的）面積 = 5 \times \left(\frac{1}{2}\,bh\right) = \left(\frac{1}{2}\,h\right) \times 5b$$

但是$5b$恰爲五邊形邊長之五倍，因此，這就是五邊形的周長。總之，我們已經確認，

$$（正多邊形的）面積 = \left(\frac{1}{2}\,h\right) \times 周長$$

　　略做思索就能得知，這同一個公式也適用於圓的所有內接正多邊形，不論是正五邊形或正二十邊形或正一千邊形都行。就一般情況而論，圓中內接一正 n 邊形，多邊形可以區隔成 n 個小三角形，各具一邊心距 h（圓心和各邊的垂直距離），還有底 b（n 邊形的邊長）。因此，

（多邊形的）面積＝$n\times$（三角形的）面積＝$n\times\left(\dfrac{1}{2}bh\right)=\left(\dfrac{1}{2}h\right)\times nb=\left(\dfrac{1}{2}h\right)\times$周長

這是由於，周長爲各邊長度 b 之 n 倍。

　　現在，設想在圓中逐一內接一個正十邊形、一個正萬邊形、一個正千萬邊形，並依此類推，邊長數目漸漸增多，永無止境。顯然，至少就直覺而言，依循這種作法，多邊形會漸漸把圓「填滿」（希臘人的說法是「窮盡」），而內接圖形的面積，則會逼近一個上限，也就是圓的面積。這裡以符號「lim」來代表「極限」，我們知道，

$$（圓的）面積 = \lim〔（內接正多邊形的）面積〕= \lim\left[\left(\dfrac{1}{2}h\right)\times 周長\right]$$

內接多邊形的面積，永遠不會和圓的面積「完全」相等，因爲，不論直線多麼短小，永遠無法和圓弧完全吻合。不過，多邊形面積依然可以隨我們的心意，盡量逼近圓的面積，終於達到那個上限。

　　這裡還有兩道問題：當多邊形的邊數無止境地增加，邊心距和周長會出現什麼變化？自然，h 會有個極限，最長等於圓的半徑。相同道理，內接正 n 邊形的邊長極限值，就是該圓的圓周。這幾件事例，可以用符號來陳述如下，

$$\lim h = r \text{ 且 } \lim（周長）= C$$

因此

$$（圓的）面積 = \lim\left[\left(\dfrac{1}{2}h\right)\times 周長\right]=\left(\dfrac{1}{2}r\right)\times C= \dfrac{rC}{2}$$

　　這下 π 終於要現身了，因爲前面我們曾經提到，$C=\pi D=2\pi r$。於是前述公式就變成：

$$（圓的）面積 = \dfrac{rC}{2}=\dfrac{r(2\pi r)}{2}=\dfrac{2\pi r^2}{2}=\pi r^2$$

毫無疑義，這是整個數學領域最重要的公式之一，而且不只與數學家應和，連報紙專欄漫畫家都有共鳴（見下頁插圖）。

　　因此，若我們想求出已知圓的圓周或面積，肯定就要遇上 π。不過，這就產生

FRANK & ERNEST® by Bob Thaves

（FRANK & ERNEST，NEA, Inc. 授權刊載）

一個很實際的問題，那就是這個關鍵比率值的測定作法。畢竟，π 只不過是個符號，代表一個實實在在的真正的數，任何人只要必須從事和圓有關的計算，全都有必要知道那個數（至少得有個近似值）。若是只用符號 π，我們哪能求得圓的數值面積？就好像只用「蛋」這個字眼，我們也烘不出蛋糕。

求C/D近似值最簡單的作法是，量測某一圓的圓周和直徑，然後拿圓周除以直徑。例如，拿一條線圈繞腳踏車的輪胎外緣，測得208公分，再拿另一條線，伸直測量輪胎的跨徑，結果得66公分。於是，我們的真實世界實驗就得出估計值：π $＝C/D \approx 208/66＝3.15$……（「$\fallingdotseq$」代表「約等於」，和前一章的用法相同）只可惜，再做一次計算，卻得出不同答案。第二次是拿咖啡罐的圓形頂蓋來測量圓周和直徑，程序相同，結果卻得出$C/D＝45/15＝3.00$，這和第一項估計值並不是非常接近。這類物理測量顯然會帶來偏差，而且無論如何，有形的咖啡罐或腳踏車輪胎，也都不是數學上的理想圓。

錫拉庫薩的阿基米德（Archimedes of Syracuse, 287-212 B.C.）是數學史上深受景仰的人物，他曾提出一項圓周率的純數學估計值，我們就來向他求助。阿基米德是個心不在焉、心無旁騖又有點古怪的人，在那個時代，他已經是廣受認可的科學奇才。時至今日他最為人稱頌的事蹟，或許就是幫希倫王鑑定王冠的那次事件。

相傳錫拉庫薩國王曾撥交若干黃金給一名金匠，要他打造一頂精美王冠。計畫完成後卻傳出謠言，說那名金匠拿銀子換掉等重黃金，如此一來不僅貶抑王冠價值，連他也犯了欺君之罪。謠言是真的嗎？阿基米德奉命查清真相。我們引述羅馬建築師維特魯威（Vitruvius）的說法，開始鋪陳這段故事：

阿基米德在心中思索這件事情，這時他正好前往澡堂洗浴。他進入浴池，注意到從浴池流出的水量，恰等於他身體浸入水中的體積。從這種現象可以推出作法，說明案情，於是他毫不遲疑，滿心喜悅開始行動。他跳出浴池，赤裸裸跑回家中，一邊放聲呼喊，他已經找到心中尋覓的答案。於是他邊跑邊用希臘語呼喊：「我找到了，我找到了！」[1]

儘管真相如何依然存疑，但這肯定是一段著名的故事。科學界大概沒有其他故事能像這則傳奇般，把卓絕才智和赤裸的元素如此有效地結合起來。

歷史學家指出，阿基米德經常在沙面畫圖來研究數學，甚而還傳言他隨身攜帶盛沙的托盤，相當於當時的膝上電腦。靈感來了，他就把托盤擺在地上，撫平沙堆，開始畫他的幾何圖表。從當今的觀點來看，這種媒介有明顯的缺點：一陣強風就會把出色的證明吹散；惡霸也可能一腳踢翻定理，弄得你灰頭土臉；還有，萬一貓兒信步走上托盤，後果就太噁心了，令人不忍卒睹。

然而，阿基米德卻功成名就，創造出豐碩的數學成果，而且不只是技驚當代人士，連往後世世代代的學者都同感敬畏。我們在第S章還會回頭談他，到時會詳細探究他一項最偉大的成就——球形曲面的面積測定作法。不過，這裡討論的焦點是他估計圓周率的出色結果，換句話說，就是他求 π 所得的近似值。

阿基米德的對策就如前述所言，藉由正多邊形來趨近圓形。底下採用現代標記

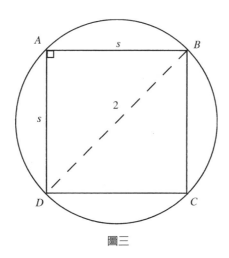

圖三

法來鋪陳作法，起點也略有不同，不過和那項對策是一致的。過程只需些許代數和畢氏定理。畢氏定理說明，直角三角形的斜邊平方等於另兩邊之平方和。（若有人想了解畢氏定理，請參見第**H**章。）

由圖三中可見一圓裡有個內接正方形*ABCD*。由於所有圓的圓周率都相等，為方便計算，我們可以規定這個圓的半徑 $r=1$。於是，正方形的對角線（圖中的虛線）就等於圓的直徑，即 $2r=2$。

我們以 *s* 代表正方形各邊的邊長，於是直角三角形*ABD*便有兩邊的邊長為 *s*，而斜邊邊長則為 2。接著，由畢氏定理可得 $s^2+s^2=2^2$，從而得出 $2s^2=4$，且$s=\sqrt{2}$。因此正方形的周長便為 $P=4s=4\sqrt{2}$。

儘管很粗略，這個正方形的周長就成為圓周長的第一個估計值。以周長取代圓周，我們得到，

$$\pi=\frac{圓周}{直徑}\div\frac{周長}{直徑}=\frac{4\sqrt{2}}{2}=2\sqrt{2}=2.828427125\cdots\cdots$$

這個 π 的近似值2.8284偏差實在大得離譜，比前述腳踏車車胎估計值還更糟。若我們的成果不能勝過這個數值，那麼就該重新開始，取出製圖版，或者就去拿個沙盤。

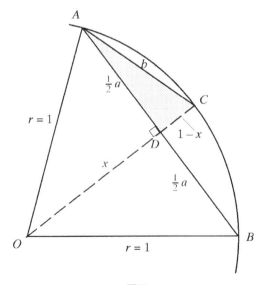

圖四

　　不過，秉持阿基米德的氣魄，我們就以第一個估計爲本，再加改進，讓多邊形的邊數倍增，於是得到內接正八邊形，並設周長爲下一個圓周的估計值。我們再次倍增邊數，得到一個內接正十六邊形，接著是三十二邊形，並以此類推。顯然每進行一個步驟，我們的估計值都會更精準。事實也很明白，這有個主要障礙，那就是必須判定其中一種多邊形的周長，和下一個步驟所得周長之間存有什麼關係。

　　這項障礙很容易克服，只需令畢氏定理發揮另一種用途就能解決。圖四呈現一圓的局部範圍，圓心爲 O 且半徑 $r=1$。線段AB爲內接正 n 邊形之一邊，長度爲 a。取AB中點 D，由 O 通過 D 點向外畫一半徑至圓上 C 點，接著畫出線段AC，這就是內接正$2n$邊形的一邊。既然AC長等於 b，我們希望知道 a 和 b 的關係；亦即內接正多邊形之邊長，和具兩倍邊數之內接正多邊形之邊長的關係。

　　首先請注意，三角形ADO是個直角三角形，斜邊長$r=1$，邊AD長則爲$(1/2)a$。若x代表邊OD，則根據畢氏定理必然可得，

$$1^2 = \left(\frac{1}{2}a\right)^2 + x^2 = \frac{a^2}{4} + x^2 \rightarrow x^2 = 1 - \frac{a^2}{4} \rightarrow x = \sqrt{1 - \frac{a^2}{4}}$$

　　由於CD之長顯然爲OC（一半徑）與OD長度之差，最後我們就算出CD之長等於，

$$1 - x = 1 - \sqrt{1 - \frac{a^2}{4}}$$

再一次使用畢氏定理，求直角三角形ADC（深色部分）的弦邊長

$$b^2 = \left(\frac{1}{2}a\right)^2 + (1-x)^2 = \frac{a^2}{4} + 1 - 2x + x^2$$

$$= \frac{a^2}{4} + 1 - 2\sqrt{1 - \frac{a^2}{4}} + 1 - \frac{a^2}{4} = 2 - 2\sqrt{1 - \frac{a^2}{4}}$$

這是由於兩項$a^2/4$可以相消。本式還能簡化，我們可以把根號外面的 2，取平方值並移至根號裡，結果即得

$$b^2 = 2 - 2\sqrt{1 - \frac{a^2}{4}} = 2 - \sqrt{4\left(1 - \frac{a^2}{4}\right)} = 2 - \sqrt{4 - a^2}$$

最後得到，

$$b = \sqrt{2 - \sqrt{4 - a^2}}$$

現在，我們就回頭估計 π 值。別忘了，我們的內接正方形的邊長$s = \sqrt{2}$。稍後就要用上述公式來計算內接正八邊形的邊長，到時，數值 s 就要扮演 a 的角色：

$$b = \sqrt{2 - \sqrt{4 - a^2}} = \sqrt{2 - \sqrt{4 - (\sqrt{2})^2}} = \sqrt{2 - \sqrt{4 - 2}} = \sqrt{2 - \sqrt{2}}$$

因此，八邊形周長為 $8 \times b = 8\sqrt{2 - \sqrt{2}}$。接著我們使用以下公式來估計 π 值：

$$\pi = \frac{圓周}{直徑} \div \frac{周長}{直徑} = \frac{8\sqrt{2 - \sqrt{2}}}{2} = 4\sqrt{2 - \sqrt{2}} = 3.061467459 \cdots\cdots$$

下一步，我們繼續處理十六邊形。這次$a = 8\sqrt{2 - \sqrt{2}}$，剛才算了八邊形的邊長，這裡就用得數來求十六邊形的邊長 b：

$$b = \sqrt{2 - \sqrt{4 - a^2}} \qquad = \qquad \sqrt{2 - \sqrt{4 - (\sqrt{2 - \sqrt{2}})^2}}$$
$$= \sqrt{2 - \sqrt{4 - (2 - \sqrt{2})}} \qquad = \qquad \sqrt{2 - \sqrt{2 + \sqrt{2}}}$$

因此，十六邊形的周長為

$$16 \times b = 16\sqrt{2 - \sqrt{2 + \sqrt{2}}}$$

我們的 π 改進估計值為

$$\pi = \frac{C}{D} \div \frac{周長}{直徑} = \frac{16\sqrt{2 - \sqrt{2 + \sqrt{2}}}}{2} = 8\sqrt{2 - \sqrt{2 + \sqrt{2}}} = 3.121445153 \cdots\cdots$$

到這裡，我們有了一些進展。再一次倍增邊數並使用公式，求出內接正三十二

邊形的周長為

$$32\sqrt{2-\sqrt{2+\sqrt{2+\sqrt{2}}}}$$

於是，

$$\pi \doteqdot \frac{周長}{直徑} = 16\sqrt{2-\sqrt{2+\sqrt{2+\sqrt{2}}}} = 3.136548491 \cdots\cdots$$

接著繼續做下去。顯然，我們能隨心所欲一再重複這個程序。事實上，有了這種展開模式，各步驟的轉換過程，就變得毫不困難。

借助手持式計算器，我們又把邊數倍增七次，逐一處理了64邊形、128邊形、256邊形、512邊形、1,024邊形、2,048邊形，還有4,096邊形。事實證明，當我們進行到正4,096邊形時，儘管圖形和外接圓仍然不是完全吻合，卻也相當接近了。這得出 π 的一項估計值，如下所示：

$$\pi = \frac{C}{D} \doteqdot \frac{周長}{直徑}$$

$$= 2048\sqrt{2-\sqrt{2+\sqrt{2+\sqrt{2+\sqrt{2+\sqrt{2+\sqrt{2+\sqrt{2+\sqrt{2+\sqrt{2}}}}}}}}}}$$

$$= 3.141594618 \cdots\cdots$$

這個算式準確至小數點後五位，而且看它的樣子，還隱隱展現某種數學藝術風格。更重要的是，我們知道如何求得更準確的估計：只需依樣再推展一步，或者，當情緒鼓脹，再推展五十步即可。遵循此作法，就可以隨心所欲，盡量逼近 π 常數。

這項基本途徑使用正多邊形來推展，本身可以回溯二十二個世紀至阿基米德。不過，裡面卻有個不利的條件：必須計算平方根的平方根的平方根。邊數每多倍增一次，我們就多把一個平方根納入計算式，於是過程也隨之更顯得繁複。阿基米德既沒有十進制，也沒有手持式計算器，他只能面對平方根難題，熬過艱困處境，設法計算分式，求得約略相等的數值。他做到96邊形為止。他有辦法進行到這個程度，證明他確實擁有過人的才氣。

　　不過，有沒有效率更高的途徑，來達到相同的目的？答案是肯定的，然而卻必須等到十七世紀期間，微積分和無窮級數發明之後，才初露曙光。唯有到那個時候，數學家才得以發現真正有效的 π 的近似求法。這是個相當微妙的課題，儘管如此，我們仍想做個介紹，起碼讓讀者窺見當時的解題方針。

　　這其中有個重要函數，稱為「反正切」（記做 $\tan^{-1} x$），源出三角學領域，不過，這門學問，我們在這裡毋須探究。重點在於，我們可以把 $\tan^{-1} x$ 寫成無窮級數

$$\tan^{-1}x = x - \frac{x^3}{3} + \frac{x^5}{5} - \frac{x^7}{7} + \frac{x^9}{9} - \frac{x^{11}}{11} + \frac{x^{13}}{13} - \cdots$$

這個總和的模式顯而易見，進程則無止境延續。我們的算術運算進行愈遠，所得數值就愈接近 $\tan^{-1} x$ 的真值。

　　不過，這和 π 有什麼關係？採三角學可以證明，

$$\pi = 4\left[\tan^{-1} \frac{1}{2} + \tan^{-1} \frac{1}{5} + \tan^{-1} \frac{1}{8} \right]$$

接著我們求 $\tan^{-1} 1/2$、$\tan^{-1} 1/5$ 和 $\tan^{-1} 1/8$ 的近似值，作法則為，依序把 $x = 1/2$、$x = 1/5$ 和 $x = 1/8$ 代入上列級數。分就各級數進行運算，各做七項，結果如下

$$\pi = 4\left[\tan^{-1} \frac{1}{2} + \tan^{-1} \frac{1}{5} + \tan^{-1} \frac{1}{8} \right]$$

$$\doteqdot 4\left[\left(1/2 - \frac{(1/2)^3}{3} + \frac{(1/2)^5}{5} - \frac{(1/2)^7}{7} + \frac{(1/2)^9}{9} - \frac{(1/2)^{11}}{11} + \frac{(1/2)^{13}}{13} \right) \right.$$

$$+ \left(1/5 - \frac{(1/5)^3}{3} + \frac{(1/5)^5}{5} - \frac{(1/5)^7}{7} + \frac{(1/5)^9}{9} - \frac{(1/5)^{11}}{11} + \frac{(1/5)^{13}}{13} \right)$$

$$\left. + \left(1/8 - \frac{(1/8)^3}{3} + \frac{(1/8)^5}{5} - \frac{(1/8)^7}{7} + \frac{(1/8)^9}{9} - \frac{(1/8)^{11}}{11} + \frac{(1/8)^{13}}{13} \right) \right]$$

$$= 4(0.785399829\ldots) = 3.141599318\ldots$$

　　就如我們先前那個估計值，這次結果也準確達小數點後多位。不過，先前的逼近作法納入許多平方根，而且每項都自有必須執行的逼近步驟；而這種估計方式，

計算時完全見不到任何平方根！引進 $\tan^{-1} x$ 的無窮級數，數學家就可以完全避開平方根的夢魘。

　　這項發明約在三個世紀前登場，從此 π 的計算方法才得以出現長足進展。不過，更晚近還有另一項進展：使用電腦來幫助計算。一九四八年（電腦問世之前），已知 π 值已經達到小數點後808位。過了一年，電子數字積分器暨計算器（ENIAC，儘管依現代標準看來顯得極端原始），已經把準確度推展達2,037位。[2]按照這種改進幅度，看得出一點：往後 π 的計算工作，都要使用電腦來完成。果不其然，如今這已經在數字運算熱心人士當中激起一股風潮，他們的人數雖然不多，卻都獻身投入，致力探尋更多位數。在短暫期間，進步推展接連出現，準確度也提高到十萬位、百萬位，接著達到駭人的十億位數。這裡有個趨勢，計算作業往往是在重要大學或大型研究中心，以威力強大的超級電腦完成。

　　然而，卻有人逆勢而行，他們是才氣縱橫、性情古怪的楚諾維斯基（Chudnovsky）兄弟。大衛和格列哥利兩人以郵購電腦組件接線拼裝，在曼哈頓區的公寓中，計算 π 值達二十億位。兩兄弟進行這項計畫，桌上擺滿電腦設備，走道鋪滿電纜，種種電子機件都散發熱量，把公寓室溫提高到地獄等級。但楚諾維斯基兄弟熬過去了。拿他們的門路和各大學的作法相比，就像是重演數學版的大衛（和格列哥利）對抗巨人歌利亞情節，不過，這次劣勢一方配備的是矽晶彈弓。[3]

　　若把紐約市的楚諾維斯基兄弟比做成功撲擊 π 的兩頭孤狼，那麼古德溫醫師（E. J. Goodwin）隻身求解，就可以算是引人矚目的失敗案例。他的故事在數學界廣為流傳，不過始終值得再講一次。

　　事情發生在十九世紀最後一天。古德溫醫師住在美國印第安納州「索離迢鎮」（Solitude），鎮名取得好，那是個偏遠、沉悶的小小城鎮。這位好醫師浸淫數學來消磨時間，只可惜他的熱情超過他的能力。他研究圓面積和圓周的關係，自以為做出了驚人發現，而這其中，就隱含一項有關 π 本身的重大發現。

　　偉大數學進展應該和學術界分享，古德溫醫師卻採行另一套策略。他沒有向學界發表，卻把自身的論點帶入政界。他遊說印第安納州的議會代表提案，把以下論述列為一八九七年議會二四六號法案：「提請印第安納州州議會頒行本案：今已發現，圓面積等於與該圓四分之一圓周等長之線段的長度平方。」[4]一八九七年的政治領導人物顯然不太懂數學，比不上他們的現代同行，因為他們覺得這完全可以採

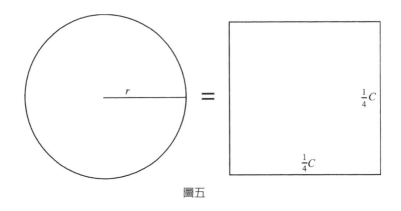

圖五

信。不過，那是什麼意思呢？

　　如圖五所示，古德溫的法案主張，左圖那個圓的面積，等於右圖正方形的面積，而正方形各邊都等於圓的四分之一圓周。若我們以 r 來表示圓的半徑，並以 $C=2\pi r$ 來代表圓周。我們知道，圓的面積是 πr^2，那個正方形的面積則為

$$\left(\frac{1}{4}C\right)^2 = \left(\frac{1}{4}2\pi r\right)^2 = \left(\frac{1}{2}\pi r\right)^2 = \frac{1}{4}\pi^2 r^2$$

倘若如古德溫所稱，這兩個面積相等，接著就可以推知

$$\pi r^2 = （圓的）面積 = （正方形的）面積 \doteqdot \frac{1}{4}\pi^2 r^2$$

交叉相乘得 $4\pi r^2 = \pi^2 r^2$，消除兩邊的 πr^2，結果很引人矚目，得到 $\pi = 4$。

　　儘管這會讓阿基米德輾轉墓中不得安息，我們「胡希爾之州」（Hoosier State，譯注：印第安納州別稱）的立法諸公，卻沒有人覺得這項結論有什麼嚴重的問題。因為對他們來說，數學語言或許是深奧得不容置喙。這條法案通過委員會一讀程序，怪的是（不過，或許也很適切），那是在眾議院沼澤地委員會通過的。一八九七年二月二日，又通過眾議院教育委員會審核。三天之後，印第安那州眾議院大會投票，無異議通過古德溫的 $\pi = 4$ 論斷。

　　情況就這樣發展到一個階段，《印第安納坡里衛報》（*The Indianapolis Sentinel*）注意到這件事情，加入表態支持：

> 這項法案……非玩笑之舉。古德溫醫師……和本州教育廳基廷廳長認爲，這就是長久尋覓的解答……提案人爲知名數學家古德溫醫師。他已請得版權，還提議，倘獲立法機構認可，願供本州免費使用（該解答）。[5]

除了表明州教育廳支持這項法案之外，這段報導還提出一項可能的理由，說明爲什麼會發生這類奇怪的事件：州議員渴望向全國推廣這項新的 π 值，甚至向國際進軍，這樣一來，印第安納州就可以坐收版權費用。

眾議院二四六號法案送交參議院禁酒委員會審查。二月十二日本案經審查通過，接下來交由參議院大會審議，通過後便具法律地位。

所幸，該法案在最後一刻失蹄。本案挫敗大半要歸功於當時待在印第安納坡里的普渡大學數學家華爾多（C. A. Waldo）。華爾多回顧，當時他曾前往議會大廈，還就拜會情況提出第三者觀點：「當時，一位議員拿法案謄本給作者看……詢問要不要簡單認識一下本案提案人，也就是那位博學的醫師。他婉謝說道，他知道不少這種瘋子，認識得夠多了。」[6]

議員見教授提出負面評價，立法支持力量全面崩潰。二月十二日下午，參議院無限期擱置提案，於是 π 等於 3.14159……在印第安納州和其他地方都依然合法。胡貝爾（Hubbell）是位有見識的參議員，當時就反對本案，還發言表示不滿，他總結得好：「參議院乾脆立法規定水往山丘流上去。」

從阿基米德的沙盤，到印第安納坡里的議會大廳，圓和 π 已經把民眾迷得團團轉。我們在後續篇幅還會見到它們，因爲，這兩項概念，正是數學行業的核心。這裡我們就提出這個列名世界上最偉大數字的前三十位數，供讀者參考：

$$\pi = 3.14159265358979323846264338327 9……$$

ifferential Calculus

微分學

　　一六八四年間，一篇數學論文在《博學通報》（*Acta Eruditorum*）期刊上刊出。文章作者是戈特弗里德・萊布尼茲，這位德國學者暨外交官的興趣廣泛，學識又很淵博，深不可測。這篇論文密密麻麻寫滿拉丁文和數學符號，那個時代的讀者，大概完全讀不懂裡面講些什麼。就現代觀點來看，關於文章題材的最佳線索，就是標題近尾端，出現了一個表面毫不起眼的單詞：*calculi*。

　　這是微積分最早出現的公開版本。文章標題翻譯成「一種求極大、極小以及切線的新方法，它用在分式和無理量均無障礙，是一套爲它設計的美妙運算法則」（A New Method for Maxima and Minima, as well as Tangents, which is impeded neither by fractional nor irrational Quantities, and a Remarkable Type of Calculus for This）。[1] 標題中的calculus，其詞意爲「一組規則」，在這裡代表適合用來解決極大、極小值和切線相關問題的一組計算法則；同時萊布尼茲還聲稱，這類問題採用分式或無理量都無從求解。由於他的發現十分重要，calculus一詞在數學界已然取得不朽的地位。事實上，當數學家想強調出這個課題，他們就加個定冠詞，寫成「the calculus」，聽起來還更令人敬畏。

　　依照大學部傳統課程編排，微積分是高等數學的入門學科（可惜，對某些人來說，這也是個障礙），而且在工程界、物理學界、化學界、經濟學界和其他眾多領域，微積分已經是不可或缺的工具。微積分肯定是十七世紀數學界的最高成就，還有許多人更認爲，這是古往今來數學界的最高成就。二十世紀極具影響力的數學家約翰・馮紐曼（John von Neumann, 1903-1957）曾經寫道：「微積分是現代數學的第一項成就，重要性再怎麼推崇，也難得過當。」[2]（請注意，馮紐曼提到「微積

分」時，前面也加了個定冠詞。）

　　萊布尼茲一六八四年的論文，談的是微積分兩個分支當中的微分學。另一個分支是積分學，也由萊布尼茲提出，在一六八六年同一份期刊的某期號發表，我們在第**L**章還會著墨討論。

　　我們先簡單介紹微分學的緣起，隨後再來談實際內容。儘管萊布尼茲在一六八〇年代中期第一個發表微分學論述，然而最早卻是牛頓在一六六四至一六六六年間率先投入發展這門課題。當時牛頓在劍橋大學三一學院念書，他發明了一套規則，命名為「流數術」（fluxion），而且，藉此他也能夠求出極大、極小值和切線，同時，用在分式和無理量也都全無障礙。總之，他的流數術領先時代，要等二十年後，萊布尼茲才會發表他的微積分。

　　現代學者稱許兩位是獨立發現，共享榮譽。然而，當時的數學界卻猜疑這其中有抄襲之嫌，對於榮譽歸屬，完全沒那麼寬容。學界出現劇烈爭議，一邊是英國陣營，他們擁護牛頓，堅稱他是第一人；另一邊是歐陸數學界，他們捍衛萊布尼茲，立場同樣堅定。這起爭端構成整個數學史最不幸的插曲之一，本書第**K**章有大量篇幅討論。

　　牛頓和萊布尼茲發明了什麼樣的學問？微分學的核心見解是斜率，這項概念通常會在高中代數學課程介紹；另一項是切線，這是高中幾何學講授的關鍵概念。切線出現在萊布尼茲的論文標題，不過，這裡要從斜率開始討論。

　　假定我們在座標平面上做出一條直線。我們可以就 x 軸或 y 軸分別探討，不過，若能檢視 x 和 y 的連帶變換情況，通常會更有幫助。舉例來說，若是 x 增加四個單位，則相應的 y 值會出現什麼變化？

　　稍作思索就可以推知，答案要看手頭直線的陡峭程度而定。參看圖一，左手邊那條直線和緩提升，因此 x 軸增加四個單位（也就是水平移動四個單位），結果 y 軸只有極小幅變化（也就是垂直變化極小）。不過，就右手邊較陡峭圖示來看，x 軸增加四個單位，y 軸就會出現明顯增長。

　　接著用比較紮實的數學觀點來探究這項概念。我們定義一條線的「**斜率**」：

$$斜率 = \frac{y 軸變換}{x 軸變換} = \frac{上升量}{平移量}$$

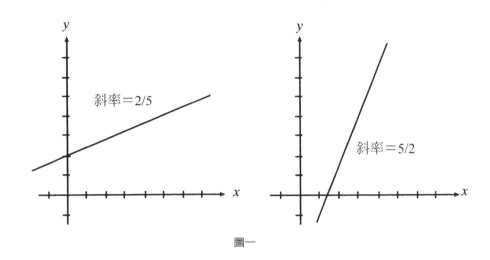

圖一

　　若某直線的斜率＝2/5，那麼隨著 x 增加五個單位，同時 y 也提高兩個單位，這是相當和緩的提增。就另一方面，若斜率為5/2，這就表示當 x 增加兩個單位，y 就大幅提升五個單位，這次攀升要陡峭得多。若是必須把一台鋼琴拉上斜坡，我們就寧願採用2/5坡度，棄置5/2那道斜坡。

　　斜率通常以符號 m 表示，如圖二所示，若一直線通過點(x_1, y_1)和點(x_2, y_2)，則該線斜率之形式定義便為：

$$m = \frac{y\,軸變換}{x\,軸變換} = \frac{y_2 - y_1}{x_2 - x_1}$$

　　就某一斜率為5/2之直線而言，水平增加兩個單位，縱向也隨之垂直提升五個單位。因此，若 x 增加3×2＝6個單位，相應之 y 軸提增量就等於3×5＝15個單位。相同道理，（這是解釋斜率的緊要關鍵）若沿 x 軸向右增加「單一」單位，則 y 軸就隨之提升5/2＝2.5個單位。就以斜率為2/5的直線來講，x 軸增加一個單位，就會導致 y 軸提升2/5＝0.4個單位。因此，我們可以把斜率想成，x 軸每變換一個單位，y 軸會隨之變換的單位數。道理很簡單，斜率告訴我們，當 x 增加一個單位，y 會出現什麼變換。

　　所有這一切，在現實世界中看似毫無重要意義可言，但事實並非如此。舉例來說，假設我們研究一架飛機如何運動，其中 x 代表飛機的升空時段，y 則代表在這

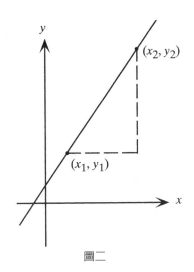

圖二

段 x 小時期間，飛機的飛行距離。假定這個 $x-y$ 關係可以標示成一條直線，我們詮釋那條直線的斜率為：每改變一個時段單位（x 軸的變換），連帶發生的距離變化（y 軸的變換）。這就是說，斜率代表飛機的速度，以每小時行進的公里數來衡量。無可否認，速度是飛機駕駛員的重要課題。既然速度和斜率這種抽象數學概念的關聯十分密切，由此可以推知，為什麼這項觀念在純數學領域之外，也具有這般重大價值。

另外還可以舉一個經濟學的問題來說明。我們標繪出兩個生產製程的相關變數：x 為所生產的單位數，y 則為銷售 x 單位產品所得的利潤。倘若 $x-y$ 是種線性關係，我們詮釋其斜率：每改變一個銷售單位，連帶發生的利潤變換；也就是說，每多賣一件產品，我們可以增收的利潤額度。經濟學家相當迷戀這項概念，於是特別給它取了個名字，叫做「邊際利潤」，這個數值就可以決定各大產業的走向。

此外還有許多自然天成的斜率實例。許多計量單位都有個斜率潛藏其中，好比每公升跑幾公里、每秒跑幾公尺，還有每公斤幾塊錢等。毫無疑問，數學的幾項最重要用途，都牽涉到某數量對另一數量的相對變換率，而這個比率就根植於斜率的概念。

談到這裡，我們的例子全都顯示，x 增加一個單位，結果 y 也隨之提升。就圖形來看，這代表當我們向右移動，直線也隨之攀高。不過，線性關係不見得都屬於這種類型。我們顯然有可能遇上另一類事例，當 x 增加，y 卻隨之相對下跌。回到

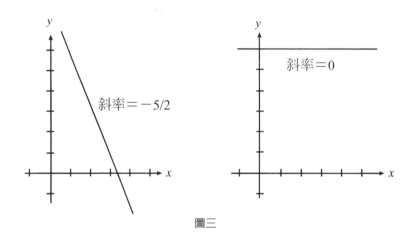

圖三

空中飛機的例子，我們或可設x為升空時段，y則為飛機和目的地的距離，每當 x 增加，y 也隨之降低。這種情況可以參見圖三的左邊直線，其中當 x 增加兩個單位，y 便降低五個單位。於是，

$$m = \frac{y\,\text{軸變換}}{x\,\text{軸變換}} = \frac{-5}{2} = -2.5$$

最後一種情況，也是微分學特別重要的一個例子，參見圖三的右邊水平線。這裡的 x 每增加一個單位，y 並不隨之升降，因為 y 是固定不變的。於是，

$$m = \frac{y\,\text{軸變換}}{x\,\text{軸變換}} = \frac{0}{x\,\text{軸變換}} = 0$$

總之，上坡直線的斜率為正；下坡直線的斜率為負；水平直線，坡度介於上坡和下坡的分界位置，斜率等於0，位於正、負斜率的分界點。其中道理一以貫之。

只可惜，這項理論只適用於直線，因為直線全長的傾角全都相同（具有相等斜率）。在數學領域中，直線確實占有非常重要的地位，然而，真實世界的許多現象，卻都會出現變異，表現出非線性的舉止。例如飛機並不以常速飛行；生產製程並不表現恆定邊際利潤。那麼，我們該如何判定「曲線」的斜率？真能辦得到嗎？鑽研這道問題的同時，我們也終於進入微分學的範疇。

這裡舉實例來闡明問題，參見圖四的拋物線圖示$y = x^2 - 4x + 7$。當$x = 3$，我們

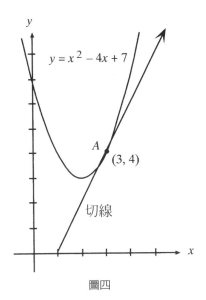

$$y = x^2 - 4x + 7$$

A
$(3, 4)$

切線

y

x

圖四

求出$y = 3^2 - 4(3) + 7 = 4$，曲線上的點$(3, 4)$則標示為 A。拋物線從頭到尾起伏變化，顯然沒有固定斜率。我們沿著曲線行進，方向始終不斷變換，從左側下坡陡降，到底部和緩持平，再到右側又一次攀升，坡度更陡。基本原理清楚分明：曲線不同於直線，每個點上的斜率都有變化。

那麼，我們該如何判定該曲線 A 點上的斜率？依循幾何觀點，合理作法似乎就是在 A 點上畫出該拋物線的切線，並說明該（彎曲的）拋物線的斜率，就是在該點畫出的（筆直）切線斜率。這種途徑的合理性，由以下情節就可以瞧出端倪。

假定我們搭乘一台細小載具，沿著這條拋物線路徑行進。我們在左側沿線下降，轉為水平走向，這時載具向右攀升，沿途坡度愈來愈陡。就在抵達點$(3, 4)$之際，我們突然飛出載具，依循（圖四中帶箭頭那條）直線路徑繼續前進，至於載具則向上彎轉，沿著拋物線路徑離去。因此，我們的飛行路線在點$(3, 4)$上與曲線正切，而這條「切線的斜率」，正是我們所指稱的「點 A 上的拋物線斜率」。

到這裡還很容易。至於求切線斜率的作法，就不那麼淺顯。這裡暫不檢視答案，先指出難在哪裡。斜率的定義如下：

$$m = \frac{y_2 - y_1}{x_2 - x_1}$$

因此必須知道直線上的兩點，才能完成計算。然而，就上述例子，我們只知道切線

上的一點，也就是$A=(3, 4)$本身。只需知道切線上另一點爲何，要算出切線斜率就易如反掌，沒有這筆資料，就等於陷入了絕境。然而，微分學卻指出一條明路，可以繞過路障，採間接方式趨近那條切線的斜率。這是一條高明卓絕的攻擊路線。

就我們的問題來看，我們想求出$x=3$上的切線斜率，首先，考量當$x=4$時，會出現什麼情況。就目前來講，我們完全不可能憑$x=4$就找出切線上的對應點，不過，我們可以從$x=4$條件，找出拋物線上的其他點，那就是$y=4^2-4(4)+7=7$。我們把點$(4, 7)$標示爲B，參見圖五。本附圖放大呈現曲線的關鍵部分，連接A和B兩點的直線稱爲「**割線**」，斜率可以輕鬆求得：

$$m = \frac{y_2 - y_1}{x_2 - x_1} = \frac{7 - 4}{4 - 3} = \frac{3}{1} = 3$$

計算非常容易；只可惜，這並不是切線本身的斜率，而是割線的斜率，爲切線斜率的近似值。我們該如何改進這個估計值？

不然就在拋物線上找出比B更接近A的點，這樣總可以吧？就設$x=3.5$好了。相應y值爲$3.5^2-4(3.5)+7=5.25$，因此座標爲$(3.5, 5.25)$的點C就位於拋物線上。連接A、C兩點的割線斜率爲：

$$m = \frac{y_2 - y_1}{x_2 - x_1} = \frac{5.25 - 4}{3.5 - 3} = \frac{1.25}{0.5} = 2.50$$

設想在圖五的A和C點間畫一條直線，那條直線就比我們的第一次嘗試（A和B間那條線）更貼近切線。因此，斜率2.50就比我們的第一個估計值3.00更接近切線的斜率。

下一步應該可以料想得到：在拋物線上另取更接近A的一點。例如，設$x=3.10$，這樣一來，$y=3.10^2-4(3.10)+7=4.21$，同時以D來代表點$(3.10, 4.21)$。連接A和D的割線，位置相當接近目標切線，而且這條割線的斜率爲：

$$m = \frac{y_2 - y_1}{x_2 - x_1} = \frac{5.25 - 4}{3.5 - 3} = \frac{1.25}{0.5} = 2.50$$

依此方式繼續下去，讓我們的點沿著拋物線向下朝A滑動，同時也逐步計算對應割線的斜率。這連串計算結果列於底下附表。

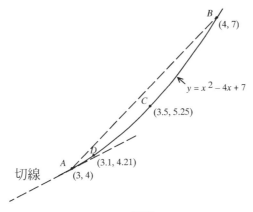

圖五

拋物線上的點	串連該點和 A 點的割線之斜率
(4.0, 7)	3.0
(3.5, 5.25)	2.5
(3.10, 4.21)	2.10
(3.01, 4.0201)	2.01
(3.0001, 4.00020001)	2.0001
……	……

這其中有個很清楚的模式。每當我們的點沿著拋物線朝 $A = (3, 4)$ 移動，對應割線也跟著逐步旋轉，愈來愈貼近切線，斜率估計值也愈來愈精準，漸漸逼近狡猾刁鑽的切線斜率。就這個例子來看，我們很容易猜出，這裡考量的切線斜率，恰等於這批估計值所趨近的數值：點 $(3, 4)$ 上的拋物線切線斜率，顯然等於 2。到目前為止都很順利。不過，倘若我們需要同一拋物線上點 $(1, 4)$ 的切線斜率，又該如何處理？這時我們就必須執行相仿的計算，編製出相仿附表。接著，倘若我們再多給定十二個點，必須求出各點的切線斜率，又該怎樣處理？這時我們就會遇上另外十二個附表，而這整套過程，也會變得乏味繁瑣之極。有沒有辦法簡化步驟，讓切線斜率求法更流暢？

當然有。事實上，這就是萊布尼茲在一六八四年的論文當中，連同那組規則，附帶提出的作法。為求流暢就必須採行較為偏向普適的觀點（也就是說，比較傾向代數的視角）。這裡不著眼於點 $(3, 4)$，我們改行他途，發展出一項公式，來代表

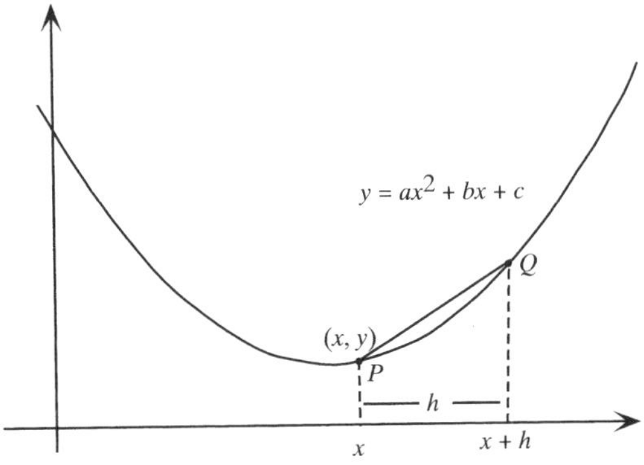

$$y = ax^2 + bx + c$$

Q

(x, y)

P

h

x　　$x+h$

圖六

任意拋物線$y=ax^2+bx+c$上任意點 P 的切線斜率。設 P 座標爲(x, y)，其中$y=ax^2+bx+c$。如上步驟，選出和(x, y)鄰近的一點，接著以所得的割線斜率，來做爲切線斜率的近似值。

如圖六所示，習慣上都以$x+h$來代表「鄰近」點的第一座標值。這樣一來，我們就把 h 當成一個未定的細小值，相當於一個小幅增量，由此我們可以移動到稍微大於 x 的位置。這個位置在拋物線上的對應點標示爲 Q，參見圖示。接著要找出第二座標值，我們只需把$x+h$代入拋物線方程式即可；換句話說，把每項 x 都代換成$x+h$。於是 Q 的第二座標值就等於，

$$a(x + h)^2 + b(x + h) + c = a(x^2 + 2xh + h^2) + b(x + h) + c$$
$$= ax^2 + 2axh + ah^2 + bx + bh + c$$

所以 Q 就是點$(x+h,\ ax^2+2axh+ah^2+bx+bh+c)$。讀者必然看得出，這道問題的代數複雜度已經調高了一、兩級，不過，這樣可以求得通式，好處很多，值得費心努力。

下一步是使用 m 公式，來求 P、Q 兩點間割線的斜率：

$$m = \frac{y_2 - y_1}{x_2 - x_1} = \frac{(ax^2 + 2axh + ah^2 + bx + bh + c) - (ax^2 + bx + c)}{(x + h) - x}$$

$$= \frac{ax^2 + 2axh + ah^2 + bx + bh + c - ax^2 - bx - c}{x + h - x}$$

$$= \frac{2axh + ah^2 + bh}{h}$$

（把分子和分母的同類項合併所得結果）

$$= \frac{h(2ax + ah + b)}{h}$$

（把分子的因數 h 移出所得結果）

$$= 2ax + ah + b$$

（消除共通 h 所得結果）

　　總之，就任意小幅增量 h 而言，P、Q 兩點間割線斜率都為已知，代數式為 $2ax + ah + b$。不過，從 Q 向 P「滑動」的觀點，只不過是讓 h 不斷向 0 逼近而已。換言之，我們讓 h 趨近 0，並以割線斜率的極限值，來測定切線的精確斜率。於是，就我們的例子來看，切線斜率可以給定如下：

$$\lim_{h \to 0} (2ax + ah + b) = 2ax + a(0) + b = 2ax + b$$

由於 a、b 和 x 都是固定的，並不隨 h 朝 0 移動而改變。（符號 $\lim_{h \to 0}$ 讀做「h 趨近 0 時的極限」）這裡順便一提，我們這個通式也適用於前面引用的拋物線 $y = x^2 - 4x + 7$。這裡 $a=1$、$b=-4$ 且 $c=7$。所以，就點 A 的情況，由於 $x=3$，則根據我們的附表，切線斜率便為 $2ax + b = 2(1)(3) + (-4) = 2$。若我們希望求出點 $(1, 4)$ 上的切線斜率，只需設 $x=1$，並求出斜率為 $2(1)(1) - 4 = -2$ 即可；由附圖可見，拋物線在這點是下降的，和負斜率結果相符。

　　再講一次：曲線的切線斜率可視為「對應割線斜率在 h 趨近 0 時的**極限**」。這個極限稱為「**導數**」，又稱「**微商**」；求導數過程就稱為「**微分**」，又稱「**微導**」；而研究這門學問的數學分支，就稱為「**微分學**」。

　　微分學的一項目標是，發展出適用範圍更廣的通式。我們當然不希望通式只能用來處理拋物線。數學家採行與前述相仿的程序，從一個非特定函數 $y = f(x)$ 入手，由此找出任意點 (x, y) 上的切線斜率。作法一如前述，我們在曲線上選定一個鄰近點，其第一座標值等於 $x+h$，第二座標值就等於 $f(x+h)$；下個步驟是求割線斜率：

$$m = \frac{y_2 - y_1}{x_2 - x_1} = \frac{f(x+h) - f(x)}{(x+h) - x} = \frac{f(x+h) - (x)}{h}$$

最後，求這個商在 h 趨近 0 時的極限值。

萊布尼茲把這個導數寫做 dy/dx。後來，約瑟夫・拉格朗日（Joseph Louis Lagrange, 1736-1813）又引進一種註記法，兩法拮抗對壘──用符號 $f'(x)$ 來代表 $f(x)$ 的導數。由此我們就得出普見於所有微分學書本的基本公式：

$$f'(x) = \lim_{h \to 0} \frac{f(x+h) - f(x)}{h}$$

從這則通用定義入手，我們可以求得大批函數的導數。當我們微分一個 x 的乘冪（也就是 x^n 式函數），一個漂亮的式子就出現了：

$$若 f(x) = x^n，則 f'(x) = \mathrm{n}\, x^{n-1}$$

換句話說，這就表示求 x^n 乘冪導數的步驟很簡單，只需把指數移下來，放在前面當成係數，然後將原指數的次方減一即可。因此，x^5 的導數是 $5x^4$，x^{19} 的導數則是 $19x^{18}$。這自然是一項奇特又美妙的規則。也不知道為什麼，潛藏在數學深處，曲線和曲線切線的特質，竟然轉變成這般單純的事物。

走筆至此，現在就可以針對導數定義，提出幾點告誡。首先，儘管某些函數的導數很容易從對應代數求得，卻也有眾多函數的導數公式，只會引發糾結難解的數學亂象。更糟糕的是，有些函數在一點或眾多點上，竟然都找不到導數。就這類函數而言，要指定任意數值，做為曲線上該特定點的切線斜率，都是完全辦不到的。

圖七提出一個實例。本圖點 (2, 1) 上有個銳利彎角。由於直線在點 (2, 1) 上猛然轉向，因此在那點根本沒辦法畫出單獨一條切線。既然畫不出切線，肯定也求不出切線的斜率，然而導數卻正是指這個斜率。所以，這個函數的彎角沒有導數。實際上，凡是呈鋸齒圖形的任意函數，彎角上都沒有導數。

我們的例子指出，處理導數時，有可能連帶出現一些微妙的難題。這些問題通常都牽涉到「極限」概念，這項觀念歷歲久遠，自古典時代以來，數學家不斷就此殫精竭思。極限是導數定義的根基所在，其理論意涵絕對不容小覷。不用說，我們也不必深入探究這項概念的邏輯根源，而且這裡還要補充說明，就連萊布尼茲也沒

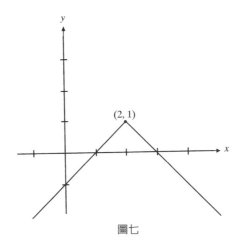

圖七

有深究這點。他能夠闡揚自己的「求極大、極小以及切線的新方法」，取得比較直接的利益，就此他已經很感滿意，所以也毋須太過講求底層的理論依據。

　　我們已經花了相當多的時間來談論切線。本章結尾要談如何應用微分學來求極大和極小值。

　　我們從一開始就強調，得知函數能得出多大或多小數值（換句話說，知道極大或極小值），對數學理論家和使用數學人士，都有極重大的價值。在哪些條件下我們才能取得最大收益？或者把汽油消耗降到最低？極值問題正是我們周遭世界例行決策核心所在。微分學正是解答這類問題的工具，由此就能看出這門學問的威力。

　　這裡就展現微分的功用，設想圖八所示一般化函數 $y＝f(x)$ 。這當然不是個線性實例，因為線條隨 x 向右移動上下起伏，不過，線上兩點特別值得注意。這兩點分別為 M，也就是曲線達到最高那點，還有 N，也就是曲線的最低點位置。若能求出 M、N 兩點座標，肯定會很有意思。

　　不過，這該如何判定？求極大和極小的關鍵，就在我們先前談斜率的討論內容：峰谷線的頂部或谷底曲線切線，必然都是「水平線」。前面也談過，水平線的斜率等於 0，因此，當我們求最大或最小值，最後就會找出切線斜率等於 0 的點。（換句話說，導數等於 0 的點。）從代數學的角度來陳述，我們的任務就是解方程式 $f'(x)＝0$，而且以目前的進展，我們也應該能順利求得一函數的極端值。

　　這裡就舉例說明，我們審視義大利數學家吉羅拉莫・卡爾達諾（Girolamo Cardano, 1501-1576）的一項主張，稍後在第**Z**章談到另一個題材時，還會回頭討論

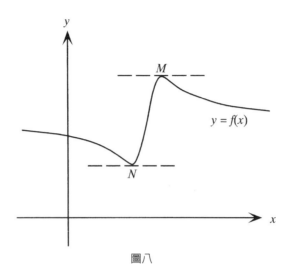

圖八

這項說法。有一次，卡爾達諾檢視一則代數問題，他聲稱，沒有任兩實數相加等於10，且相乘等於40。有了微分學，我們就可以輕鬆檢定他的主張。

他的主張是，設該兩實數之一為 x，且另一數為 z。既然兩數和為10，這就可以寫成方程式 $x+z=10$，接著由此馬上得知 $z=10-x$。我們希望判定 xz 乘積最大等於哪個數值。顯然，$xz=x(10-x)$，因此我們引進乘積函數

$$f(x)=xz=x(10-x)=-x^2+10x$$

並運用微積分來求最小值。

我們已經證明，二次方程通式 $f(x)=ax^2+bx+c$ 的導數為 $f'(x)=2ax+b$；因此，函數 $f(x)=-x^2+10x$ 的導數便為 $f'(x)=-2x+10$（因為 $a=-1$，$b=10$ 且 $c=0$）。若想求出最小乘積，我們只需在曲線上找出切線為水平線的點，並求出各點 x 值即可。因此，我們設 $f'(x)=0$，並依所得方程式求 x 之解：

$$0=切線斜率=f'(x)=-2x+10 \to 2x=10，於是 x=5$$

乘積函數 $f(x)=-x^2+10x$ 標繪如圖九，由圖九可見拋物線在 $x=5$ 時達最高點，支持這項結論。該點 xz 乘積為 $f(x)=xz=5(10-5)=25$，這就是兩數乘積的最大值。換言之，相加為10的兩實數，最大可能乘積為25。卡爾達諾說得對，拿這種實數相乘，完全不可能得出40。

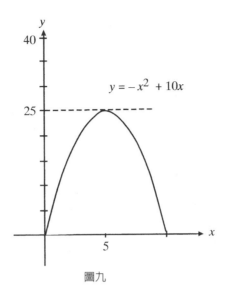

圖九

　　前面幾則例子已經讓我們淺嚐箇中滋味，然而就微分學來講，這根本還沒觸及浮面表層。這項題材可以解答眾多問題，應用範圍廣泛得讓人眼花撩亂，也難怪了，到後續章節我們還會遇上它。不過，這裡必須結束此課題，離開這項對數學有極端重要貢獻的概念。而且也請記得，三個世紀之前，當萊布尼茲熱切描述他「為它設計的美妙運算法則」，最後也是從這項概念獲得佐證。

歐拉

前幾章我們遇見了幾位數學界的超級巨星：歐幾里德、伯努利兄弟和阿基米德。我們承襲這股精神，投入本章篇幅，專門介紹數學史上最重要人物之一，萊昂哈德・歐拉（Leonhard Euler）。歐拉的研究成果豐碩至極，數學著述卷帙浩繁，令人難以相信。不過，後世敬重他的原因，主要還不在他的著述數量，而是他的作品之豐、之美，還有洞見幽微的見識。

我們這短短一章篇幅，連浮泛論證歐拉遺產的價值都嫌不足。現代數學家若能出版十幾篇（或更少）中等品質論述，就可以建立相當的聲望，而歐拉則推出近九百項論述，含專論、書籍和論文。一待塵埃落定，就品質和數量來看，他的創作成果，都遠遠凌駕大批數學家接連工作好幾輩子所能得到的成果。估計他在漫長的六十年事業生涯當中，每年發表的新數學論文，平均達八百頁。[1]人類有史以來，沒有任何數學家能如此高速思索；談到快，多數人連書寫都沒辦法寫得那麼快。歐拉無疑擁有超卓本事，他的心思靈巧、迅捷，古往今來只有極少數的數學家擁有可堪匹敵的才華。就如米開朗基羅或愛因斯坦，歐拉也是位不容置疑的大師。

一九一一年，學界開始出版歐拉作品集，標題為《歐拉全集》（*Opera Omnia*）。這是歷來最富雄心的出版計畫之一。迄今上架冊數已超過七十冊（不過，又有誰在清點？），新編卷冊依然不時推出，而且進入二十一世紀再過多年，仍會繼續出版。典型卷冊含五百頁大版面書頁，重約四磅，完整《歐拉全集》總重可超過三百磅！其他數學家沒有人能達到如此境界。

所以，歐拉是位多產數學家。除此之外，他還擁有極廣泛的興趣。他為根基穩固的學門做出貢獻，包括：數論、微積分、代數和幾何。此外他還幾乎可以說是隻

手催生出好幾個數學新生分支，好比圖論、變分學和組合拓撲學。他發揮重大影響，確立複數的正統地位，這點稍後還會在第Z章著眼討論。他還把「函數」的構想提升為顯赫概念，如今，數學泰半都仰賴這項見解才得以統合。

歐拉對應用數學也有傑出貢獻。他役使威力強大的數學武器，破解力學、光學、電學和聲學疑難，並藉此闡明種種自然現象，範圍從月球運行到熱量流動，乃至於音樂的根本構造。（不過就音樂方面有個說法，歐拉的作品包含「讓音樂家消受不起的幾何學，還有讓幾何學家消受不起的音樂」。）[2]《歐拉全集》超過半數卷冊都討論應用課題。

這裡還要提出一項很重要的論點，歐拉擅長闡述，他選用的標記法和遣詞用語，很快就成為這門學問的標準用法。因此，他的數學著述「看來」很有現代的樣子，這是由於往後所有人都學歐拉的方式來撰寫數學文章。歐拉的著述當中，最受人景仰的是一七四八年出版的《無窮小分析導論》（Introductio in analysin infinitorum）。數學史家卡爾·波伊爾（Carl Boyer）便曾寫道，歐拉這本書：

> 或許是現代影響最深遠的教科書。這本書讓函數成為數學的概念基礎。它推廣「對數相當於指數」以及「三角函數相當於比率」之定義。它確認代數和超越函數之異，明辨基本函數和高階函數之別。它開發運用極座標和曲線的參數表示法。我們許多通用註記法都是由此衍生成形。一言以蔽之，《無窮小分析導論》一書對基本分析的影響，和歐幾里德《幾何原本》對幾何學的影響可說不分軒輊。[3]

連高斯這樣的數學高人，談到他第一次接觸歐拉作品的經驗，都要回顧表示，他心中湧現「新生激情，充滿活力」，還「更增我堅毅決心，要進一步拓展這個廣袤科學學門的範疇」。[4]

大家最好能牢記這裡所描繪的歐拉形象。如果真有人要雕琢數學界的拉什莫爾山頭像，歐拉的雕像必然占有顯赫的位置。

歐拉一七〇七年生於瑞士巴塞爾市（Basel），十幾歲小小年紀就隨約翰·伯努利學習，在那時候，約翰·伯努利已經博得盛名，號稱世界上最偉大數學家之一。就歐拉來講，這無疑是個優點，縱使他必須應付約翰·伯努利那種喜怒無常的脾性。（我們想像性情乖戾的約翰·伯努利，向年輕的歐拉授課完畢，一邊喃喃自

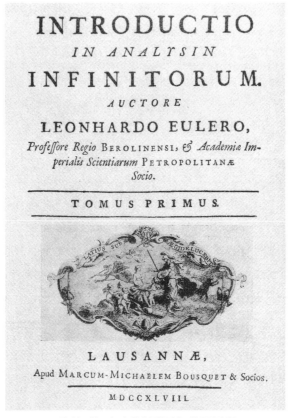

歐拉《無窮小分析導論》卷頭插畫
提供單位：Lehigh University Library

語，唸叨古今教師的永恆怨言：「現在的學生，根本比不上以往的表現。」）

　　不過約翰・伯努利沒理由抱怨，因爲很少老師能教到這等學生。歐拉十五歲便完成大學課業。四年後，他贏得巴黎科學院（Parisian Academy of Sciences）獎項，第一次成就國際盛名。當時科學院懸賞求解一項難題，徵求帆船桅杆最佳安放位置，歐拉的解法獲高度認可。自此總是有人提起，儘管瑞士並不是知名的海上強權，瑞士人歐拉卻贏得此獎項。就這裡來講，強權應該不是指海權，而是指數學權勢。

　　一七二七年，歐拉才二十歲出頭，已經在新近成立的聖彼得堡科學院謀得一職，於是他啓程前往莫斯科上任。他在那裡待到一七四一年，才接受柏林腓特烈大帝研究院邀約，轉赴更有吸引力的職位。歐拉在德國那所研究院服務二十五年，期

萊昂哈德・歐拉
提供單位：Lehigh University Library

間和達朗貝爾（d'Alembert）、莫泊丟（Maupertuis）和伏爾泰（Voltaire）等名人都曾共事過。隨後在一七六六年，他回到聖彼得堡並終老於此。歐拉在一七八三年去世，得年七十六歲，死時仍積極從事科學活動。

依照各種流傳說法，歐拉是位謙虛、低調的人，他向來重視家庭生活又好交友。儘管他從一七三五年開始逐漸喪失視力，至一七七一年更惡化幾近全盲，縱然罹此病痛，他依然保持敦厚性情。驚人的是，這樣的困境並未令他灰心喪志，也沒有妨礙他的研究。就算只能在腦海中見到公式和方程式，儘管必須向文書助理口述所見，他依舊不改其志，繼續研究。他的數學發現數量創新紀錄，證明目盲完全不是障礙，沒有影響他的產量。時至今日，他面對逆境取得成功的故事，依舊是一則歷久不衰的傳奇。

短短幾頁篇幅，要總結介紹歐拉的數學發現，簡直是異想天開。我們只針對幾門數學分支敘述他的貢獻，讓讀者自己把這些成果乘上數千倍，這樣就能約略領會他的成就規模。

　　我們從第**A**章一開始就提到高等算術，那麼，首先就在這裡談談歐拉對數論的一項貢獻。就這門數學分支而言，歐拉一開始並沒有就此投注心力，不過一等他投入，馬上就沉迷其間。他的《歐拉全集》有四卷冊共計一千七百頁篇幅，載錄了歐拉的數論論文。

　　他有一項發現牽涉到親和數（又稱為「友誼數」），這是一項遠溯自古代的概念，由希臘人所提出，若兩全數任一數等於另一數的真因數之和，則稱此兩數為**親和數**。220和284就是一組親和數對。也就是說，220的因數為 1、2、4、5、10、11、20、22、44、55、110，當然還有220。把最後一個擺在一邊，得出220的真因數和為：

$$1+2+4+5+10+11+20+22+44+55+110＝284$$

就另一方面，把284的真因數累加起來，我們就得到

$$1+2+4+71+142＝220$$

因此，220和284是一組親和數對。

　　許多世紀以來，這就是親和數的唯一已知實例。下一次的突破出自十三世紀阿拉伯數學家伊本・班納（iba al-Banna）之手，他發現一對相當複雜的親和數：17,296和18,416。[5]一六三六年，法國數學家皮埃爾・德・費馬（Pierre de Fermat，第**F**章的主題）重新發現班納的數對，而且似乎很高興自己做出這項成果。然而在一六三八年，他的宿敵勒內・笛卡兒（René Descartes, 1596-1650）卻感受不到多少親和性，還吹噓自己發現更了不起的數對：9,363,584和9,437,056。按照今天的俚語講法，笛卡兒傳給費馬的信息就是——「給你好看」！

　　從此以後一直沒有進展，直到十八世紀歐拉現身才打破僵局。我們要強調，在這時候，只有三組親和數對為人所知：希臘那兩組，還有班納與笛卡兒的數對。歐拉深吸一口氣，投入工作，又發現近六十組數對。給你好看，笛卡兒！

　　當然，歐拉的成就是，他發覺一種至當時仍無人認識的模式，循此可以產出一批批親和數。歐拉有本事從古老的問題當中，瞧出前輩高人未能察覺的事項。

　　初等幾何學也有相同的情況，這個領域早已經過徹底探究，料想不會再出現意外的進展。然而，歐拉卻瞧出新鮮事務。事實上，他的《歐拉全集》有四巨冊，總

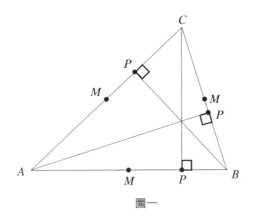

圖一

計一千六百頁篇幅，專門用來討論幾何學。

　　要見識幾何學者歐拉施展功力，可以從圖一所示任意三角形*ABC*入手。把三角形各邊對分並畫出三條頂垂線，也就是由各頂點向對邊各畫一條垂線。圖中可見各邊中點分設一點 *M*，且垂線底端各設一點 *P*。這似乎毫無關聯的六點，有什麼值得注意的事項？（或者真值得一提嗎？）

　　歐拉證明出一項非比尋常的事實，那就是這六點全都落入單一圓上！[6]該圓的圓心位於圖二所示位置。設 *D* 為三條頂垂線的共交點（術語稱三角形的「**垂心**」），再設 *E* 為三邊中垂線的共交點（「**外心**」或「**外接圓心**」）。畫一線段貫串 *D* 和 *E* 兩點，並設此線段中點為 *O*。那麼，點 *O* 便為一圓之圓心，而且該圓穿過所有上述六點！[7]這項刁鑽至極的定理，逃過了歐幾里德、阿基米德、托勒密

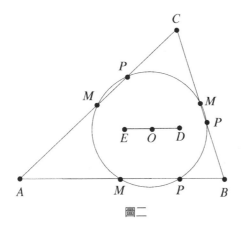

圖二

和幾千年來其他所有人士的法眼，證明歐拉的幾何功力，是他們當中最強的。

那麼微積分呢？歐拉對此領域有任何貢獻嗎？答案是個大大的「有」。他為初學者寫了許多文稿，兼顧微分和積分範疇，縱貫他的《歐拉全集》第十到第十三冊，耗費篇幅近兩千兩百頁。這些論述教導一代代數學家學習微積分，對這個題材的影響持續至現代時期。當代學子常抱怨微積分書本太重，幾達三公斤，其實他們應該心懷感念，讀的不是歐拉的微積分書籍，那厚厚四巨冊可以塞滿一只小手提箱。

歐拉曾在這個領域開創一項早期成就，牽涉到一種無窮級數累加總和。這道級數求和的問題出現在更早一個世紀，至當時依然無解，

$$1 + \frac{1}{4} + \frac{1}{9} + \frac{1}{16} + \frac{1}{25} + \frac{1}{36} + \frac{1}{49} + \ldots + \frac{1}{k^2} + \ldots$$

目標是求所有全數平方之倒數和。數學家已經知道，這個級數累加起來得到一個有限和（數學家的講法是「收歛到」一個有限和）。不過是哪個和？連微積分發明人萊布尼茲都茫無頭緒。伯努利兄弟也不得要領，雅各布和約翰兩人投入解題，想來不只為求箇中樂趣，也希望做出成果藉此耀武揚威。設想，倘若雅各布（或約翰）能夠破解這等著名難題，他可以給約翰（或雅各布）帶來何等羞辱。

然而，在一七三四年之前卻都毫無進展，歐拉就是在那年才開始檢視這個級數。最初，他也是茫然無解。他依循一種冗長繁瑣的計算法，證明總和逼近1.6449，然而，這肯定不是個叫得出名號的數值。歐拉或許也曾經想過，乾脆就加入萊布尼茲和伯努利兄弟等名人的行列，承認失敗算了。不過接著，就他的說法是：「出乎意料，我發現了一個優雅的公式……以圓面積求法為本。」[8]

他的意思是，他轉變方向改以三角學和微積分來求解，解法以圓周率常數 π 為要件。他發揮能與本身才氣相匹配的膽識，得出以下證明：

$$1 + \frac{1}{4} + \frac{1}{9} + \frac{1}{16} + \frac{1}{25} + \frac{1}{36} + \frac{1}{49} + \ldots = \pi^2/6$$

儘管證明細節部分還需請讀者詳讀本章注釋，不過這裡只需說明，總和等於 $\pi^2/6$ 讓所有人都大吃一驚就夠了。[9]這道難倒所有前輩的難題，就這樣被歐拉破解，歐洲

數學界這才警覺，一顆新星已然升起。

關於歐拉的數學成就，還有許多可供討論。不過，這裡只提出一項定理，略做細部探討，做爲本章的尾聲。這項定理在一七四○年提出，源自歐拉數學工作台上一個毫不起眼的片段，由此可以看出，他的典型研究成果，帶有何等威力。

這裡所探討的問題，出自法國數學家菲利普·諾代（Philippe Naudé）一封致歐拉信函，信中隱約提到這項問題。一七四○年秋天，諾代致函歐拉，請教如何把一個正整數寫成相異正整數之和。這讓歐拉產生興趣。他在幾天內就回覆，提出一種解法，同時還爲延遲回信致歉，因爲「視力很差，這已折磨我好幾週了。」[10]

在此先不檢視歐拉的證明，且讓我們很快看一看如何分解一個全數，寫成相異整數之和。設 $n=6$，則把 6 分解爲相異全數之和的方式，計有底下四種寫法：

$$6, 5+1, 4+2, 3+2+1$$

（這裡我們認爲單獨一個 6 也是種「和」，因此是個正當寫法）當然，$6=3+3$分解式並不合格，因爲式中兩個被加數並不相異。另請注意，我們並不限制被加數的個數：被加數可以是一個、兩個或更多個，只要全都相異，而且累加等於 6 就可以了。引用註記法$D(n)$來代表可以把 n 寫成相異全數之和的寫法總數，由前面論述可知$D(6)=4$。

現在考量可以把 6 寫成奇全數之和的寫法種數，這裡我們不再堅持被加數都必然相異。試做片刻之後，導出以下可能解法：

$$5+1, 3+3, 3+1+1+1, 1+1+1+1+1+1$$

請注意，這裡容許同一數重複出現，不過仍有唯一限制條件，被加數必須爲奇數。設$O(n)$爲可以把 n 寫成（不見得相異的）奇整數之和的寫法種數，我們知道$O(6)=4$。

可以把 6 寫成相異整數之和的寫法種數，正好等於可以把 6 寫成奇整數之和的寫法種數，這只是巧合嗎？下一步顯然是拿另一個數來重複此過程。這是數學界的慣例，就像化學家們也拿特定案例來做實驗，由此習得寶貴洞見，隨後再嘗試構思、證明通用法則。當然，化學家會擔心實驗把自己炸上天，數學家則不必憂心。

試舉$n=13$爲例。有十八種方式可以把13寫成相異全數之和，如下所列：

13	8＋4＋1
12＋1	8＋3＋2
11＋2	7＋5＋1
10＋3	7＋4＋2
9＋4	7＋3＋2＋1
8＋5	6＋5＋2
7＋6	6＋4＋3
10＋2＋1	6＋4＋2＋1
9＋3＋1	5＋4＋3＋1

依我們的註記法，$D(13)＝18$。相同道理，以下列出可以把13寫成奇整數之和的不同組法：

13	5＋5＋1＋1＋1
11＋1＋1	5＋3＋3＋1＋1
9＋3＋1	5＋3＋1＋1＋1＋1＋1
9＋1＋1＋1＋1	5＋1＋1＋1＋1＋1＋1＋1＋1
7＋5＋1	3＋3＋3＋3＋1
7＋3＋3	3＋3＋3＋1＋1＋1＋1
7＋3＋1＋1＋1	3＋3＋1＋1＋1＋1＋1＋1＋1
7＋1＋1＋1＋1＋1＋1	3＋1＋1＋1＋1＋1＋1＋1＋1＋1＋1
5＋5＋3	1＋1＋1＋1＋1＋1＋1＋1＋1＋1＋1＋1＋1

簡單清點也可得出$O(13)＝18$。這就暗示我們或許已經看出若干眉目。

我們不難想像，歐拉會發揮計算才華，舉其他實例多做幾次嘗試。每次實驗都產生相同驚人的結果：可以把該數值分解成相異整數的寫法種數，恰等於分解為奇整數的寫法種數。

歐拉注意到這個現象，還做出更為高超的成果：他施展高明絕學，一舉證明所有全數之$D(n)$和$O(n)$全都相等。他的解題手法牽涉到些許代數，加上大幅發揮原創巧思，結果以三項簡單步驟就解出答案。檢視歐拉的高明創見，我們就這樣開始：

步驟一：引進無限乘積。

$$P(x) = (1+x)(1+x^2)(1+x^3)(1+x^4)(1+x^5)(1+x^6)\cdots$$

本式各項依明顯模式延續開展。歐拉向來不怕計算，他解出乘式，還把 x 的同冪次項群集在一起。算式常數項是無數個 1 所得的乘積，結果顯然等於 1。這種乘法運算只得一個 x 項，也就是把第一因式裡面的 x，乘以後項的唯一數值 1。相同道理，x^2 項也只出現一次。然而，得出 x^3 項的作法卻有兩種：一種是把第三因式的 x^3 乘上所有的 1，另一種則是把第一項的 x 乘上第二項的 x^2。這裡我們把它寫成 $(x^3 + x^{2+1})$，這不只代表兩個 x^3 項，還能顯示這兩項是從哪裡來的。依樣畫葫蘆，兩個 x^4 項就可以寫成 $(x^4 + x^{3+1})$，三個 x^5 項則爲 $(x^5 + x^{4+1} + x^{3+2})$，而四個 x^6 項便爲 $(x^6 + x^{5+1} + x^{4+2} + x^{3+2+1})$，並依此類推。

這種作法可以持續進行下去，直到倦怠爲止，不過模式清楚分明：$P(x)$ 展開式的 x^n 項次總數，和可以把 n 寫成相異正整數的方式總數相等。就這方面請注意，式中 x^6 項的四種指數列法，正相當於前面把 6 化爲相異整數的四種分解作法。相異性絕對存在，因爲 $P(x)$ 表達式中的每個因式，都含一個冪次「不等」的 x 項。

所以，$P(x)$ 展開式 x^n 項的係數正是 $D(n)$，也就是能把 n 化爲相異因子的分解方式種數。換句話說，

$$P(x) = 1 + D(1)x + D(2)x^2 + D(3)x^3 + D(4)x^4 + D(5)x^5 + \ldots + D(n)x^n + \ldots$$

步驟二：暫且把 $P(x)$ 擺在一旁，並引進算式

$$Q(x) = \left(\frac{1}{1-x}\right)\left(\frac{1}{1-x^3}\right)\left(\frac{1}{1-x^5}\right)\left(\frac{1}{1-x^7}\right)\cdots$$

其中分母涵括 x 的所有奇冪次項，依漸增順序排列。首先，歐拉必須把這些分式，逐一變換爲等價的非分式算式。

不過該怎麼做呢？先不管無窮級數的微妙特色，我們提出

$$1 = 1 - a + a - a^2 + a^2 - a^3 + a^3 - a^4 + a^4 - \ldots$$

這是由於右邊除了第一項之外，其他各項全都可以消除。把右邊各項兩兩配對並做

因數分解，於是這個式子就可以轉換爲：

$$1 = (1-a) + (a-a^2) + (a^2-a^3) + (a^3-a^4) + (a^4-a^5) \dots$$
$$= (1-a) + a(1-a) + a^2(1-a) + a^3(1-a) + a^4(1-a) + \dots$$

接著兩邊都除以1-a，結果爲：

$$\frac{1}{1-a} = \frac{1-a}{1-a} + \frac{a(1-a)}{1-a} + \frac{a^2(1-a)}{1-a} + \frac{a^3(1-a)}{1-a} + \frac{a^4(1-a)}{1-a} + \dots$$
$$= 1 + a + a^2 + a^3 + a^4 + \dots$$

這是由於數串各分式可以分別消除$(1-a)$。這樣一來，結論便爲：

$$\frac{1}{1-a} = 1 + a + a^2 + a^3 + a^4 + \dots \qquad (*)$$

　現在用 x 來取代公式中的 a，結果得出

$$\frac{1}{1-x} = 1 + x + x^2 + x^3 + x^4 + \dots$$

我們採等價寫法如下：

$$\frac{1}{1-x} = 1 + x^1 + x^{1+1} + x^{1+1+1} + x^{1+1+1+1} + \dots$$

接下來，用x^3代換公式(*)中的 a，結果即得：

$$\frac{1}{1-x^3} = 1 + (x^3) + (x^3)^2 + (x^3)^3 + (x^3)^4 + \dots$$
$$= 1 + x^3 + x^{3+3} + x^{3+3+3} + x^{3+3+3+3} + \dots$$

相同道理，用x^5代換公式(*)中的 a，結果便爲

$$\frac{1}{1-x^5} = 1 + (x^5) + (x^5)^2 + (x^5)^3 + (x^5)^4 + \dots$$
$$= 1 + x^5 + x^{5+5} + x^{5+5+5} + x^{5+5+5+5} + \dots$$

並依此類推。

歐拉以這類算式把$Q(x)$轉換如下：

$$Q(x) = \left(\frac{1}{1-x}\right)\left(\frac{1}{1-x^3}\right)\left(\frac{1}{1-x^5}\right)\left(\frac{1}{1-x^7}\right)\cdots$$

$$= (1 + x^1 + x^{1+1} + x^{1+1+1} + \ldots)$$

$$(1 + x^3 + x^{3+3} + x^{3+3+3} + \ldots)(1 + x^5 + x^{5+5} + \ldots)\cdots$$

接著他就求出這些式子的乘積。這次所得常數項也爲 1，之後則是一個$x^1 = x$和單獨一個$x^{1+1} = x^2$。三次方項出現兩次：x^3和x^{1+1+1}。就x^4項部分，我們把第二個括號裡面的x^3乘上第一個括號裡面的x^1（其他所有括號分別貢獻出一個 1），於是我們以第一項中的$x^{1+1+1+1}$和其他各項的唯一數值 1 相乘，就可以得出另一個x^4。相同道理，x^5出現三次（x^5、x^{3+1+1}和$x^{1+1+1+1+1}$）。至於x^6則出現四次，也就是x^{5+1}、x^{3+3}、$x^{3+1+1+1}$和$x^{1+1+1+1+1+1}$。

照這樣繼續下去，道理很清楚，展開式$Q(x)$中出現的x^n項次，總是等於可以把n寫成奇整數之和的寫法種數，而且$Q(x)$各項的指數，也全都是奇數。這項原理還有另一種驗證作法，請注意，式中x^6項的四種指數列法，正是我們前面把 6 化爲奇整數之和的四種寫法。所以，當我們把$Q(x)$寫成無限項之和，x^n的係數就相當於前面所定義的$O(n)$。也就是，

$$Q(x) = 1 + O(1)x + O(2)x^2 + O(3)x^3 + O(4)x^4 + O(5)x^5 + \ldots + O(n)x^n + \ldots$$

步驟三：依循步驟一和步驟二重寫$P(x)$和$Q(x)$之後，我們終於要證明一項完全始料未及的事實，那就是這兩個式子其實是同一回事。證明作法從$Q(x)$的原始算式入手，把分子和分母都乘以$(1 - x^2)$、$(1 - x^4)$等所有偶次方項之乘積。也就是，

$$Q(x) = \left(\frac{1}{1-x}\right)\left(\frac{1}{1-x^3}\right)\left(\frac{1}{1-x^5}\right)\left(\frac{1}{1-x^7}\right)\cdots$$

$$= \frac{(1-x^2)(1-x^4)(1-x^6)(1-x^8)\ldots}{(1-x)(1-x^2)(1-x^3)(1-x^4)(1-x^5)(1-x^6)(1-x^7)\ldots}$$

接下來，別忘了算式$(1 - x^2)$可以分解爲$(1-x)$和$(1+x)$的乘積；還有$(1 - x^4) = (1 - $

$x^2) (1 - x^2)$；以及$(1 - x^6) = (1 - x^3) (1 - x^3)$；並依此類推。分子部分替換之後，本算式就轉換為：

$$Q(x) = \frac{(1 - x) (1 + x) (1 - x^2) (1 + x^2) (1 - x^3) (1 + x^3) (1 - x^4) (1 + x^4) \ldots}{(1 - x) (1 - x^2) (1 - x^3) (1 - x^4) (1 - x^5) (1 - x^6) (1 - x^7) \ldots}$$

由此我們立刻可知，分母各項都與分子匹配項對應消除。這整批消除作業完成之後，式子就剩

$$Q(x) = (1 + x) (1 + x^2) (1 + x^3) (1 + x^4) \ldots$$

結果就像變魔術，這正相當於我們一開始時討論的$P(x)$公式。總之，$Q(x)$和$P(x)$確實是相等的。

不過，我們這裡就很快遵照歐拉的作法，來得出其結論。由於前面已確立，

$$P(x) = 1 + D(1)x + D(2)x^2 + D(3)x^3 + D(4)x^4 + D(5)x^5 + \ldots + D(n)x^n + \ldots$$

同時

$$Q(x) = 1 + O(1)x + O(2)x^2 + O(3)x^3 + O(4)x^4 + O(5)x^5 + \ldots + O(n)x^n + \ldots$$

同時，既然我們在步驟三發現，$P(x)$和$Q(x)$是相等的，這樣一來，雙方x^n項的係數，必然也同樣是兩兩相等，因此，$D(1) = O(1)$、$D(2) = O(2)$，同時這也適用於任意全數 n，於是$D(n) = O(n)$就是個通式。換句話說，這也表示可以把 n 寫成相異全數之和的方式種數，和寫成奇數（不必然為相異數）之和的方式種數相等。這就是歐拉求得的結論，他的證明完畢。

這確實是一項傑出論證，由此證得全數分解的一項奧妙、幽微事實。這彰顯出歐拉數學作品的典型特性，條列如下：

一、他極擅長運用符號表達式。此能力在這項證明中展現得淋漓盡致，也為他冠上有史以來最偉大符號運用大師的美譽。

二、歐拉操控代數式的才華極高，同時他也深信，這樣操控代數必能導出有效結論。後代數學家證明，倘不假思索就隨意操控符號，特別是牽涉到無限步驟的運

用，結果就可能惹來麻煩。不過，歐拉似乎全心相信，若是我們依循符號運算，最後就可以導出眞理。

三、歐拉成果最豐碩的數學策略之一，就是把同一算式寫成兩種型式，讓這兩種表達式畫上等號，接著由這兩式推出強大結論。就我們這個例子當然就是如此，例中$P(x)$和$Q(x)$就是針對相同事物提出的兩種表達方式。歐拉最深奧、優美的論證，許多都展現出這種能力，得以從兩個極端不同的視角，來檢視相同的事物。

四、最後，若是把代數操控和高超的技術本領排除不計，其中依然存有相當程度的令人驚豔的原創巧思。在上述證明裡，有哪項洞見線索指出，若想蒐集全數分解相關資訊，我們就該展開代數式？是哪項洞見引領他想出$P(x)$和$Q(x)$兩式？還有，哪項洞見告訴他，這兩式是相等的？懂得他的證明之後，我們都忍不住要說，其實箇中道理不言而喻。這就是後見之明所占優勢。然而，若非天縱奇才，當初他哪能在這片未知領域縱橫馳騁。

這裡還要補充一段說明。萊昂哈德・歐拉是頂尖等級的數學家，然而，一般大眾對他卻幾乎全然無識，其中多數人恐怕連他的名字發音都發不準。這同樣一群人，卻毫不困難便能認出，雷諾瓦（Pierre-Auguste Renoir）是位藝術家、約翰尼斯・布拉姆斯（Johannes Brahms）是位音樂家，還有沃爾特・司各特（Walter Scott）爵士是位作家。相形之下，歐拉就顯得默默無聞，這很不公平，也很可惜。

然而，還有一點讓歐拉陷入更難堪的處境，在畫壇能和他相提並論的不是雷諾瓦，而是林布蘭特；在樂壇與他齊名的不是布拉姆斯，而是約翰・巴赫；而且就文壇來講，能與他並駕齊驅的不是司各特，而是威廉・莎士比亞。這等高明的數學家，堪稱數學界的莎士比亞，竟然才博得這麼一丁點的公眾認可，實在是種可悲、可嘆的評價。

所以，請讀者拋下這本書，開始籌組粉絲俱樂部，製作橫幅旗幟，同時也請廣爲傳揚，大力推介這位極富洞見、極具影響力，也極具才氣的數學家：瑞士的萊昂哈德・歐拉。

費馬

　　凡是介紹皮埃爾·德·費馬（Pierre de Fermat, 1601-1665）的傳記論述肯定都很簡短。他活過了十七世紀前三分之二時期，不過，老實講，他這輩子卻乏善可陳。他從未在大學擔任教職，也不曾在皇家學術研究單位任職。費馬受的是律師訓練，後來以裁判官為業，生前發表的文獻可說等於零，他的觀點都是藉由信函和未發表的手稿流傳下來。由於他並非專業數學家，大家都稱他是「業餘才子」。不過，若說「業餘」代表「具邊際才華的生手」，那麼這個綽號就完全道不出實情。

　　「數學業餘人士」這個詞含有一種古怪語氣。倘若我們把人類分為專業的和業餘的數學家兩類，那麼史上所有的人幾乎都可以歸在業餘這一類。照這樣看來，你核算累加支票簿時犯的錯誤，或許可以歸類為「業餘人士的數學運算結果」。相同道理，尤吉·貝拉（Yogi Berra）所提見識，「成功是百分之九十的努力，加上另外百分之二十的運氣」，也是如此。*

　　這種陳述和「業餘的」費馬所得的數學成果天差地遠。即便費馬在一般大眾當中，知名度低於與他同時代的笛卡兒和布萊士·帕斯卡（Blaise Pascal, 1623-1662）兩位法國大師，然而在數學家心目中，費馬的地位卻比他們還更崇高。本章的主要宗旨，便是分析箇中原因。

　　費馬是法國南方人士，十七世紀初期誕生於博蒙·德·洛馬涅（Beaumont de Lomagne）。他的父親是位富商，還是鎮上的地方官，因此費馬童年成長環境非常優渥。他接受良好教育，所學內容大幅偏向古典語言和文學研究，後來就進入大

---

*貝拉是美國職棒名人，天知道他是從哪裡得知這些事情？

學，專注研讀法律相關題材。這套訓練讓他得以進入土魯斯市（Toulouse）「伯力門」（法國舊制度時代法院稱號）擔任裁判官，那個位置除了保障財務收入外，還讓費馬有權在姓氏前面冠上「德」字稱號，彰顯他身為法國低階貴族品類地位。

費馬取得顯赫地位，結婚成家生下五子。他在天主教會擔任要職，本身也是個虔誠的信徒。就我們所知，他一輩子不曾遠離出生地，活動範圍都在百哩之內[1]，這位法國人從來沒有見過巴黎。

總之，費馬一生拘謹、安詳度日——事實上是太安詳了，他大概沒有很多事情可做。歷來都有種想法，認為費馬的工作本身相當輕鬆，所以他有時間創作拉丁詩歌，或就希臘文獻撰寫學術評論。費馬有充分閒暇又別具慧眼，令人想起兩個半世紀之後，年輕的愛因斯坦以瑞士專利辦事員身分，藉此良機發展相對論，開創無可匹敵的崇高地位。

費馬的真正興趣在數學（比古典詩詞、教會事務，甚至法律都更濃厚），他就這個領域所做的貢獻深廣兼備。本書至此談過的課題，就許多項目的發展他都扮演要角：數論、機率學和微分學。前面已經指出，費馬不願發表他的數學發現，理由或許可以從他的評論推知：「我實在提不起興致來把論證寫出來，我能夠發現真相已經很滿足了，更何況我還知道證明作法，有機會時，我就可以完成證明。」[2]

所幸，他藉由書信往來，和歐洲各地的其他學者交流觀點。這位土魯斯市法學專家熱衷寫信樂此不疲，他的信函就是得知他的數學成果的最佳資訊來源。收信人包括笛卡兒、帕斯卡、克里斯蒂安‧惠更斯（Christiaan Huygens）、約翰‧沃利斯（John Wallis）和梅森，看這名單，就像是網羅縱貫十七世紀前半期的科學「名人錄」。費馬從他們那兒得知巴黎、阿姆斯特丹或牛津等地的發展，也得以向他們傳達自己的精彩發現。

這其中最引人矚目的就是如今我們知道的解析幾何學，這是一六三六年一篇專文〈平面和立體軌跡入門〉（*Ad locus planos et solidos isagoge*）的論述內容。此外，他就創建機率論所做的貢獻，則收入一六五四年起的連串信函。就機率著述方面，費馬的名字和協同作者帕斯卡並列。兩人密集魚雁往返，勾勒構想、提出評述，還把至當時尚未獲重視的機率論推進數學核心，成為各方矚目的焦點。兩人的合作成果，許多都直接由雅各布‧伯努利收錄，或取道他途，間接納入第**B**章提到的《猜度術》一書中。

皮埃爾・德・費馬
提供單位：Lafayette College Library

　　就解析幾何方面，費馬的名字也和另一位數學家並列，不過，這次兩人並非合作夥伴。另一人是笛卡兒，他獨立設想出自己的一套解析幾何體系。兩人都掌握了一項肥沃的構想，得以結合兩大數學思潮：幾何和代數。（就這項議題的深入討論請參見第**X-Y**章。）

　　可惜，這次也一如往例，費馬從未發表他的論文，而笛卡兒則在一六三七年發表深具影響力的〈幾何學〉（Géométrie，譯注：收錄爲笛卡兒《方法導論》附錄），向全世界發表他的發現。由於論述率先印行，笛卡兒才獲眾口稱譽，從此他的大名就藉由「笛卡兒平面」術語入祀神龕迄今。倘若我們的法國裁判官稍微進取一些，數學家或許就要改口稱之爲「費馬平面」了。

　　笛卡兒贏得這場戰役，卻肯定沒有打贏戰爭。事實上，他對數學的興趣，並不如費馬那麼濃厚。費馬還有其他種種重大貢獻，因此他共同創立解析幾何學的成就，往往被人忽視。這其中有一項作品，也是費馬的本事明顯勝過笛卡兒的課題，內容探討幾種曲線之最大、最小值的求法。

　　讀者對此應該很熟悉。這就是第**D**章討論過的微分學的主要目標之一。前述篇幅我們把功勞歸給萊布尼茲和牛頓，嘉許他們構思出必要程序，循此便能判定極

值，然而，卻未提到，更早幾十年前，費馬已經設想出非常相似的作法。這些都出現在他的〈求最大值和最小值的方法〉（*Methodus ad disquirendam minimum et minimam*）論文中，這又是篇精彩出色，卻也（按照往例）沒有發表的作品。

費馬構思出求極大、極小以及切線的作法，惹上了笛卡兒，兩人在一六三〇年代末期陷入衝突。那時笛卡兒已經自行發展出處理切線問題的技巧，他還斷言：「這是最有用、最普適的幾何問題，不只是就我所認識的幾何範圍來講，甚而就我至今想要知道的範疇來講，也是如此。」[3]然而，笛卡兒所採用的途徑卻顯得十分繁冗，就連基本範例處理起來都很麻煩。費馬幾乎毫不費勁就能完成的，笛卡兒卻需連篇累牘，歷經繁雜代數運算才能做出來。

一時之間，雙方就此疊抗爭，笛卡兒稱頌自己的作法占有優勢。然而，不久就眞相大白，連他自己都知道，費馬採行的是較佳途徑。笛卡兒坦承敗北（這是他罕見的經驗），卻也留下後遺症，在當代兩位最偉大數學家之間埋下惡鬥伏筆。

由於費馬成功破解簡單極大值和極小值問題，皮埃爾－西蒙・德・拉普拉斯（Pierre-Simon de Laplace, 1749-1827）乃稱他爲「微分學的眞正發明人」。[4]這是一位法國數學家對同胞數學家言過其實的評價，顯然拉普拉斯心中湧現一股國家主義熱情，不可自拔才妄發此論。儘管費馬有諸般洞見，卻擔當不了這等偉大榮譽。我們可以引述幾條理由，來說明原因。

首先，費馬應用技術解答的曲線品類有其侷限：屬$f(x)=x^n$型，或稱爲「費馬拋物線」，以及$g(x)=1/x^n$型，是爲「費馬雙曲線」。微積分的眞正發明人能夠處理更複雜的函數，就如萊布尼茲所說，得以「無阻於分數量或無理數量」。

更重要的是，費馬並沒有掌握住所謂的微積分基本定理，也就是這門學問的偉大統一概念，這部分在第**L**章還會細加探究。這是相當重要的核心定理，沒有察覺這點，當然完全不夠格號稱爲微積分發明人。這裡必須提出，牛頓和萊布尼茲對基本定理都認識得相當清楚。基於這些原因，現代數學史家往往不會給費馬冠上微積分創造人這樣的封號。不過，幾乎所有人都承認，他的成就可說與此相去無幾。

所以，我們推崇費馬的貢獻，認爲他大幅推展解析幾何、微分學和機率論，還認定一位「業餘人士」成就這等作品，實屬難能可貴。不過，這所有的一切其實都只是開幕緒論。這些都遠遜於他的另一項成就，費馬的名望，得自他鑽研數論所得的美妙成果。

　　第**A**章便曾指出，這個題材已經由歐幾里德等古典數學家鑽研細究，不過若說現代數論是從費馬開始，這句話並不誇張。就這位研習希臘古典文學的法國學人而言，他對數論的興趣，遇上古典文本更如乾柴烈火。其中尤以丟番圖（Diophantus）在西元二五○年發表的《算術》（*Arithmetica*）更是如此，那本書的一六二一年譯本引起費馬的注意。他反覆翻閱，精心研讀這本著作，還在書頁邊緣到處寫下注解。

　　費馬覺得這門課題妙趣無窮。他迷上了全數，感覺相當親密，還發現自己擁有出奇本領，甚至有辦法像認出老朋友般認出各數所具特質。表面看來，費馬是土魯斯市深受敬重的法學家，私底下，他卻是位出類拔萃的數論學家。

　　這裡我們只能粗淺介紹他的幾項發現。當然，由於他幾乎完全沒有留下證明，數學家想研究也難。這裡一則頁邊注解，那裡一道撩人的線索——我們手中大概就只有這些。

　　後代學者，特別是歐拉，設法重建他的思維進程，還有可行的推理路線。然而，就如二十世紀數學家安德烈・韋伊（André Weil）所述：「當費馬果斷表示，就某項陳述他有一種證明，這種說法都必須認真看待。」[5]

　　他最驚人的斷言之一，牽涉到把質數分解為兩個完全平方數之和。要理解費馬這項發現的精髓，必須先有幾點認識。

　　首先，若以一全數 n 除以 4，餘數顯然便為 0、1、2 或 3。畢竟，餘數必然小於除數。數學家說，任意全數都可以歸入以下四類之一：

$n=4k$　　　　　　（該數恰等於 4 之倍數）

$n=4k+1$　　　　（該數為 4 之倍數加 1）

$n=4k+2$　　　　（該數為 4 之倍數加 2）

$n=4k+3$　　　　（該數為 4 之倍數加 3）

　　顯然，$4k$和$4k+2$兩類都屬於偶數，因此，除了 2 這個微不足道的事例之外，全都不是質數。任意奇數（還有更重要的是，任意奇質數）必然都能寫成$4k+1$或$4k+3$算式。不消說，這兩個類群都有很多實例。前式類型包括$5=4(1)+1$、$13=4(3)+1$和$37=4(9)+1$等質數；後式類別則有$7=4(1)+3$、$19=4(4)+3$和$43=4(10)+3$。這所有奇質數都屬於兩類之一。

　　除了這項定義特徵之外，兩類奇質數看來大致沒有分別。事實上，這兩群質數有個出乎意外的重大差異，而這點正是費馬所提主張的核心要項。

　　事情發生在一六四〇年。費馬在寫給梅森神父的聖誕節信函中，提出以下論述：「若一質數為四的倍數加一單元，則該質數為唯一直角三角形的斜邊長。」[6]他就用這種奇特的幾何論述方式，來表示第一類質數（可以寫成$4k＋1$算式的質數）可以分解為兩完全平方數之和，同時這也是該質數的唯一一種分解作法。就另一方面，他還表示，可以寫成$4k＋3$算式的質數，完全不能寫成任兩完全平方數之和。就這項觀點來看，兩類奇質數似乎有明顯的差別。一類可以寫成「兩平方數之和」，另一類則不能。

　　試舉質數$13＝4(3)＋1$為例，這個數我們可以分解為$13＝4＋9＝2^2＋3^2$。就$37＝4(9)＋1$情況下，這個數我們寫成$37＝1＋36＝1^2＋6^2$。再舉個更有挑戰性的質數，$193＝4(48)＋1$，這個數我們可以分解為$193＝49＋144＝7^2＋12^2$。比較之下，質數$19＝4(4)＋3$或$199＝4(49)＋3$都不能分解為兩完全平方數之和。後面這項論據不難證明。我們只需要細究，偶數和奇數平方後會出現什麼變化即可。

定理：若一奇數可以寫成$n＝4k＋3$算式，則該數不能寫成兩完全平方數之和，比方說$a^2＋b^2$。

證明：我們斟酌三種可能案例。

　　案例1：若 a 和 b 均為偶數，則a^2和b^2也都是偶數。因此，兩偶數之和$a^2＋b^2$本身也是偶數，不可能等於奇數$n＝4k＋3$。

　　案例2：若 a 和 b 均為奇數，則兩數平方a^2和b^2也都是奇數。因此，既然$a^2＋b^2$為兩奇數之和，則得數便為偶數，也不可能寫成$n＝4k＋3$。

　　案例3：此外只剩下一種可能情況，那就是我們拿一偶數平方加上一奇數平方。假定 a 為偶數；這就表示 a 為 2 之倍數，所以我們可以寫成$a＝2m$，其中 m 為某全數。由於 b 為奇數，該數便為 2 的倍數加 1，於是我們寫成$b＝2r＋1$，其中 r 為某全數。因此，當我們把一偶數平方和一奇數平方累加起來，結果就得出：

$$a^2＋b^2＝(2m)^2＋(2r＋1)^2 \quad 依幾項代數律運算得$$
$$＝4m^2＋(4r^2＋4r＋1) \quad 解出公因數 4，得$$
$$＝4(m^2＋r^2＋r)＋1$$

所以a^2+b^2等於$4(m^2+r^2+r)$加 1，也就是 4 的倍數加 1。儘管這樣看來，a^2+b^2確實是個奇數，卻不可能寫成$n=4k+3$，因為這等於 4 的倍數加 3。

總之，若 a 和 b 都是偶數或都是奇數，則a^2+b^2算式累加得數便為偶數；若 a 為偶數且 b 為奇數（或奇、偶相反），則a^2+b^2便為 4 的倍數加 1。無論哪種情況，a^2+b^2都不可能等於 4 的倍數加 3。所以，可以寫成$4k+3$算式的奇數（自然也包括奇質數），不可能寫成兩完全平方數之和。證明完畢。

費馬的結果到這裡完成一半，另外一半（$4k+1$型質數可以採唯一一種方式，寫成兩完全平方數之和）的證明則極其困難，遠非這裡所能陳述。一如既往，費馬的論證只留下逗人心癢的朦朧線索。最後是在略超過一個世紀之後，才由歐拉率先發表這項證明。[7]

把質數劃分兩類是這項定理的樞紐，這種二分法很耐人尋味又違反直覺。這裡舉出一道問題，試判定數$n=53,461$是不是個質數，藉此就能管窺其威力。（別忘了，第**A**章談過，高斯曾針對質數檢定問題表示，這是「已知最重要，也最有用的算術問題。」）稍作驗算就能得知，簡單的候選質因子（好比2, 3, 5, 7, 11, 13等數）並不可行，而且我們搜尋因子也大概很快就會找得生厭。

不過，請看以下三項生動論據：

一、$n=53,461=4(13,365)+1$，所以 n 屬於$4k+1$型。

二、$n=53,461=100+53,361=10^2+231^2$，所以 n 可以採一種方式寫成兩平方數之和。

三、$n=53,461=11,025+42,436=105^2+206^2$，所以 n 可以採第二種方式寫成兩平方數之和。

由這三條線索，我們推知 n 為一合數。換個講法，該數為$4k+1$型質數，而且可以採兩種「不同」分解作法，寫成如論據二和三所示的平方和。依前述費馬定理，這種情況不可能出現。因此，n 不可能是質數。

讀者或許會覺得，這項論證的兩點特徵惹人不快。首先，讀者有理由質問，我們是如何分解出論據二和三所示平方數；要得出這些分解法，困難程度完全不下於求原數之因子分解。為回應這項人為指控，我們承認有罪：這是人為做出來的。

還有一項或許更令人心驚的重要事實，那就是我們願意接受結論，沒有提出任何一個因數，逕自認定$n=53,461$並非質數。大家似乎覺得，必須明確提出因子，才能證明某數爲合數。按照上述途徑，我們只指出53,461違反質數一項應有條件，這種作法似乎不夠直截了當。不過，我們的結論依然完全合理。這可不代表我們的推理有瑕疵，只是提醒大家，數論學家的軍械庫中藏有眾多武器，其中有些是相當微妙的。

爲平撫不安思緒，我們這就求出53,461的質因子。動手之前，我們還要再闡明費馬的另一項發現，就是他巧妙的因子分解方案。

假定我們想因式分解全數 n。採「加法方式」把 n 一分爲二，我們自然要使用$n/2$，因爲$n/2+n/2=n$。不過，若想以「乘法方式」來做切割，那麼我們就轉求$\sqrt{n}$，因爲$\sqrt{n}\times\sqrt{n}=n$。

費馬就是從這裡開始尋找因子。當然，很少有$\sqrt{n}$屬於全數，所以我們設 m 爲大於或等於$\sqrt{n}$的最小整數。舉例來說，倘若我們想要求得$n=187$的因子，我們看出$\sqrt{n}=\sqrt{187}\fallingdotseq13.67$，因此這裡採用$m=14$。

現在，考量數列m^2-n、$(m+1)^2-n$、$(m+2)^2-n$……等，接著假定，我們發現這其中一數正是完全平方數。也就是假定我們終於發現一個數 b，使$b^2-n=a^2$。

做點轉換運算，結果得$n=b^2-a^2$，這是種重要樣式，稱爲「平方差」。我們分解這個差，最後得出：

$$n=b^2-a^2=(b-a)(b+a)$$

這樣一來，我們就有一套代數處方，可以用來把 n 分解爲$b-a$和$b+a$兩個因式。

這裡以一項簡單實例來說明費馬方案，我們求187的因子。首先從$m=14$開始，接著審視$14^2-187=196-187=9=3^2$。我們第一次嘗試就得到一個完全平方數。因此，既然$b=14$且$a=3$，我們得知

$$187=14^2-9=14^2-3^2=(14-3)(14+3)=11\times17$$

這就完成187的因子分解。

暖身夠了，我們現在就可以動手處理$n=53,461$。請注意，$\sqrt{n}=\sqrt{53461}\fallingdotseq231.216$，所以我們就從$m=232$入手，開始搜尋完全平方數：

$232^2 - 53,461 = 363$，不是完全平方數

$233^2 - 53,461 = 828$，不是完全平方數

$234^2 - 53,461 = 1,295$，不是完全平方數（不過$1,296 = 36^2$）

$235^2 - 53,461 = 1,764 = 42^2$。成功！

因此，$53,461 = 235^2 = 42^2 = (235 - 42)(235 + 42) = 193 \times 277$，憑藉費馬出手協助，我們的數已經分解爲質因數。就整體來講，這個程序並沒有什麼困難，和嘗試錯誤搜找方式相比還更顯輕鬆。這點證明，發揮一點巧思，就能帶來很大的進展。

我們以費馬親筆寫下的一則命題做爲本章尾聲，不論從哪方面來講，這都是他針對數論所作最著名的論述。儘管極端難解，這則命題卻是相當著名（或許該說是「由於極端難解這才出名」）。我們這裡要談的命題，後來便號稱「費馬最後定理」。

一如既往，這則故事也是從費馬研讀一部希臘文獻開始，這次是丟番圖的《算術》，手頭需要求解的問題，也是求兩完全平方數之和。就某些情況，這個總和本身也可能是個平方數。我們可以想出幾個實例，包括$3^2 + 4^2 = 5^2$和$420^2 + 851^2 = 949^2$（無可否認，想出前式比後式稍快了些）。可是，費馬思索，兩完全立方數之和，能不能也是個完全立方數？

想到這點，他在手頭那本《算術》的書頁邊緣寫道：「要把一立方數分解爲其他兩個立方數，或把一個四次方數，或更一般而言，把任意高於二次的乘方數，分解爲兩個同次的乘方數，都是辦不到的。」[8]以符號來表示，費馬這是在闡述，沒有任何正整數 x、y、z 能使$x^3 + y^3 = z^3$，或使$x^4 + y^4 = z^4$，或使$x^5 + y^5 = z^5$等。就一般情況來講，他的主張就是，若$n \geq 3$，則方程式$x^n + y^n = z^n$沒有 x、y 和 z 之全數解。

彷彿是想逗弄世世代代學者，費馬又補充了一句話，這或許是整個數學界最有名的陳述：「我發現了一種漂亮的作法，有把握能證明這點，但是頁緣太窄了，寫不下去。」[9]

於是，這就成爲他的「最後定理」，這個稱號是錯上加錯。冠上「最後」名號，並非由於這是費馬事業生涯最後提出的命題，而是因爲他的其他主張全都得解之後，這道問題依然懸而未決。再者，號稱是他的「定理」也不對，因爲他並未提出證明。

我們知道，只需找到一個指數$n \geqq 3$，加上x、y、z三個數，且使$x^n + y^n = z^n$，就能否定費馬的猜想。當然了，迄今還沒有人找到這樣的數群。

另一方面，要證明這項猜想，就必須擬出一項適用於所有指數$n \geqq 3$的有效論證，就這點，我們只輕描淡寫表示，這已經惹來一些麻煩。有些案例已經輕鬆解決。費馬本人便曾證明，就$x^4 + y^4 = z^4$情況並沒有正整數解。歐拉在十八世紀提出一項大致正確的證明，確認$x^3 + y^3 = z^3$同樣無解，不過他很有遠見，看出立方數和四次方數兩種論證判若雲泥，其中沒有絲毫線索，可以引領我們導出通用定理。

幾十年過去，其他數學家紛紛陷入求解僵局。索菲・熱爾曼（Sophie Germain, 1776-1831）成就幾項重要貢獻（但實在太過繁複，這裡沒辦法記述），明確界定方向，引導後世投入努力。一八二五年，年輕輩的勒熱納・狄利克雷（P. G. Lejeune Dirichlet, 1805-1859）和祖父輩的雷詹德（A. M. Legendre, 1752-1833）證明，兩個五次方數不可能累加得一個五次方數。一八三二年，狄利克雷裁定$x^{14} + y^{14} = z^{14}$不可能得解，幾年後，加布里埃爾・拉梅（Gabriel Lamé）把$x^7 + y^7 = z^7$解決了。一八四七年，恩斯特・庫默爾（Ernst Kummer, 1810-1893）發展出一套威力強大的策略，證明就大批不同指數的情況，費馬的猜想都能成立。當然，這完全不能排除，就其他大批指數情況下，費馬的猜想有可能並不成立。[10]進展相當緩慢。

對這道問題的興趣延續至二十世紀，這有部分是得力於一九〇九年提出的德幣十萬馬克正解懸賞激勵之功。由於財務收入有望，引來幾名假數學家，把貪婪妄念發揮到極致，還激發一股錯誤論證浪潮，在學界洶湧迴盪。埃里克・貝爾（E. T. Bell）《最後問題》（*The Last Problem*，最近由恩德塢・杜德利〔Underwood Dudley〕修訂更新）附帶一則章末注釋，談到一則趣聞軼事。話說一位數學家採用一款定型信函，來對付謬誤證明的凶猛功勢，這封信的啟始部分如下：

　　親愛的先生或女士：
　　您的費馬最後定理證明收迄。第一項錯誤見於第＿＿頁，第＿＿行。[11]

第一次世界大戰後，德國通貨膨脹率高達天文等級，懸賞獎金貶值低至荒謬程度，想賺十萬馬克，自然有其他更輕鬆的作法。

所幸，數學家不見得總是受財務誘因驅策。其中一位秉持較高尚動機的就是格爾德・法爾廷斯（Gerd Faltings, 1954－）。一九八三年，法爾廷斯證明，就任意數

$n \geq 3$，費馬的方程式 $x^n + y^n = z^{ns}$ 最多只得有限種不同解（若一組解只為另一組之倍數，則排除不計）。乍看之下，這似乎不是非常有用。法爾廷斯並沒有否認，採用某些指數時，該方程式或許有可能得到十萬種解，這和費馬的無解斷言有如天差地遠。不過，法爾廷斯依然給一般情況設了個門檻，限定所得解數最多為何。他也靠這項證明，獲得一九八六年菲爾茲獎（數學界的諾貝爾獎），獎項在國際數學家大會上頒發，當年會議地點在美國加州柏克萊。

本書付梓期間，數學家正蜂擁引頸，翹望英國安德魯・懷爾斯（Andrew Wiles）博士前景看好的費馬最後定理新證明。故事登上《紐約時報》頭版，激情飆漲到高點，公認具有足夠新聞價值，得以占有《時代》雜誌滿版報導篇幅（這份雜誌的數學相關報導，和《商業週刊》的廣告同樣稀罕）。[12]倘若懷爾斯的證明，頂得住往後數學社群的細究審視，這就會成為一項卓絕功績，而且往後的數學史書，也會拿他的名字來大書特書。倘若他的證明發現有誤，結果就要和其他幾千種「功虧一簣」的證明一起陷入相同處境。敬請密切注意。

走筆至此，或許也該和我們謙遜的裁判官皮埃爾・費馬分手了。他依然是深受數學界崇敬的人物，這個人投入研讀古典傑作，發展出許多撐持現代數學的樞軸概念。一六五九年，費馬年華漸老，他大膽提出這項期許：「猜想後代子孫或要心存感念，因我指出，古人並未通曉萬事。」[13]

我們可以不帶絲毫猶疑斷然表示，後代子孫確是感念至今。

Greek Geometry
AC + AB > BC

希臘幾何學

　　幾何學，數學昔日的礎石，在第**C**章已經介紹過了。本章和後續兩章，我們便深入檢視這門傳之久遠的美妙學問。還有哪項著眼點，能比幾何學實用表現最高超的古典希臘數學家，更適合做爲本章的起點？

　　希臘幾何學，列名人類主要知識成就之一，理由跨足數學和歷史，兼顧實用和美學。幾何學黃金時代從米利都的泰勒斯（Thales）開始（約西元前六○○年），發展至西元前二世紀的埃拉托塞尼（Eratosthenes）、阿波羅尼烏斯（Apollonius），乃至空前無雙的錫拉庫薩的阿基米德等人的成就爲止。接著就進入沒那麼顯赫的「白銀時代」，持續至帕普斯（Pappus）時代，約西元三○○年止。這些人物和其他許多人士，由土地丈量實用作法，發展出幾何學（geometria，geo＝土地，metria＝丈量），藉由毫不寬容的邏輯法則，把種種抽象定理和結構，交織組成一套恢宏體系。希臘幾何學昂首面對西方文明一波波理智／藝術壯闊運動，就這個層面來看，這門學問和伊麗莎白時代的戲劇、法國的印象主義，同具眾多共通特點。就如印象派人士，希臘幾何學家的哲學體系相仿，風格也相通，儘管希臘人和法國藝術家都區分門派，種數多寡雷同，不過若是深入探究，則印象派畫作和希臘定理，都同具清晰可辨的固有一體特徵。

　　這些固有特徵爲何？史學家艾沃‧托馬斯（Ivor Thomas）撰有涵納廣博的《希臘數學著作選》（*Greek Mathematical Works*），書中挑出以下幾點：（一）希臘人證明定理所用邏輯令人嘆服的嚴密程度，（二）他們的數學所具（相對於數值的）純幾何本色，以及（三）他們呈現、發展數學命題的純熟條理技巧。[1]

　　除了這些特徵之外，我們還要增添兩項。一是他們能夠體認幾何是種無可比擬

的純思維鍛鍊，同時也是種理想、無形、不朽的課題。柏拉圖在《理想國》中指出，儘管幾何學家描畫有形圖解來輔助他們研究，

> 他們的思維並不著眼於這些圖解，而是在尋思圖解所代表的事務；因此，他們的論證主體，並不是他們畫的圖解，而是正方形和直徑本身；相同道理，當他們塑造、描繪物件，這本身或具形影或屬水中映像，接著他們就拿這些做為象徵，致力鑽研這批唯有藉思想才能見到的絕對物件。

當然，這種觀點和柏拉圖超脫人類經驗的理想存在概念密切相符，同時，幾何思考課題肯定也發揮了影響，左右他的哲學觀點。希臘思想家追求完美、邏輯和至高理性之時，便得以仰望幾何學，視之為這項理想的體現。

還有一點雖則影響沒有那麼深遠，卻也在希臘數學大半課題占據核心地位，那就是倚仗圓規和直尺，來從事幾何作圖。就一方面，這是兩件隨手可得的工具，可以用來繪製柏拉圖談到的有形圖像。不過，就比較抽象的層面而言，這些工具讓直線和圓得以入祀神龕（分別以直尺祭拜直線，圓規祭拜圓），奉之為幾何存在的鎖鑰。有了理想直線毫不含糊的精確程度，以及理想圓的完美對稱特性，希臘人才得以創作出他們的幾何圖解，由此產生他們的幾何定理。時至今日，儘管我們已經把數學範疇拓展至線、圓侷限之外，不過圓和線在希臘數學家心目中占有無上的地位，確屬實至名歸。

幾何理念無疑比希臘人更早出現。好比埃及和美索不達米亞文明都曾使用幾何來區劃田野、建立金字塔，在第**O**章，我們還會回頭審視這道課題。不過，從希臘人身上，我們才找得到最早的幾何定理，也就是最早採嚴謹邏輯證明的命題。

依傳統觀點，泰勒斯是希臘最早的數學家（不消說，他還是希臘最早的天文學家和哲學家），他在愛琴海東部海濱看著鯨魚游水，他也日漸成長。依後世普羅克洛斯所述：「泰勒斯是最早前往埃及，把這門學問帶回希臘的人；他為後人找出許多命題，還揭露其他許多命題的根本原理。」[3]

相傳泰勒斯率先證明等腰三角形兩底角全等，還有半圓任意內接角都為直角（後面這項有時也冠上「泰勒斯定理」稱號）。只可惜，我們只有傳說可供探究，因為他實際採行的證明法，早已失傳。然而，古人對他仰之彌高，把他列入「古代七智者」之林。（謠傳其他六位是愛生氣、開心果、瞌睡蟲、噴嚏精、萬事通和害

歐幾里德

羞鬼，不過這種說法不可採信。）

　　泰勒斯上場之後，希臘幾何學便起步前行。若想載錄其後續發展、得失成敗，恐怕要耗用無數章節，甚而無數卷冊。因此，這裡我們只討論兩項幾何議題：歐幾里德如何以一件「閉合圓規」（collapsing compass）來研究幾何，還有為什麼伊壁鳩魯派哲學家指稱他不比驢子聰明。儘管選這兩項似乎有點古怪，由此卻能傳神感受他們所處時代的數學脾性。

　　我們從西元前三〇〇年左右起步，先談亞歷山卓的歐幾里德。儘管好幾篇數學專論都歸在他名下，不過大家最熟知的是他的《幾何原本》，書中條理鋪陳希臘大半數學迄至當時的發展狀況。這部作品區分十三卷，計含四百六十五項命題，分別探討平面、立體幾何與數論。這部著作實至名歸號稱有史以來最偉大的數學教科

書，從古希臘時代問世至今日，不斷有人研讀、編纂，心馳神往。

　　《幾何原本》之所以這麼重要，原因就在篇幅內容依循邏輯，從基本原理到繁複推論條理鋪陳。歐幾里德在第一卷起首就列出二十三項定義，好讓讀者清楚知道他所用術語分指何意。他介紹「**點**」是「不能分割的事物」（這是他比較不那麼耀眼的定義之一）；還定義**等邊三角形**爲「三邊相等」的三角形；**等腰三角形**則爲「只有其中兩邊相等」的三角形。

　　術語定義妥當，歐幾里德便提出五項假設做爲他的幾何學礎石，也成爲往後所有內容的鋪陳起點。這些假設都沒有附帶證明來做辯證；五項假設只能全盤採信。所幸要接受這批假設並不爲難，因爲在歐幾里德時代眾人眼中，還有在我們大半現代人眼中，那幾項假設都全然無害。若爲本章目標考量，只需以下三項即可：

　　假設一：由任意點可作一條直線連至任意點。
　　假設二：有限直線可持續延伸作成一條直線。
　　假設三：任意圓心和任意距離可作一個圓。

　　這些看來都相當簡單，不言而喻。前兩項認可使用無記號直尺從事幾何作圖，因爲假設一容許我們以直線來連接兩點，而假設二則容許我們延長現有線段。這正是直尺的作用。第三項假設授權我們發揮圓規的功用：以一已知點爲圓心，再以一預定長度爲半徑，來作一個圓。因此，前三項假設顯然可以提供邏輯基礎，認可幾何工具之操作方法。

　　不過，或有讀者回顧自己上幾何課程的情形，想起圓規的另一項使用功能：把某一平面範圍的某一長度轉移到其他範圍。這可以輕鬆辦到。我們把圓規兩點安置在待轉移的線段兩端，把圓規鎖好定位，拿起作剛體移動，接著在目標地點就定位。這種步驟既簡單，又是多種幾何作圖的必要步驟。

　　然而，歐幾里德並沒有就長度轉移擬定假設，來辯證這種步驟合法。我們期望這裡有條公理特許這種程序，結果卻完全找不到。儘管他的圓規能用來作圓，他卻沒有明示准許把圓規鎖好定位並移往他處。因此，歐幾里德的圓規有時便冠上「閉合式圓規」這滑稽稱號，意思是一從頁面拿起，霎時就要解體的裝置。

　　這就引出一項嚴重的邏輯問題：高尚的希臘幾何學者是不是忘了擬出「長度轉移」假設？我們是不是揪住了歐幾里德闖出的禍事？絕非如此。稍後就會知道，歐

幾里德有他合乎邏輯又符合希臘本色的理由，毋須納入這樣的假設。他沒有闖禍，缺了這條，正足以展現他的幾何功力和組織能力。

等所有假設都設定妥當，歐幾里德就引進幾項「共有概念」：不辯自明，比較普通又比較不具幾何本質的陳述。例如，這裡我們毋須證明便能採信「和同一事物相等之事物彼此相等」；還有「若把相等數值加上相等數值，則其總和相等」；還有，「整體大於部分」。這些都是少有人會質疑的陳述。[4]

於是他萬事具備，可以投入解題了。幾何體是那麼龐大，手頭又只有區區幾項定義、假設和共有概念，究竟該如何開始？這就是數學家（和作家）沿途遇上的第一項挑戰，也是讓他們動彈不得的難關。不過，就如華語所云，「千里之行，始於足下」，歐幾里德的幾何行旅，便始於一等邊三角形。《幾何原本》提出的第一項命題，就是根據已知線段，作出這樣一幅圖解。

論證相當簡單。從圖一已知線段AB著手，我們遵照假設三，以 A 為圓心，AB 為半徑，作出一圓。接著引用同一假設，以 B 為圓心，AB為半徑，作出第二個圓。設兩圓弧交於 C 點（有關這種交點存在的道理，參見本章注釋）。[5]接著我們遵照假設一，畫出AC和BC兩線，產生△ABC。該三角形的AB和AC都為第一個圓的半徑，因此兩線等長；且AB和BC都為第二個圓的半徑，因此兩線也等長。既然「和同一事物相等之事物彼此相等」，這三條線全都等長。依照歐幾里德的定義，這個三角形為等邊三角形，證明完畢。

這裡必須指出一個要點，歐幾里德使用圓規從事這種作圖之時，從來不需拿圓規做剛體移動。每次畫出一道圓弧之後，圓規就自動閉合，絲毫不會影響證明。

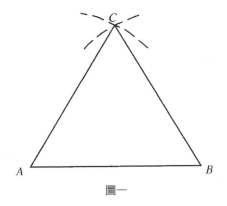

圖一

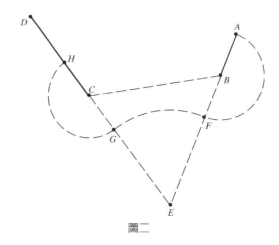

圖二

　　不過，就《幾何原本》卷一以下兩項命題，歐幾里德便提出說明，演示就算使用的是崩解圓規，依然得以轉移長度。這表示長度轉移便隱含在檯面現存的假設當中。為此新擬假設實無必要，只會成為包袱，歐幾里德心思相當敏銳，懂得這點。

　　他的幾項證明（在這裡結合納入一項論證）都相當優美。假定我們有圖二所示的線段AB，希望把那個長度轉移到線段CD，起點定於 C。首先使用直尺並遵照假設一，畫一線段連接 B 和 C。接著，在線段BC上做一等邊三角形BCE；這種作圖方式當然合法，這也正是前一則命題確立的要點。

　　接著我們就展開一輪畫圓作業。採圓心 B 和半徑AB，作一圓且與BE交於 F（假定圓規拿起時就要閉合）。以圓心 E 和半徑 EF，作一圓並與CE交於 G（這次圓規從書頁拿起時，也同樣閉合）。以圓心 C 和半徑CG，作最後一圓並與CD交於H。這所有作圖步驟都遵照歐幾里德三項假設合法進行；沒有一步需要剛體圓規。

　　現在，我們只需擬定連串等式（為方便註記，以$\overline{XY}$代表線段XY之長）：

$\overline{AB} = \overline{BF}$　　　　（兩線段都為同一圓之半徑）

　　$= \overline{BE} - \overline{EF}$

　　$= \overline{BE} - \overline{EG}$　　　（EF和EG都為同一圓之半徑）

　　$= \overline{CE} - \overline{EG}$　　　（△BCE三邊等長）

　　$= \overline{CG}$

　　$= \overline{CH}$　　　　　（道理相同，也是同一圓之半徑）

由這連串式子的首尾兩端，可以看出$\overline{AB}=\overline{CH}$。所以，AB的初始長度，已經如願轉移到線段CD上，而且從頭到尾都不必拿起圓規作剛體移動。

這項證明的結論令人意外，那就是，似乎必須動用非閉合式圓規，才能完成的作圖，實際上卻能以閉合式圓規完成。後來歐氏幾何學發展問世，於是他才得以在不同位置合法轉移長度，就如同以剛體圓規來完成，他所根據的理由，就是剛才證明的定理。他這麼早就輕鬆解決這點，這樣一來，往後所有作圖都能自由運用。

走筆至此，讀者或許要悶得大打哈欠，覺得這整件事情完全是庸人自擾。畢竟所有人都知道，文具行都賣便宜的金屬圓規，而且一打開就固定不動，肯定也不會嚴重殃及歐幾里德，他大可因應那項作用，多納入一項假設。

我們相信，奉守這項立場的人並未深入正統希臘幾何學精神所在。首先，現實世界的剛體圓規，對理想概念的發展毫無影響。其次，當時還沒有發明文具行。第三，最關鍵要點是，歐幾里德可不想在他的清單上加一條「沒必要」的假設。既然一項假定可以從其他假定導出，那又何必擬定這項假定呢？這會讓他的假設顯得沒那麼道地、流暢，也沒那麼完美，這樣一來，還會違反一項美學原理（不是數學原理）。美學顯然是希臘數學家的考量重點。上述歐幾里德證明，讓我們略窺艾沃‧托馬斯以下這段話的意涵：

> 有（種）特徵定然要讓現代數學家歎服，那就是偉大希臘幾何學者作品的完美表現型式。這種完美的表現型式，還見於以同等才氣創出的另一類成果，為我們帶來巴特農神殿和索福克里斯的劇作，同時，這也見於個別命題證明，還有這不同命題，在書本著述中的排列順序；歐幾里德的《幾何原本》或許正是這項特色的最高表現。6

現在我們就深入第一卷，進一步檢視歐幾里德的天才表現。歐幾里德在命題二和命題三把閉合式圓規處理掉之後，接下來在命題四中，他證明了所謂的「邊－角－邊」（或寫作SAS）全等判定格式。也就是說（參見圖三），若我們有△ABC和△DEF，其中$\overline{AB}=\overline{DE}$且$\overline{AC}=\overline{DF}$，同時夾角$\alpha=\delta$，則該兩三角形全等，意思是它們的大小和形狀都是一模一樣。換句話說，若拿起△DEF置放在△ABC之上，這兩個圖形便完全吻合，每條線、每個角、每個點都相符。

在歐幾里德手中，三角形全等性就是證明幾何命題的關鍵。後來他又確立其

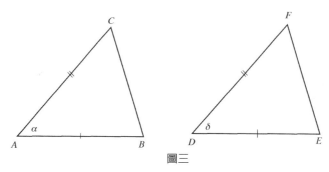

圖三

他全等樣式，包括命題八的「邊－邊－邊」（或寫作SSS）和命題二十六的「角－
邊－角」（ASA）和「角－角－邊」（AAS）。

　　卷一命題五證明等腰三角形底角全等。前面就曾指出，這項結果的功勞是歸給
泰勒斯，不過，《幾何原本》所提證明，則或許是歐幾里德本人的發明。[7]這裡就
不去談他，不過我們要在這裡指出，那是伴隨圖四的圖解同時出現。這幅構圖令人
（或起碼令擁有鮮活想像力的人）想起橋樑，命題五之所以稱爲「驢橋」，原因或
許就在這裡。根據傳統說法，蠢蛋（就是指驢子）覺得證明超出他們能力所及，因
此他們無法跨越這道邏輯橋樑，進入《幾何原本》的幾何應許之地。

　　若說能力低下的學生就像驢子，那麼當歐幾里德落入伊壁鳩魯派人士手中，他
本人也要遭逢相同命運，禍首就是他爲命題二十所做的證明。要了解箇中原因，我
們必須先做其他敘述，說明卷一其他幾則承上啓下的定理。

　　跨越驢橋之後，歐幾里德便著手證明，如何以圓規和直尺來平分一角並畫出垂

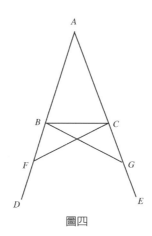

圖四

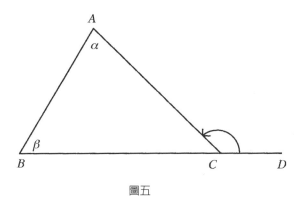

圖五

線。他很快就做出卷一最重要的定理之一，俗稱「外角定理」。這項成果（書中的命題十六）擔保，任意三角形的外角都大於任一內對角。也就是說（見圖五），若我們由△ABC入手，把邊BC朝右向 D 延長，則α和β都小於∠ACD。

外角定理是《幾何原本》的第一項幾何不等式。前面歐幾里德已經證實幾則邊、角全等性質（如驢橋所示），到這裡他更證明，有些角是不相等的。後來在卷一其餘篇幅當中，這項定理就扮演吃重角色。

這把我們導入另一則不等式，命題十九，其圖解如圖六所示。歐幾里德做此表示，「任意三角形的較大角與較大邊相對」，採較現代的註記法表示如下：

命題十九：若△ABC的 $\beta > \alpha$ ，則$\overline{AC} > \overline{BC}$（即$b > a$）。

證明：假設 $\beta > \alpha$ 。我們要證明，∠ABC的對邊AC比∠BAC的對邊BC長。

歐幾里德分別考量三種情況：$b = a$、$b < a$和$b > a$。他的對策是要證明，前兩式能成立，由此歸結出定理所述之第三種情況必然成立。這種技巧稱為「雙重歸謬

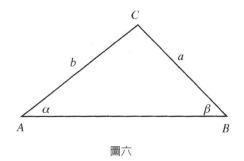

圖六

法」，也就是雙重矛盾證明法。這種威力強大的邏輯策略，沒有人運用得比希臘數學家更好。這裡就說明歐幾里德的處理作法：

情況一：假定$b=a$。

參見圖六，我們知道$\overline{BC}=a=b=\overline{AC}$。這樣一來，$\triangle ABC$便為等腰三角形，因此，引用驢橋命題，我們的結論就是，底角本身全等。也就是說，$\angle BAC=\angle ABC$，相當於$\alpha=\beta$。然而這卻違背原始假定$\beta>\alpha$。因此我們認定情況一不可能出現。

情況二：假定$b<a$。

這裡我們遇上圖七所述情況。由於我們假定AC比BC短，我們可作長度等於b之線段CD，且D落於長邊BC。接著作AD畫出$\triangle ADC$。這個三角形有兩邊的長度等於b，是個等腰三角形，因此$\angle DAC$和$\angle ADC$兩底角全等。不過，依外角定理，由窄角$\angle ABD$我們推知：

$$\beta＝內角\angle ABD$$
$$＜外角\angle ADC \qquad 由外角定理可知$$
$$=\angle DAC \qquad 因為\triangle DAC是個等腰三角形$$
$$<\angle BAC \qquad 因為整體大於部分$$
$$=\alpha$$

換句話說，$\beta<\alpha$，這違反定理的原始規定$\beta>\alpha$。情況二就這樣導出矛盾結果，同樣敗北陣亡。最後只剩：

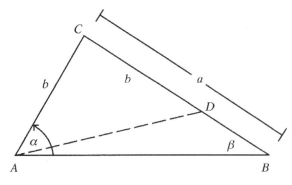

圖七

情況三：$b>a$。

這肯定是事實，因為沒有其他的選擇餘地，於是定理證明完畢。

現在我們已經觸及讓伊壁鳩魯派哲學家大惑不解的命題。這就表面看來十足一副無辜的樣子：

命題二十：任一三角形任意兩邊之和大於第三邊。

為什麼要爭吵？為什麼要嘲笑？這裡引述普羅克洛斯所作的評述：

> 伊壁鳩魯派人士經常挪揄這則定理，說是這點連驢子看來都顯而易見，無庸證明；這根本就顯示那是個愚人，他們說，見明顯為真的道理必須說服，遇無疑屬混淆難解的卻又相信……眼前定理連驢子都懂，他們卻發抒見識出言表示，若把稻草擺在眾邊的一個端點，則驢子就會沿著其中一邊前往尋覓糧秣，卻不取道另外兩邊。8

總之，就連蠢笨的動物都能知道從圖八的 C 點前往 B 點，應該走直線路徑，不必取道 A 點多繞遠路。於是伊壁鳩魯派人士質問，為什麼歐幾里德要費心證明這麼清楚明白的事情？普羅克洛斯提出一項答案：

> 這點該這樣回答，沒錯，這項定理可以清楚感受得知，就科學思維看來卻仍然不很明白。許多事情都有這種特性；好比，火能加溫。這點可以清楚感知，然而，科學的使命卻是要找出它是怎麼加溫的。9

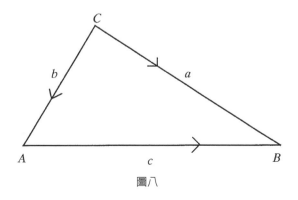

圖八

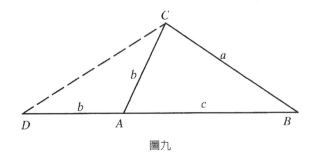

圖九

秉持歐幾里德的精神，也就是希臘幾何學的典型精神，我們必須發揮推理能力，證明驢子本能就知道的事情。就算是似乎不言而喻的命題，也迫切需要證明，就此歐幾里德也樂不可支，放手去做。他以先前的成果為基礎，構思出以下道理：

命題二十：$\triangle ABC$中的$\overline{AC}+\overline{AB}>\overline{BC}$（亦即$b+c>a$）

證明：把圖九的邊BA向 D 延伸，使$\overline{AD}=\overline{AC}=b$，於是$\overline{BD}=b+c$。這樣一來就可以作出$\triangle DAC$，兩邊等於 b，因此是等腰三角形。考量大三角形$\triangle BDC$，我們注意到

$$\angle BCD > \angle ACD \qquad 這是由於整體大於部分$$
$$= \angle BDC \qquad 因為這兩個角都是等腰三角形\triangle DAC的底角$$

所以$\angle BCD$大於$\angle BDC$。正如歐幾里德所做的證明，大邊對大角，接著可知$\overline{BD}>\overline{BC}$；換句話說，$b+c>a$，這就是要證明的事項。

這是精彩的小證明。裡面有微妙的道理，還能善用不等式，證明法相當優雅。

阿瑟・柯南道爾（Arthur Conan Doyle）爵士在《血字的研究》（*A Study in Scarlet*）一書中寫道，華生醫師用以下幾句話來描述福爾摩斯高強的演繹威力：「他的結論，就像歐幾里德的許多命題那般無懈可擊。」[10]華生對希臘幾何學者的高度評價並不罕見。幾個世紀之前，阿拉伯學者格弗兒（Al-Qifti）就曾談到歐幾里德：「沒有人不隨著他亦步亦趨，就連後世也無例外。」[11]還有舉世無匹的愛因斯坦也補充稱頌：「若是歐幾里德不能激發你的年輕熱情，那麼你生來就沒有科學思維天分。」[12]

　　探究至此，我們談到的只算冰山一角，就以史學家莫里斯‧克萊因（Morris Kline）所說，由希臘人的「宏偉邏輯演練」[13]來看，我們舉出的事例只占少數。現在我們必須和它們分手了。不過，就某個層面來看，沒有數學家能放任不理古典幾何學者的遺產。他們為論證數學開創新局、琢磨邏輯工具，還指出往後迄今的數學趨向。最後，我們就以二十世紀英國數學家戈弗雷‧哈代（G. H. Hardy）的幾句話來收尾：「希臘人……講的語言，現代數學家都能了解；有一次李特爾伍德（Littlewood）就這樣對我說，他們不是聰明的學童或『獎學金候選人』，而是『另一所大學的教員』。」[14]

　　哈代這句話無可爭議：「希臘數學真實不虛。」

斜邊

　　本章只談一項主題：證明畢氏定理。這項深奧的直角三角形研究成果問世之後，幾個世紀以來的數學家便有捷徑可走。這肯定是整個數學界最了不起的定理之一。倘若我們以定理蘊藏的不同證明數量為準，來判定何者偉大，那麼畢達哥拉斯（Pythagoras）這項傑作肯定獲勝，猶如探囊取物，因為，好幾百則論證都實實在在由此確立所述有效。二十世紀早期，有個叫做以利沙‧盧米斯（Elisha Scott Loomis）的教授，發表了一本內容稍顯怪誕的《畢氏定理》（*The Pythagorean Proposition*）[1]，書中蒐羅了其中三百六十七則。沒錯，這其中有些證明（經盧米斯分門別類，包括：代數、幾何，還有動態的，或就是四元的）只屬其他類別的次要類群，同時就整個來看，種種證明也往往並不精彩，只令人茫然費解。不過，既然有這些證明，就清楚彰顯一點：從古典時代至今，不斷有數學家投身鑽研這項定理。

　　我們的篇幅不足，也完全沒有意願提出好幾百項證明，不過，談畢氏定理起碼必須提出其中幾項。這裡探討三項：一項由古中國一篇專論提出；一項由十七世紀英國數學家約翰‧沃利斯推廣普及；還有一項則是在一八七六年出現，發明人是美國政治家詹姆斯‧加菲爾德（James A. Garfield），後來他還當過美國總統。期望這幾項能夠彰顯數學家的靈敏思維，說明他們如何從不同的角度，來解決相同問題。

　　首先，我們當然必須陳述定理。這則定理採現代型式可以寫成，若△ABC為直角三角形，如圖一所示，則$c^2 = a^2 + b^2$，其中 a、b 和 c 為三邊之長。就我們的三角形來看，短直角邊BC稱為「**勾**」，長直角邊AC稱為「**股**」，而直角的對邊AB則稱為「**弦**」，也就是斜邊。

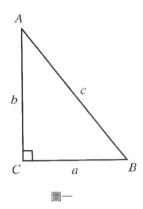

圖一

　　前面說過，這是現代版寫法。不熟悉希臘數學的讀者或許要感到驚訝，因爲古典時代的人講法相當不同。希臘人沒有代數符號概念、沒有公式，也沒有指數。方程式 $c^2 = a^2 + b^2$ 在他們看來就如無字天書。

　　希臘人的看法不同，在他們的心目中，畢氏定理是講方形「面積」的陳述——確確實實是指帶四個邊的二維正方形。他們從直角三角形 ABC 入手，沿斜邊和勾股兩邊分別畫出正方形，如圖二所示。定理陳述，斜邊上的正方形面積，等於直角兩邊的正方形面積和。這是個相當出人意表的出色作法，把一個正方形的面積，分解成兩個較小正方形的面積。

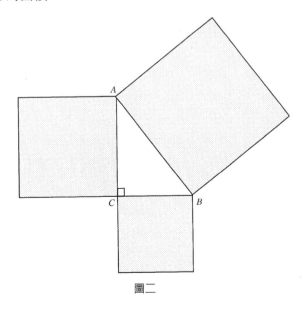

圖二

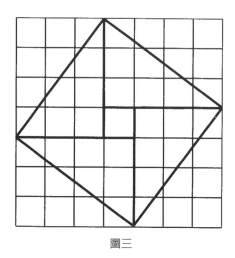

圖三

　　不論從代數角度或幾何層面來看，這項定理都是絕頂重要的數學成就。不過，定理該如何證明？我們的第一種證明俗稱「中國證明法」。

中國證明法

　　這是最自然的作法之一。事實上，許多人都認爲，西元前六世紀畢達哥拉斯本人肯定是採用這種作法證出結果。不過坦白講，目前依然有人懷疑，畢達哥拉斯是否就是這樣完成證明，另有些人則懷疑，畢達哥拉斯是否眞的完成證明，甚至還有些人質疑，畢達哥拉斯是否眞有其人。處理遠古半神話人物，就會遇上這類麻煩。

　　儘管畢達哥拉斯的著作散佚無存，華人卻留下確鑿典籍，指出他們的推理作法。文獻見於《周髀算經》，書成年代介於耶穌時代到更早千年之間。古代華人顯然知道三邊邊長分別爲 3、4 和 5 的直角三角形適用這項定理，因爲他們有一幅「弦圖」，描繪一個正方形歪斜置於另一個方形當中，如圖三所示。[2]

　　確實，這幅圖解並未附帶公理證明（換成歐幾里德他就會提出），也沒有附帶陳述通論，探討所有直角三角形的畢氏關係。事實上，我們根本完全沒有證明。不過，這個構想就暗含在弦圖裡，可以輕鬆增補細節並確立畢氏定理。

　　必要條件極少。其中一項是「邊－角－邊」（SAS）全等判定格式，這點在第 **G** 章已經提過。另一項是眾所皆知的定理，三角形三個角的角度和，等於兩個直角的角度和，採現代說法就是，角度和等於180°。由此就可以看出一項淺顯的道理，

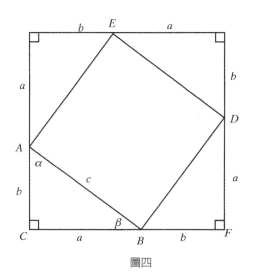

圖四

直角三角形兩銳角的角度和，必然等於90°。

　　我們就從這些樸實的基礎起步。設△ABC為直角三角形，如圖四所示，仿效中國圖解作一正方形，使各邊邊長都等於a＋b（參見圖三所示3-4-5直角三角形，清點小方格數量就可得知，中國的正方形各邊邊長都等於3＋4＝7單位）。接著就畫出BD、DE和EA，在大正方形裡作出一個傾斜的四邊形。這就是弦圖的廣義版本。

　　大正方形每邊都有一個直角三角形，這幾個三角形的直角邊長全都等於 a 和 b，根據「邊－角－邊」格式判定彼此全等。因此，四個三角形就所有向度都完全相同，所以它們的斜邊全都相等（亦即$\overline{BD}=\overline{DE}=\overline{EA}=\overline{AB}=c$），且斜邊兩端點角的角度也分別等於 α 和 β。

　　現在我們就可以顯示，四邊形BDEA確實是個正方形。我們剛才見到，那個多邊形的四邊邊長都為 c，所以接下來只需判定角度即可。試舉一角，考量∠ABD。由於CF是條直線，我們知道

$$180° = \angle CBA + \angle ABD + \angle DBF = \beta + \angle ABD + \alpha = 90° + \angle ABD$$

這是依據我們的直角三角形銳角論述得知。最後即得

$$\angle ABD = 180° - 90° = 90°$$

因此，內側圖形的這個角是個直角。同一論證也適用於其他三個角，所以四邊形

*BDEA*的四邊等長，且四角都為直角。任一正方形的面積都為底和高的乘積：$c \times c$ $=c^2$。

由此就可以輕鬆得出結論。外側邊長為$a+b$的大正方形，面積為$(a+b)^2=a^2$ $+2ab+b^2$。然而，這個外側正方形已經分解成五個部分，包括四個全等直角三角形，還有一個歪斜的內側正方形，所以面積可由下式求得：

$$4 \times （\triangle ABC的）面積 + （正方形BDEA的）面積 = 4\left(\frac{1}{2}ab\right) + c^2 = 2ab + c^2$$

我們解這兩個面積算式，得到

$$a^2 + 2ab + b^2 = 2ab + c^2$$

兩邊各減去2*ab*，可得目標答案：

$$a^2 + b^2 = c^2$$

中國論證法讓這枚數學知識寶石大放光芒，這就是我們在歐拉那章見到的：從兩個方向同時趨近同一目標，就能產生強大威力；就此而言，目標就是大正方形的面積。這種趨近作法，可以產生單憑一種視角無從生成的洞見。當然了，消化吸收中國證明的人士，就不會在短時間內又感到知識飢渴。

相似性證明之一例

畢氏定理這項證明的功勞歸於英國數學家約翰‧沃利斯（John Willis, 1616-1703），不過，實際提出年代肯定是更早得多，號稱所有證明當中最短，也最簡單的一種。就表面看來，這項評價相當中肯，因為從頭到尾只有區區幾行論述。不過，這項證明是以相似三角形概念為依歸，而這項概念本身，就必須費勁探究，才能徹底周延鋪陳。歐幾里德直到《幾何原本》卷六才引進相似性，所以，在此之前，他也不可能把「沃利斯式」證明載錄書中。就事實而論，他的畢氏定理證明完成得相當早，在卷一最後段落已經提出。從這個角度來看，歐幾里德的畢氏定理證明還比沃利斯式證明更短（比較貼近所含公設）。測度證明長度的真正作法，不只是要把論證本身的行數納入計算，還必須把先決要項數學式的行數也同時納入。

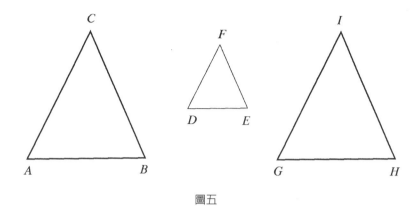

圖五

這裡還有必要指出，這項證明並不採面積門路來處理畢氏定理，這點和前面那項證明並不相同。沒有任何地方把正方形分解或重新組合。事實上，所得結論 $c^2 = a^2 + b^2$ 乃是出自有關長度的代數運算結果，並非得自有關面積的幾何運算結果。

不論如何，這項相似性證明相當優秀。要理解所述，我們首先要記得，若是某個三角形的三個角和另一個三角形的三個角各自全等，則那兩個三角形相似。因此，相似性是高明三角研究人的理想武器。我們拋下術語，所謂的**相似三角形**，是指稱形狀相同，大小卻不見得相等的三角形，因此，一個三角形看來就像另一個的放大版。顯然，相似性的條件沒有全等條件那麼嚴苛，全等的要件包括形狀和大小都要相等。圖五的 $\triangle ABC$ 和 $\triangle DEF$ 相似，而 $\triangle ABC$ 和 $\triangle GHI$ 則全等。

相似三角形的特徵要件是對應邊長的比例固定。試舉圖五所示為例，若邊 AB

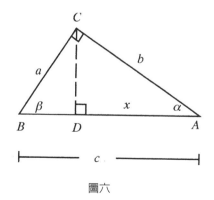

圖六

為AC邊長之三分之二，則邊DE也為DF邊長之三分之二。這種邊長比例關係，和我們所說的「相同形狀」密不可分。

現在我們就開始做畢氏定理的相似性證明。就如前例，設△ABC為直角三角形，且勾股兩邊分別等於 a 和 b，斜邊則為 c，兩銳角的角度分別為 α 和 β，且 α ＋ β ＝90°。從 C 對AB作一垂線CD，如圖六所示，且設$x＝\overline{AD}$。

現在，考量△ADC各角。其中一角角度為 α；一為直角；因此，剩下一角∠ACD大小就等於180°－α－90°＝90°－α，由於 α ＋ β ＝90°，則∠ACD＝β。接著看△ACD，由於其中一角大小等於 α，另一角為 β，還有一角為直角，所以這個三角形和原有的直角三角形ABC相似。另外，由於∠DCB＝∠ACB－ACD＝90°－β＝α，因此△CBD也和△ABC相似。總之，垂線CD把直角三角形ABC分割為△ADC和△DCB兩部分，產生比原始圖形小的相似副本。

現在，我們就引用相似圖形的等比例特性，把△ADC和△ABC的斜邊對直角長邊的比例納入公式，最後我們得到：

$$\overline{AC}／\overline{AD}＝\overline{AB}／\overline{AC}，\text{或者也可以寫成} \frac{b}{x}＝\frac{c}{b}$$

接著交叉相乘即得$b^2＝cx$。

下一步，使用△CDB和△ABC的相似性，加上$\overline{DB}＝\overline{AB}－\overline{AD}＝c－x$明顯事實，寫出斜邊對直角短邊比例式為：

$$\overline{CB}／\overline{DB}＝\overline{AB}／\overline{CB} \text{ 或 } \frac{a}{c－x}＝\frac{c}{a}$$

交叉相乘得 $a^2＝c(c－x)＝c^2－cx$。

最後，把兩次交叉相乘的結果相加，簡化後即得：

$$a^2＋b^2＝(c^2－cx)＋cx＝c^2$$

畢氏定理又一次輕鬆愉快證明完畢。

加菲爾德梯形面積證明法（一八七六年）

美國歷任總統不論在其他領域展現出哪些能力，卻鮮少有人以數學乘冪見長。從沒有專業數學家曾獲選入主白宮，而近代幾任總統，對天文數字的預算赤字都不

以爲意，看來連加法都算不好。

　　然而，由歷史可知，有些總統確有數學天分。一位是喬治・華盛頓，他是個高明的測量員，對數學有以下讚語：

　　研究數學眞相讓心智熟習推理方法和正確思維，這更是特別適合理性生物從事的活動……站上數學和哲學論證有利地位，不知不覺之間，我們的思維就會崇高許多，念頭也會高尚得多。3

於是華盛頓不只號稱「戰爭和承平時期的領導人」，就憑著前面這樣的陳述，他就大有機會成爲「數學家心目中的第一人」。

　　林肯也致力倡導數學。年輕時他研讀法律，深自體認自己有必要琢磨推理技能，藉此學習如何以邏輯合理論述來證明觀點。後來他就在一篇自傳文稿當中回顧寫道：

　　我說：「林肯，不了解演示論證的意義，你就永遠當不了律師；於是我離開春田市，脫離我當時的處境，回到父親住處老家，然後就待在那裡，直到我能論述手頭六卷歐幾里德書中所有命題爲止。到那時候，我明白了『演示』的意義，於是我回頭研究我的法律。」4

倘若林肯講的確是事實，指稱熟練《幾何原本》卷一至卷六的一百七十三項命題（又有誰會指控「老實人林肯」在說謊？），那麼這可不是小小的成就。

　　我們可別忽略尤里西斯・格蘭特（Ulysses S. Grant），他在美國西點軍校就讀期間，展現出高強的數學潛力，而且他還夢想在軍校教書。後來他回憶自己年輕時的事業目標，說道：「我當時的想法是完成課程，在軍校找個數學助教差事做個幾年，之後再轉往其他體面的大學，找個終生聘教授職位。」5然而，就如格蘭特所見：「環境的確始終影響我的進展，偏離我的計畫。」最後他卻是踏進白宮，並沒有進入象牙塔。

　　儘管有這樣的成就，這幾位總統卻都不是數學家。因此，美國總統數學成就獎等於是沒有其他人參賽，只好頒給俄亥俄州的詹姆斯・加菲爾德，因爲他在一八七六年，就畢氏定理發表了一項原創證明。

　　加菲爾德一八三一年誕生在克利夫蘭市附近，童年生活有兩個重心，一邊在學

詹姆斯 A. 加菲爾德
提供單位：Muhlenberg College Library

校學習，同時還必須做點零工來奉養寡母。年輕的加菲爾德向來是個好學生，他先
就讀設於俄亥俄州的美國西儲高中和海勒姆學院，後來轉學就讀麻州威廉姆斯學
院，接著在一八五六年從這裡畢業。加菲爾德頂著初出爐的學位，回到海勒姆教授
數學，看來他也注定要在學界平靜度日。

　　然而，美國當年局勢並不平靜，因為國家正瀕臨內戰。有關脫離聯邦和蓄奴相
關爭議日漸升溫，同時加菲爾德也在一八五九年獲選進入俄亥俄州參議院。一八六
一年當內戰爆發，他便秉持激進政治觀點，受極端愛國情操驅使，脫離學界從軍加
入聯邦部隊。好玩的是，這位數學教師竟也是名好戰士。加菲爾德很快晉升，最後
奉派至聯邦軍約翰・羅斯克蘭斯（John Rosecrans）將軍麾下擔任參謀長。

　　一八六三年，加菲爾德從美國陸軍轉戰進入美國眾議院，往後十七年間，他都
扮演「激進共和黨員」角色，政見主軸是要改革（或根本就是想懲罰）南方。就在
這段期間，加菲爾德議員「在研讀數學取樂並與其他國會議員討論期間」[6]，發現

了他的畢氏定理證明，還把結果刊載在致力倡言「教育、科學和文學」的《新英格蘭教育期刊》（*New England Journal of Education*）。

一八八〇年，加菲爾德獲共和黨提名為總統候選人，同年秋季大選並以些微差距擊敗內戰英雄，共和黨人選溫菲爾德・漢考克（Winfield Scott Hancock）。一八八一年三月，我們的數學家總統發表就職演說，承諾增進所有美國人的教育機會，因為，「教育後代是眼前這代人的高度殊榮和神聖義務，好讓後人有充分智慧和德性，才得以肩起留待他們繼承的遺產」。7

不過，以加菲爾德的任期來看，他恐怕也只能提出承諾而已。一八八一年七月二日，他上任還不到四個月，就在華盛頓火車上遇刺，遭一名謀官未成的殺手射死。儘管以加菲爾德的傷勢看來，現代醫學技術或能挽回他的生命，然而最終總統依然傷重死亡，他苟延殘喘至九月中，最後仍逃不出死神之手。

總統身亡舉國哀戚，各地城鎮、街道和學校，還有許多人的孩子都以這位前領導人的名字命名。克利夫蘭市建立一處壯闊墓園，吸引上萬訪客來此致敬。就政治層面來看，他這輩子的最大夢想終未實現。然而，他卻在數學領域留下成績。

我們必須先具備兩項知識基礎，才能了解加菲爾德的證明。第一項是眾所皆知的「角－邊－角」（ASA）全等判定格式，也就是說，若一三角形的兩角與其夾邊，都與另一三角形的兩角與其夾邊對應相等，則這兩個三角形全等。另一項是梯形面積公式。當然了，**梯形**是具有一雙平行對邊的四邊形。梯形面積並不難求，因

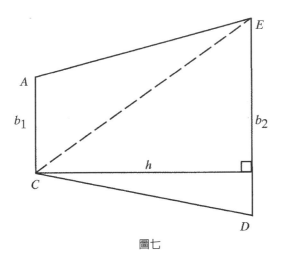

圖七

爲畫條對角線，就可以把梯形分割成兩個等高三角形。

　　所以，參照圖七，我們有一梯形ACDE，且（豎直的）AC和DE兩邊平行，長度分別等於b_1和b_2，梯形的高則爲 h，也就是兩平行邊的垂直距離。對角線CE把梯形分割成兩個三角形，由此可知

$$面積（梯形的）=（\triangle ACE的）面積＋（\triangle CED的）面積$$
$$=\frac{1}{2}b_1h+\frac{1}{2}b_2h=\frac{1}{2}h(b_1+b_2)$$

換句話說，梯形的面積等於高和兩底之和的乘積得數之半。

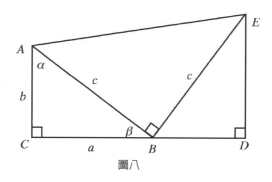

圖八

　　現在我們就深入探討加菲爾德證明（不過，我們已經把他的圖解轉向並重做標示，如圖八）。這次一如既往，也從直角三角形ABC開始，直角位於點 C，股、勾長分別爲 a 和 b，斜邊長則爲 c。從 B 作AB的垂線BE，且$\overline{BE}=c$，並由 E 向下作垂線ED，而且 D 爲垂線底端與CB向右延伸線的交點。最後作AE線。

　　依循加菲爾德作法，我們檢視這些作圖步驟產生的結果。首先，我們清楚看出

$$\angle DBE=180°-\angle ABE-\angle CBA=180°-90°-\beta=90°-\beta=\alpha$$

這是由於 $\alpha+\beta=90°$。既然$\angle DBE=\alpha$且$\angle BDE$爲直角，則推知$\angle BED=\beta$。所以依循「角－邊－角」全等判定格式，$\triangle BED$和$\triangle ABC$全等，其中兩邊BE和AB等長。由全等我們歸結得知，兩對應邊相等：$\overline{BD}=\overline{AC}=b$，且$\overline{DE}=\overline{BC}=a$。

　　再者，由於四邊形ACDE有AC和DE兩對邊平行，因此這是個梯形，兩對邊還

與CD垂直。所以（加菲爾德就在這裡展現他的洞察能力）我們可以採兩種作法，來求得梯形ACDE的面積。根據前述梯形面積公式，我們知道

$$（梯形ACDE的）面積 = \frac{1}{2}h(b_1 + b_2) = \frac{1}{2}(b + a)(b + a)$$

這是由於兩平行底邊長度分別爲$b_1 = \overline{AC} = b$和$b_2 = \overline{DE} = a$，而且兩平行邊距離爲$h = \overline{CD} = \overline{BD} + \overline{BC} = b + a$。

就另一方面，梯形ACDE的面積爲三個直角三角形分區之面積和：

$$（梯形ACDE的）面積 = （\triangle ACB的）面積 + （\triangle ABE的）面積 + （\triangle BDE的）面積$$

$$= \frac{1}{2}ab + \frac{1}{2}c^2 + \frac{1}{2}ab = ab + \frac{1}{2}c^2$$

最後，求解梯形面積等式兩邊即得代數式：

$$\frac{1}{2}(b + a)(b + a) = ab + \frac{1}{2}c^2 \rightarrow \frac{1}{2}(b^2 + 2ab + a^2) = ab + \frac{1}{2}c^2$$

兩邊都乘以2，我們求得$b^2 + 2ab + a^2 = 2ab + c^2$，接著消除2ab即得目標答案：

$$a^2 + b^2 = c^2$$

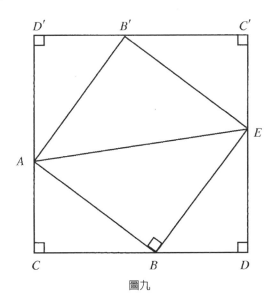

圖九

加菲爾德證明非常巧妙。我們又一次見到，分從兩個不同視角來看梯形面積有何優點。《新英格蘭期刊》（*New England Journal*）這篇文章的作者，語帶嘲諷提出所見：「我們認為，這就是參眾兩院議員得以不分黨派共同面對的課題。」[8]

然而，加菲爾德的圖解看來卻略顯眼熟。讀者或許可以看出，倘若我們增補加菲爾德的圖示，拿本圖鏡像沿線段*AE*併入圖形，我們就會發現眼前正是中國證明的「弦圖」（見圖九）。加菲爾德意外構思出古代竅門的一個變異作法。

至此我們已經談完畢氏定理的三種證法，（期望）連最頑固的懷疑論者都要信服了。當然，或許有人要提出質疑，哪有必要採多種作法來證明相同的結果。這額外證明豈非多餘？

就實用層面來看確實如此。確立定理超過一次，就「邏輯」看來並無此必要。然而，就相同領域觀點重作探索卻有其美學動機。就由於某人寫過一首情詩，也不能制止其他情歌作家依樣畫葫蘆，況且他們還採用了不同旋律、不同歌詞，更改用了其他韻腳。相同道理，畢氏定理的種種證明，表現出不同數學旋律和韻腳，而且就算處理的是老套主題，也不會就此減損其美感。

這裡或可簡短補充幾句，談談畢氏定理的逆定理。「逆」字出自邏輯用語，意思正如字面意義。若我們從「若 *A* 則 *B*」陳述開始，把假設和結論互換，於是我們得到「若 *B* 則 *A*」陳述。後面這句稱為原句的逆陳述；原句的假設是逆陳述的結論，反之亦然。

尋思片刻就可以得知，若一命題成立，則其逆命題也可能成立。好比陳述「若一三角形三邊全等，則其三角全等」和逆陳述「若一三角形三角全等，則其三邊全等」都是有效的幾何定理。

就另一方面，真陳述的逆陳述也可能是假陳述。好比「若雷克斯是條狗，則雷克斯是哺乳動物」命題成立，所有動物學家都可以證實這點。

不過，我的叔叔雷克斯很快就會指出，逆命題「若雷克斯是哺乳動物，則雷克斯是條狗」卻非事實。

畢氏定理的逆定理為：

若 $c^2 = a^2 + b^2$，則 $\triangle ABC$ 為一直角三角形

這項逆定理成立，這點歐幾里德已在《幾何原本》卷一最後命題完成證明。他這項論證，又一次精彩展現希臘幾何是如何發揮功用。該論證確立，若且唯若斜邊等於另外兩邊之平方和，則該三角形為直角三角形。這點完整道出直角三角形的特徵，幾何學者別無所求。

　　至此，我們討論畢氏定理也到達尾聲，（不過我們仍要強調，若是讀者還有更大的胃口，就請閱讀盧米斯書中其他三百六十四則證明。）不過，就算存有大批不同證明，仍然不會沖淡這項偉大結果的重要性。因為，不論出現多少次證明，畢氏定理始終有辦法持續展現清新和美感，還有永存不朽的奇妙感受。

soperimetric Problem

等周問題

古典神話有一段傳說，提爾王皮格馬利翁謀殺妹婿之後，王妹狄多公主帶領所屬逃離祖國，搭船航過地中海，抵達非洲北岸。《埃涅阿斯紀》作者維吉爾（Virgil）在書中告訴我們：

> 她們在這裡買了土地；這裡她們以前稱為畢爾薩山，
>
> 那個山名就代表牛皮；她們只買下了
>
> 一張牛皮能夠圈覆的土地。[1]

也就是說，狄多為了建立偉大新城取得的土地，侷限於她能以一張牛皮圈繞的面積。

狄多很聰明，首先她把牛皮切成好多細條，再把這批牛皮細條圍成很大的半圓，而且直徑沿著海岸拉開，接著就在這片遼闊土地裡建立迦太基城。

這段想像情節，藉由神話道出兩項完全真實的現象。一項是迦太基城如何建立、發展成宰制地中海世界的強權城邦，還與國勢同等強大的羅馬交手，在西元前二六四至前一四六年間，發生三次布匿戰爭，給軍史學家帶來恐怖景象，看漢尼拔驅策象群跨越阿爾卑斯山脈，出其不意從側翼包抄攻擊義大利。如今，迦太基只剩突尼西亞沿岸廢墟，這幅慘況不禁令人想起，羅馬是以何等手段來對付敵人。

不過，狄多的故事還提供了一道著名數學問題的神話起源。固定周長（牛皮細條）該如何安排，才能在沿岸圈出最大面積？狄多推斷採半圓就可以辦到，於是就這樣把心得流傳給我們，因此如今這有時便稱為「狄多問題」。

當然，數學家覺得，成果歸功神話人物，令人很不自在，而且他們很不喜歡問題必須用牛皮才能解決。所以，如今習慣稱之為等周問題（isoperimetric problem，

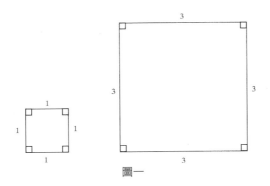

圖一

iso＝等，perimetric＝周界）並以正規陳述表示如下：

> 評比周長相等的所有曲線，判定何者能圍出最大面積。

這是一項美妙的挑戰，讓希臘幾何學者好好操練了一番，過了兩千年又重現人世，成為考驗新興微積分學問的測試課題。

以相等周長圍出不等面積，似乎有點自相矛盾。普羅克洛斯（我們在第**G**章提過這個人）看出當代許多人士對這點都認識不清，於是出面代歐幾里德捉刀，答辯伊壁鳩魯派人士的嘲弄。普羅克洛斯表示，他們認為圖形的周長愈大，圈起的面積也愈大。當然了，「有時候」確實如此，好比如圖一所示：左邊方形周長為 4，面積為 1，右側那幅方形周長較大（12），面積也較大（9）。

然而，普羅克洛斯就曾指出，這種關係不是必然的。圖二左手邊是個平行四邊形，以兩個 3－4－5 直角三角形相連而成，每個三角形的面積都等於$1/2 bh = 1/2(4×3) = 6$。四邊形周長等於18，面積等於6＋6＝12。右手邊正方形的周長較小

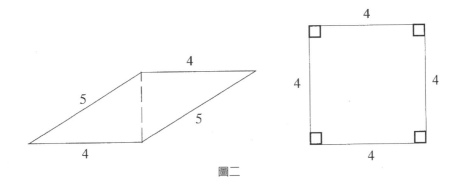

圖二

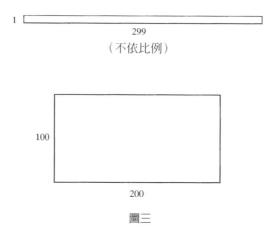

（不依比例）

圖三

（16），面積卻較大（16）。

所以，我們不敢藉比較周長來比較面積，這點普羅克洛斯就講得很透徹，他嘲笑「有些地理學家根據城牆長度來推斷城市大小」，還有一段則寫，無恥的土地投機客拿周長較大（面積卻較小）的土地，換來周長較短（面積卻較大）的土地，竟然還「博得超級誠實佳譽」。[2]

圖形周長拉長，圍成的面積不見得也隨之增大。不過，若是我們所得周長是固定的呢？這時該如何敘述周邊圍起的面積？

舉個實例來說明這點，設想我們有一條特定長度的繩子（好比長600呎），我們希望擺放繩子圍出最大的面積。顯然，以這段繩子能圈出大小不等的面積。若圈成長寬規格為1×299的狹長矩形，周長即為600呎，面積則為299平方呎；若圈出的是100×200的較寬矩形，則以同樣這600呎周長，圈出的面積卻遠大於前例，高達20,000平方呎（見圖三）。

周長相等的所有矩形中，以正方形圈出的面積最大。這很容易證明，使用第**D**章介紹的微分求最大值技術就可辦到，不過，這裡還要提出一項更基本的論證。

假定我們有一固定周長，並以此作出邊長為 x 的正方形，周長圍起的面積（如圖四）顯然就等於x^2。倘若我們把水平邊拉長為$x+a$，把方形變換成矩形，那麼就必須同時也把垂直邊長縮短為$x-a$，這樣才能保持周長相等。最後矩形面積就成為：

$$(x+a)(x-a)=x^2-a^2$$

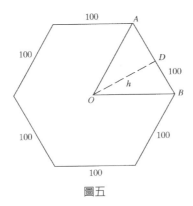

圖五

這明顯小於 x^2。換句話說,已知周長的非方形矩形,圈起的面積小於相等周長方形圈起的面積,兩者相差 a^2。

　　這項原理約西元前二〇〇年,由希臘數學家芝諾多羅斯(Zenodorus),採用純幾何構想提出證明。他的原始作品完全散佚,因此,我們對他的認識,全都由其他作家的參照引述點滴得知。後世學人評述記載芝諾多羅斯,寫出一部專論,稱為《論等周圖形》(*On Isoperimetric Figures*),文中提出許多重大成果。

　　舉例來說,芝諾多羅斯證明,邊數相等的所有多邊形當中,以正多邊形(如第**C**章介紹內容)圈起的面積最大。[3]因此,在周長相等的三角形當中,以等邊三角形圍成的面積最大,而且正方形內部空間,也比周長相等的任意四邊形都大。這項一般化定理的證明,一點都稱不上簡單。

　　不過,等周挑戰並不侷限於三角形或矩形。事實上,若是我們把那600呎繩子,彎成邊長各為100呎的正六邊形,那麼圈內空間還要比方形更大(見圖五)。這個現象證明如下:

　　設一正六邊形的中心點為 O,邊長各等於100呎,由 O 對該六邊形一邊作一垂線,設該線長度等於 h(前面第**C**章我們就曾提過,h 稱為正多邊形的邊心距)。做些初等幾何運算即知,邊心距是AB邊的中垂線,這樣一來,$\overline{AD}$就等於50,且$\overline{OA}$ $=\overline{OB}=\overline{AB}=100$呎。運用畢氏定理來處理直角三角形$ODA$,我們得知$100^2=50^2+h^2$,於是,

$$h = \sqrt{100^2 - 50^2} = \sqrt{7500} \text{ 呎}$$

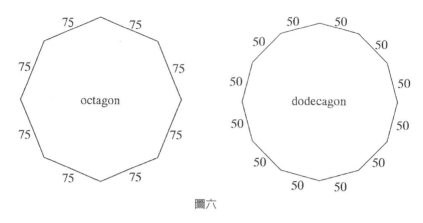

圖六

由此推知△OAB面積為

$$\frac{1}{2}bh = \frac{1}{2}(100)\sqrt{7500} = 50\sqrt{7500}$$

且完整正六邊形的面積六倍於此，也就是$300\sqrt{7500} \doteqdot 25980.76$平方呎。這片面積超過2,000平方呎，比上述等周正方形的面積更大。

然而，若是我們把那600呎繩子擺成一個正八邊形（各邊長度都等於75呎），圈出的面積就達27,159.90平方呎；若是擺成正十二邊形（十二邊的邊長各等於50呎），就可以圈出27,990.38平方呎範圍（見圖六）。

這連串實例點出一個道理，若正多邊形的周長不變，邊數卻增多了，則圈出的面積也隨之加大。根據後世學人評註表示，芝諾多羅斯把這項原理寫成：

> 就以直線構成的所有等周長圖形——我指的是等邊和等角圖形——以角最多的最大。[4]

接著還提出一項證明。

走筆至此就要偏離主題縱情悠游，且讓我們朝前跳過好幾個世紀，來到古典時代後期，拜訪西元三〇〇年左右活躍當代的數學家帕普斯。帕普斯寫了一部專論，談芝諾多羅斯的作品，還舉出一個例子，來說明前述等周原理的功用。然而，帕普斯竟然中斷他的學術論述，在裡面討論蜜蜂的數學資質，看來實在是夠奇怪的，顯然他對這種昆蟲的評價最高了。這其中出現有史以來擬人最甚的語句，帕普斯堅

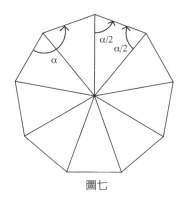

圖七

稱，蜜蜂「認定自己，毫無疑義，受託從諸神那裡，帶一份仙饌美食給文化表現較高的人類」。[5]於是帕普斯點出，蜜蜂製造蜂蜜主要是供給人類使用，接著他就指出，牠們自然會想儲藏起來沒有一絲浪費，因此把儲放巢室安排得「沒有其他會落入孔隙」流失不見。換句話說，打造蜂巢的巢室，不得留下裂隙。

假定蜂巢是以一模一樣的正多邊形組成（我們或可遵從帕普斯所述，也認為蜜蜂強求這項規定），我們證明以下命題。

命題：以全等正多邊形圍繞共頂點排列，只有三種排法不帶「孔隙」。

證明：首先我們判定不等邊數（含 3、4 邊，或就通式而論則為 n 邊）正多邊形所含各角的角度大小，這是驗證這項主張的第一個步驟。

還好這點並不困難。假定我們的正多邊形具有 n 邊，各角大小都等於 a。（當然 $n \geq 3$，因為多邊形的邊數不得等於 2 或小於 2。）從中心點 O 向各頂點畫線，把正多邊形分割成 n 個全等三角形，如圖七所示。到這裡，祕訣就在於如何以兩種作法來計算這些三角形內角的總角度。

就一方面，由於圖中有 n 個三角形，內角和各為180°，多邊形所含三角形的總角度，顯然就等於 $n \times 180°$。不過，請再檢視這 n 個三角形的角度總和。所有頂點都在點 O 會合，因此頂角角度總和，正好就是環繞該點一整圈所得角度，也就是360°。同時，三角形總計有 $2n$ 個底角，各角的角度都為 $\alpha/2$。所以，組成多邊形的三角形的總角度數就等於360°$+2n(\alpha/2)=360°+n\alpha$。由三角形總角度的兩種算式解 α：

$$360° + n\alpha = n \times 180°$$

$$n\alpha = n \times 180° - 360°$$

$$\alpha = \frac{n \times 180° - 360°}{n} = 180° - \frac{360°}{n}$$

由本公式可以求得正 n 角形各內角的角度。

我們使用本公式來處理幾個特定情況。若$n＝3$，則正三角形（即等邊三角形）各角角度分別等於

$$\alpha = 180° - \frac{360°}{3} = 180° - 120° = 60°$$

這點大家都很清楚。方形（$n＝4$）各角相當於$180°＝360°/4＝180°－90°＝90°$，這是個直角；正五邊形（$n＝5$）各角相當於$180°－360°/5＝180°－72°＝108°$；正六邊形（$n＝6$）各角則相當於$180°＝360°/6＝120°$。

很好。不過這裡考量的命題還要更深奧，因為我們想做的是，環繞一個共頂點來排列正多邊形，而且不能留下空隙。這就是地磚的配置方式，地磚全都完美拼合，所以即便牛奶灑了一地，也不致滴滲到地下室。

我們必須判定，使用多少個正多邊形，可以令頂點銜接又不留空隙。因此，我們設 k 為頂點銜接的全等正多邊形，如圖八所示。顯然這時$k≧3$，因為環列銜接同一頂點的多邊形，不可能等於或少於兩個。

以 n 表示各正多邊形所含邊數。剛才已經求出各多邊形內角和等於$180°－360°/$$n$，由於其中 k 個在同一頂點銜接，我們看出環繞頂點的總角度等於$k \times (180°－360°/n)$。可是環繞任一頂點的總角度也等於360°。由等式兩邊的算式解得

$$360° = k \times \left(180° - \frac{360°}{n}\right)$$

由此再把兩邊各除以360°，得

$$1 = k\left(\frac{1}{2} - \frac{1}{n}\right)$$

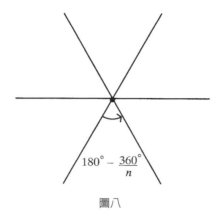

$$180° - \frac{360°}{n}$$

圖八

最後，由於我們知道$k \geq 3$，這就產生不可或缺的不等式

$$1 = k\left(\frac{1}{2} - \frac{1}{n}\right) \geq 3\left(\frac{1}{2} - \frac{1}{n}\right) = \frac{3}{2} - \frac{3}{n}$$

因此

$$\frac{3}{n} \geq \frac{3}{2} - 1 = \frac{1}{2}$$

交叉相乘得出最後結果$3 \times 2 \geq n \times 1$，也就是$n \leq 6$。

這項不等式設了個限制，規定哪種正多邊形得以環列共用一個頂點，因為由式子可知，各圖形邊數必須等於或少於6。我們這就分別鑽研可能情況，參照圖九：

一、若$n = 3$，則各多邊形都為每角60°的等邊三角形。接著我們就可以把360°/60°＝6個等邊三角形的頂點聚攏銜接，而且不會留下空隙。因此這就是地磚的一種可能排法，是為蜂巢形。

二、若$n = 4$，則各多邊形都為每角90°的正方形。我們可以把360°/90°＝4個正方形的頂點銜接俐落排好。這下蜜蜂和油氈拼花業者，都要動手記筆記了。

三、就$n = 5$情況，我們已經知道，正五邊形各角都等於108°。然而，108°不能把360除盡，因為360°/108°＝3 1/3。所以，正五邊形不能把一點周圍填滿而且不留空隙。這種情況只能放棄。

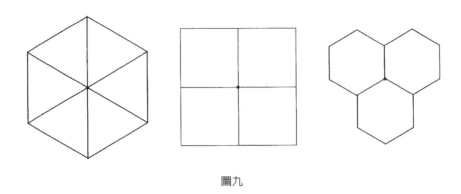

圖九

四、就$n=6$情況，我們得一正六邊形。各內角都等於120°，因此我們可以把360°/120°＝3個六邊形的頂點鬥攏，拼合在一起。

由於$3 \leq n \leq 6$，此外別無其他可能情況。於是誠如前述，拿全等正多邊形來排列，能夠不留下空隙的只有六個等邊三角形、四個方形，還有三個正六邊形。

喲！這是帕普斯的蜜蜂成就的出色證明，想必牠們的觸角也因此抖動了好幾個星期。這群昆蟲已經展現出這等高強的數學功力，不過，接下來牠們還要面對最後一道問題：這三種可能排法，哪種最適合牠們採用來築巢？

到這裡，這群蜜蜂總算能夠展現牠們對等周原理的深切理解：以等量（即相等周長）的巢室得到最高蜂蜜儲量（即最大的橫切面積），牠們選擇邊數最多的多邊形，也就是正六邊形！真相清楚分明，所有昆蟲學家都可以確認，蜜蜂製造的是六邊形巢室。帕普斯寫道：「因此，蜜蜂完全知道這項有用事實，牠們明白，以相等耗材來建造巢室，六邊形的容積比正方形和三角形都大，個別蜂蜜儲量較高。」[6]帕普斯認為，這是由於蜜蜂具有一種數學資質，等級凌駕多數現代大學的畢業要件。就他看來，蜜蜂是袖珍型幾何學者，而且人蜂相視所見略同。

芝諾多羅斯的等周原理（若一正多邊形的周長不變，邊數增多了，圍出的面積也隨之加大）導出一種直接、精彩的推論，這點牽涉到圓，也就是當正多邊形的邊數無止境增多，圖形能達到的最大域限：圓所圈起的面積，大於其他所有等周長正多邊形面積。據說這點也是芝諾多羅斯證明的。

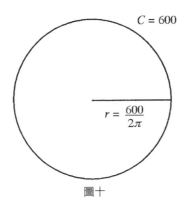

圖十

這個結論帶點美妙希臘屬性。別忘了，在歐幾里德時代之前，希臘人已經把直線和圓請進神龕祭拜，推崇為兩種不可或缺的幾何圖形，也就是能以幾何工具作圖畫出的兩種形狀。當然了，兩點間最短距離是條直線。芝諾多羅斯也曾證明，圈繞最大面積的形狀是個圓。這就是歐幾里德以圓規畫圈，在已知周長條件下所能圍出的最大面積圖形。這可不是希臘人十分讚賞的另一種完美象徵？

舉圖例來解釋等周原理，我們再一次回到那條600呎的繩子，把繩子彎成圖十所示圓形。既然圓周等於$2\pi r$，我們得知$600=2\pi r$，這就意味著$r=600/2\pi$。第**C**章曾經指出，圓的面積算法為$A=\pi r^2$，因此這個圓的面積可以寫成：

$$A = \pi \left(\frac{600}{2\pi} \right)^2 = \frac{360,000}{4\pi} = \frac{90,000}{\pi} \doteqdot 28,647.89 平方呎$$

甚至還大於前述正十二邊形的面積。就如芝諾多羅斯所見，圓的面積大於同等周長的任意正多邊形面積。

那麼，為什麼狄多要把她的牛皮細條排成半圓形？答案是，她當時把海岸線當成一段地界，她的牛皮條不必延伸到那裡，就可以把濱海土地圈進版圖。由於情況改變了，採半圓形確實是最佳作法。倘若當初迦太基建城地點不在海濱，而是在內陸範圍（好比堪薩斯州某地），那麼狄多肯定會採用圓形來圈出她的版圖。

不過，就連這些精彩定理都沒有完全解決等周問題，因為我們可以設想，若圖形組合不採正多邊形（芝諾多羅斯也曾考量這點），結果就會超出圓形範圍，好比採用拋物線、橢圓或其他不規則曲線（他沒想過這點）。由於這要牽涉到曲線的

通性，最終解答逃過了希臘數學家的法眼。我們在第**B**章已經指出，伯努利家的約翰、雅各布兩兄弟經常拌嘴，其中一次就是爲了一項等周難題起爭執，後來還藉此開創出眞正高明的數學分支，也就是如今號稱「變分學」的學問。

不過，就連更廣義的等周問題，最後仍會證實，古代解答依然是正解。就周長固定的所有曲線（含多邊形、橢圓形和拋物線等），可靠的圓所圈覆的面積最大。這是一項奇妙的特性。

幾個世紀以來，好幾則前瞻性問題始終都要讓數學家著迷、失意。有些依然擱置無解，好比第**A**章梅森數的質數性問題。另有些則歷經幾百年努力，才得以解決，好比我們在第**T**章要著眼論述的三等分角尺規作法。等周問題（講起來是這麼簡單，證明起來卻又是這麼困難）同樣具有這等出色特點。經過狄多和芝諾多羅斯、伯努利兄弟，還有蜂群的鑽研努力，這道問題確實已經在數學經典群籍當中，爭得一席之地。

ustification

辯證

　　數學家麥可·阿蒂亞（Michael Atiyah）說，「證明……是把數學凝聚合攏的黏膠。」[1] 這項見解也點出，證明（或辯證）是數學的體現。

　　這項觀點自有討論餘地。數學是涵括廣泛的學問，足以涵納量值估計、反例建構、特例檢定等活動，最終仍有餘裕解答例行問題。數學家不見得一天二十四小時都投入證明定理。

　　不過，即便理論命題邏輯辯證不是數學的唯一活動，肯定依然是這門學問的註冊商標。就追求學問層面來看，數學家和其他學者最大的不同，莫過於他們求知時深切仰賴證明、推理和邏輯演繹。伯特蘭·羅素（Bertrand Russell, 1872-1970）就曾經拿數學和邏輯來比較，他堅稱：「兩邊已經完全不可能劃清界線；其實兩邊就是同一回事。」[2]

　　走筆至此，我們已經在書中檢視了幾項數學辯證。第一章我們證明質數的無限性，第**H**章我們也再次證明畢氏定理。就數學論證而論，這兩項都相當簡單。其他證明所需篇幅較多，要好幾章甚至許多卷，才能做出最後結果。這連帶必須肩起的智慧負荷，不見得所有人都有胃口品嚐。查爾斯·達爾文（Charles Darwin）就曾經為文觸及這點，有次他自謙寫道：「我依循長串純抽象思維的本領相當有限；因此我永遠不能成為優秀的形而上學者或數學家。」[3]另外，約翰·洛克（John Locke）也曾簡練表示：「數學證明就像鑽石，堅硬又清明。」[4]

　　數學定理證明究竟是指什麼？這個問題看似清楚分明，很容易判定，事實卻不然，這其中除了數學議題之外，還牽涉到哲學和心理學。亞里斯多德也有同等見識，他說明，證明「之為物非外顯語句，乃心靈之內在冥想」。[5]

羅素所見同樣令人信服，他說數學家永遠無法寫出「完整推理歷程」，只能勉強將就「證明之梗概，而且必須足以讓受過妥當教育的人士衷心信服」。[6]他這段論述暗示，任意數學陳述都以其他陳述和定義爲本，而這些又都進一步取決於其他陳述和定義。這樣一來，要想循跡查究所有邏輯先決條件，都屬鹵莽不智。

二十世紀初期，羅素和阿爾弗雷德·懷海德（Alfred North Whitehead, 1861-1947）合作寫出龐大鉅著《數學原理》（*Principia Mathematica*），結果他卻似乎忘了自己所提的建言。他們在書中深究數學本源，追根究柢回顧所有初等邏輯原理，而且纖毫細節都不放過。結果令人完全無法忍受。兩人深思熟慮審愼鋪陳達到極致，結果他們竟然在〈基本算術緒論〉一章，花了三百六十二頁篇幅，直至段落54.43，才終於證出1＋1＝2（見圖一）。《數學原理》是瘋狂辯證的產物。

本章我們還想保持清明神智。就我們的宗旨而言，證明是依循邏輯定律小心研擬的一種論證，能夠驗明某一主張有效，而且論述無懈可擊，令人信服。至於「令

362 PROLEGOMENA TO CARDINAL ARITHMETIC [PART II

***54·42.** $\vdash :: \alpha \in 2 . \supset :. \beta \subset \alpha . \exists ! \beta . \beta \neq \alpha . \equiv . \beta \in \iota``\alpha$

Dem.

$\vdash . *54\cdot4 . \quad \supset \vdash :: \alpha = \iota`x \cup \iota`y . \supset :.$

$\beta \subset \alpha . \exists ! \beta . \equiv : \beta = \Lambda . \vee . \beta = \iota`x . \vee . \beta = \iota`y . \vee . \beta = \alpha : \exists ! \beta :$

[*24·53·56.*51·161] $\equiv : \beta = \iota`x . \vee . \beta = \iota`y . \vee . \beta = \alpha$ (1)

$\vdash . *54\cdot25 .$ Transp $. *52\cdot22 . \supset \vdash : x \neq y . \supset . \iota`x \cup \iota`y \neq \iota`x . \iota`x \cup \iota`y \neq \iota`y :$

[*13·12] $\supset \vdash : \alpha = \iota`x \cup \iota`y . x \neq y . \supset . \alpha \neq \iota`x . \alpha \neq \iota`y$ (2)

$\vdash . (1) . (2) . \supset \vdash :: \alpha = \iota`x \cup \iota`y . x \neq y . \supset :.$

$\beta \subset \alpha . \exists ! \beta . \beta \neq \alpha . \equiv : \beta = \iota`x . \vee . \beta = \iota`y :$

[*51·235] $\equiv : (\exists z) . z \in \alpha . \beta = \iota`z :$

[*37·6] $\equiv : \beta \in \iota``\alpha$ (3)

$\vdash . (3) . *11\cdot11\cdot35 . *54\cdot101 . \supset \vdash .$ Prop

***54·43.** $\vdash :. \alpha, \beta \in 1 . \supset : \alpha \cap \beta = \Lambda . \equiv . \alpha \cup \beta \in 2$

Dem.

$\vdash . *54\cdot26 . \supset \vdash :. \alpha = \iota`x . \beta = \iota`y . \supset : \alpha \cup \beta \in 2 . \equiv . x \neq y .$

[*51·231] $\equiv . \iota`x \cap \iota`y = \Lambda .$

[*13·12] $\equiv . \alpha \cap \beta = \Lambda$ (1)

$\vdash . (1) . *11\cdot11\cdot35 . \supset$

$\vdash :. (\exists x, y) . \alpha = \iota`x . \beta = \iota`y . \supset : \alpha \cup \beta \in 2 . \equiv . \alpha \cap \beta = \Lambda$ (2)

$\vdash . (2) . *11\cdot54 . *52\cdot1 . \supset \vdash .$ Prop

From this proposition it will follow, when arithmetical addition has been defined, that 1 + 1 = 2.

圖一

羅素和懷海德的1＋1＝2證明

採自《數學原理》卷一，作者：Alfred North Whitehead and Bertrand Russell，出版年：1935。

版權授權單位：Cambridge University Press。

誰信服？」，還有「無懈可擊是按誰的標準？」等問題，就留待往後再說吧。

　　當然，我們也可以考量「證明不是指什麼」。證明不是訴諸直覺或常識的辯證，還有更糟糕的，那就是以恫嚇為手段。我們談證明也不用「並無些微懷疑」這種語句，那是刑事訴訟程序提出犯罪證據才使用的措詞。數學家通常都認為，證明不只是「超乎合理懷疑」，而且是「毫無疑義」。

　　討論數學辯證可以偏往許多不同方向。這裡我們就提出四則重要格言，並且就數學證明本質方面，舉出一項重要性日益明朗的問題。

第一號格言：幾件事例不足為證

　　就科學方面（就日常生活自然也是），若某一原理經實驗一再確認，我們往往就會接受該原理成立。若是驗證事例數量充足，那麼我們就說我們掌握了「經證實的定律」。

　　然而，就數學家而言，幾件事例所得結果，儘管或有聯想暗示，卻完全不算是證明。舉例說明這種現象，設想

猜想：把一正整數代入多項式 $f(n) = n^7 - 28n^6 + 322n^5 - 1,960n^4 + 6,769n^3 - 13,132n^2 + 13,069n - 5,040$，我們絕對能求回原數，算出原本那個正整數。這項主張可以採符號寫成 $f(n) = n$，其中 n 為任意全數。

　　這是真的嗎？從明顯又完全合理的起點開始，找幾個數值試試看，會發生什麼事情。就 $n=1$，我們得出

$$f(1) = 1 - 28 + 322 - 1,960 + 6,769 - 13,132 + 13,069 - 5,040 = 1$$

正如所述。倘若我們以 2 代入，結果便為

$$f(2) = 2^7 - 28(2^6) + 322(2^5) - 1,960(2^4) + 6,769(2^3)$$
$$- 13,132(2^2) + 13,069(2) - 5,040 = 2$$

又支持前述主張。請讀者取出計算器，檢定 $f(3)=3$、$f(4)=4$、$f(5)=5$、$f(6)=6$ 是否成立，甚至

$$f(7) = 7^7 - 28(7^6) + 322(7^5) - 1,960(7^4) + 6,769(7^3)$$
$$- 13,132(7^2) + 13,069(7) - 5,040 = 7$$

檢定該主張所需證據似乎逐漸成形。有些人，特別是不怎麼熱衷沒頭沒腦逕自計算的讀者，或許已經打算宣布陳述成立。

可是這條陳述不是真的。代入$n=8$即得

$$f(8) = 8^7 - 28(8^6) + 322(8^5) - 1,960(8^4) + 6,769(8^3)$$
$$- 13,132(8^2) + 13,069(8) - 5,040 = 5,048$$

情況出人意表，結果不是 8。進一步計算更求出$f(9)=40,329$、$f(10)=181,450$且$f(11)=604,811$，所以前述主張不但錯了，而且是錯得離譜。這樣一則猜想，就$n=1$、2、3、4、5、6 和 7 情況都完全合用，到頭來卻完全錯誤。

這裡要檢定的多項式，得自以下算式，算出乘式並把同次項匯集，結果得到

$$f(n)＝n＋[(n-1)(n-2)(n-3)(n-4)(n-5)(n-6)(n-7)]$$

顯然，就$n=1$情況，$(n-1)$項得數為 0，結果中括號算式的乘積就整個消除；因此$f(1)=1+0=1$。若$n=2$，則$n-2=0$於是$f(2)=2+0=2$。相同道理，$f(3)=3+0=3$，並依此類推至$f(7)=7+0=7$。然而在此之後，中括號裡面的項次就不再能消除，於是舉個例子，$f(8)=8+7!=5,048$。

這就點出一項很有啟發性的擴充式。假定我們使用

$$g(n)＝n＋[(n-1)(n-2)(n-3) \cdots (n-1,000,000)]$$

並猜想$g(n)=n$，其中 n 為所有正整數。

倘若我們算出乘式並匯集$g(n)$各項，結果就會得出駭人的一百萬次方程式。依循前述推理，我們可以求得$g(1)=1$、$g(2)=2$且一直推到$g(1,000,000)=1,000,000$。

連續一百萬次確認猜想為真，哪個神智正常的人，還會懷疑$g(n)$始終都能求得 n？就任何人看來（數學家除外），連續一百萬次成功，已經足以構成無庸置疑的確鑿證明。然而，緊接著下一次嘗試$g(1,000,001)$，卻要得出$1,000,001＋(1,000,000)!$，而這遠比預測值$1,000,001$更大，差別大得不可想像。

這應該可以強化數學證明第一號格言：我們必須檢定所有可能情況所得的結果，幾百萬個還不夠。

第二號格言：愈簡單愈好

數學家推崇原創證明。不過數學家還特別推崇簡約的原創證明——精簡、減省的論證，單刀直入事理核心，施展驚人本領，針針見血直接達成目標。這種證明號稱優雅證明。

數學優雅作品和其他創作成果不無相似之處。這類作品和優雅藝術創作同具眾多共通特性，比方說莫內的法國風景油畫，只以純熟手法簡單幾筆即成；還有，意在言外的俳句短詩也是如此。追根究柢，優雅是美學屬性，並非數學特質。

就如任何理想目標，優雅也不見得總能企及。數學家致力擬出簡短、明晰的證明，卻往往只能勉強將就累贅、繁冗令人心煩意亂的笨拙成果。舉例來說，抽象代數有一項證明歸入所謂「有限單群」門類，篇幅就長達五千頁（根據上一次某人檢查所得的頁數）。追求優雅人士請到其他地方尋覓。

相對而言，終極優雅的體現，就是數學家所稱的「無言的證明」，這其中含有巧思描繪的圖解，逕自傳達一項證明，連解釋都可以省去。很難想出比這個更優雅的事例。好比試想以下例子：

定理：若 n 為正整數，則 $1+2+3+\cdots+n=\dfrac{1}{2}n(n+1)$ 。

這就表示，當我們把前幾個正數 n 累加起來，總和始終等於 n 和 $n+1$ 乘積之半。我們可以拿幾個特定 n 值，代入式子輕鬆驗算；例如，若 $n=6$，

$$1+2+3+4+5+6=21=\frac{1}{2}(6\times 7)$$

不過，第一號格言警告我們，只有笨蛋才會根據單一情況，逕自跳到結論。因此我們改以圖二來證明這項命題。

我們這裡採用的是一種「梯級」配置，其組成為一塊積木加兩塊積木加三塊積木並類推下去；複製如圖二陰影部分；接著把兩邊鬥攏構成 $n\times(n+1)$ 長方形陣列。由於矩形是以兩組全等梯級構成，矩形面積則為底乘高，也就是 $n(n+1)$，則梯級面積必然為矩形面積的一半。即

$$1 + 2 + 3 + \ldots + n = \frac{1}{2} n(n+1)$$

結果正如前稱。

　　讀者或要（正確）察覺，這項「無言的證明」還伴隨一段說明文字。不過，言語說明其實並無必要，圖像的力量比得上千言萬語。*

　　這裡提出另一項舉世公認相當優雅的證明。假定我們從 1 開始並逐一累加奇整數：

$$1 + 3 + 5 + 7 + 9 + 11 + 13 + \cdots$$

稍作試驗就可推知，不論累加到什麼程度，結果永遠是個完全平方數。舉例來說，

$$1 + 3 + 5 = 9 = 3^2$$
$$1 + 3 + 5 + 7 + 9 = 25 = 5^2$$
$$1 + 3 + 5 + 7 + 9 + 11 + 13 + 15 + 17 + 19 + 21 + 23 + 25 + 27 = 196 = 14^2$$

這能永遠成立嗎？若是這樣，我們該如何證明普適結果？

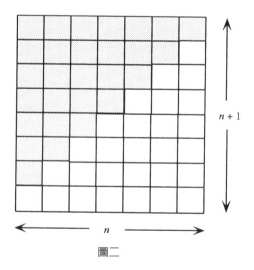

圖二

---

*「無言的證明」是《數學校刊》（*College Mathematics Journal*）的常見特色。

讀以下論證必須懂一點代數，根據觀察結果，凡偶數都是 2 的倍數，因此可以寫成 2*n* 型式，其中 *n* 為整數，而奇數則為 2 的倍數減一，其算式如2*n*－1，其中 *n* 為全數。

定理：從 1 開始連續累加奇整數，所得總和為完全平方數。

證明：設 *S* 為從 1 到2*n*－1連續累加奇整數所得總和。亦即

$$S = 1 + 3 + 5 + 7 + \cdots + (2n\text{-}1)$$

顯然，把1到2*n*的所有整數累加起來，再減去所有偶數的總和，結果便等於 *S*。換句話說，

$$S = [1 + 2 + 3 + 4 + 5 + \ldots + (2n - 1) + 2n] - [2 + 4 + 6 + 8 + \ldots + 2n]$$
$$= [1 + 2 + 3 + 4 + 5 + \ldots + (2n - 1) + 2n] - 2[1 + 2 + 3 + 4 + \ldots + n]$$

第二個中括號算式所含因子 2 已經移出。

第一組中括號裡面含有從 1 到2*n*的所有全數累加式，第二組則含從 1 到 *n* 的所有全數累加式。圖二的「無言的證明」告訴我們，這兩組整數數串的加總作法，我們把結果拿來使用兩次：

$$S = \frac{1}{2}\,2n(2n + 1) - 2\left[\frac{1}{2}\,n(n + 1)\right]$$

簡化上式得出結論

$$S = n(2n + 1) - n(n + 1) = 2n^2 + n - n^2 - n = n^2$$

所以，不論 *n* 值為何，連續奇整數累加總和都是完全平方數n^2。證明完畢。

一言以蔽之，這是一項優雅的證明。不過，真要追求優雅的話，圖三也提出還要更簡短的作法，這也是一項無言的證明。這次是取奇整數（一塊積木、三塊積木、五塊積木等），採特殊方式排列。我們從左下角一塊積木開始；加上周圍三塊暗色積木共同構成一個2×2正方形；加上周圍五塊無陰影積木構成一個3×3正方形；加上下一圈七塊積木，拼成一個4×4正方形；並依此類推。由圖清楚可見，連續奇整數和，始終可構成一個（幾何）正方形。這項證明含有非常自然的道理。希

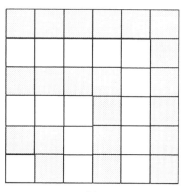

圖三

臘人在兩千年前已經知道這點，到了現代，所有孩童都懂得用積木搭出相仿造型。

溫斯頓·邱吉爾（Winston Churchill）就曾經表示：「講話最好簡短，若是老話短說，那就好極了。」[7]這則優雅論述可以改寫為：證明是老的最好，若是老證明還寫得簡短，那就好極了。

第三號格言：反例有其價值

數學有一項顯眼的事實：證明普適陳述必須採普適論述；駁倒陳述只需一項特例，顯示陳述不成立即可。後面這點稱為「**反例**」，優秀反例的價值相當於等重黃金。舉例來說，已知

猜想：若 a 和 b 都是正數，則 $\sqrt{a^2+b^2}=a+b$

多少年來，千萬學子都曾祭出這項公式，凡是教數學的老師都能證實這點。結果這卻是騙人的，要證明這點，我們需要借助一項反例。例如，若 $a=3$ 且 $b=4$，則 $\sqrt{a^2+b^2}=\sqrt{3^2+4^2}=\sqrt{25}=5$，其中 $a+b=3+4=7$。這單獨一項反例，就足夠把這則猜想，倒進數學垃圾掩埋場。

這裡要強調，即便證明定理必須長篇大論，有可能占掉五十頁篇幅，但要駁倒定理，單單一行反例就夠了。看來，證明和反證的激烈角力，並不是在公正的搏鬥場上進行。不過，眼前就有一句現成的慰問詞：找出反例可沒有想像中那麼容易。以下故事就是個好例子。

兩百多年前，歐拉推敲認為，至少要累加三個完全立方數，才能得出本身也是

完全立方數的總和；還有，至少必須累加四個完全四次方數，最後才能加出完全四次方數；同時至少必須累加五個五次方數，才能加出五次方數和，並依此類推。

這裡就舉個例子，我們把幾個立方數累加起來，得 $3^3 + 4^3 + 5^3 = 27 + 64 + 125$，總和就是216，這恰好等於 6^3。這裡結合三個立方數，加總出一個立方數，然而歐拉卻斷言（並證明），任兩個立方數永遠不能滿足要件，加不出完全立方數。讀過第F章的讀者應該看得出來，這就是費馬最後定理的一項特例（就 $n＝3$ 情況）。

向上一個次方，我們可以找出四個完全四次方數，累加得一個四次方數，這個例子遠遠不像前一個那麼稀鬆平常

$$30^4 + 120^4 + 272^4 + 315^4 = 353^4$$

按歐拉猜想，任意三個四次方數，永遠無法滿足要件，不過他並未提出證明。就一般而言，他的說法是，至少需要 n 個完全 n 次方數，才能累加得出另一個 n 次方數。

於是這道問題在一七七八年陷入膠著，過了將近兩個世紀，情況依然停滯。相信歐拉的人，提不出證明來確認他的猜想，然而，不相信他的人，卻也炮製不出特定反例。問題依然是個懸案。

後來在一九六六年，萊昂・蘭德（Leon Lander）和托馬斯・帕金（Thomas Parkin）兩位數學家發現

$$27^5 + 84^5 + 110^5 + 133^5 = 61,917,364,224 = 144^5$$

這裡出現一個完全五次方數，卻只需四個五次方數，就可以累加求得。歐拉給駁倒了。隨後又過了一百年，一台強大電腦動用電子心智，全力施展一百個小時，結果發現了更出色的反例：

$$95,800^4 + 217,519^4 + 414,560^4 = 422,481^4$$

這就顯示，三個四次方數（不必歐拉說的四個）就可以累加出一個四次方數。[8]

找出這幾則反例，必須投注大量心力，程度令人咋舌，就算借助電腦也不例外。這就點出一條，從第三號格言引申出來的格言：有時候反證還比證明更難。

第四號格言：你可以證明反面觀點

你在理髮店或速食餐廳櫃台，經常聽人談起一則古老諺語，說是「你不能證明反面觀點」。這大概引申自底下這幾句對話：

> 甲：「我看到一份超市小型報說，一個矮妖精贏了樂透彩。」
>
> 乙：「沒有矮妖精這種東西。」
>
> 甲：「你講什麼啊？」
>
> 乙：「我是說，矮妖精並不存在。」
>
> 甲：「你有把握？那你能不能證明矮妖精並不存在？」
>
> 乙：「喔⋯⋯不能。不過你也沒辦法證明我講的不對。」

精彩對話。簡短一句話就清楚說明，我們沒辦法明確證實精靈或貓王並不存在。

數學家就比較明理。某些最偉大、最奧妙的數學論證就能證實，某些數、某些形狀、某些幾何建構並不存在，也無從存在。確立這種「不存在性」，要用上犀利至極的武器：冷酷、嚴苛的邏輯。

大家都說，反面情況是沒辦法證明的，然而這種「共有概念」的核心，卻潛藏一項誤解。從表面看來，除非我們翻遍愛爾蘭所有石塊，找遍南極所有冰山，否則就沒辦法證明矮妖精並不存在。這種雄心壯志當然是完全無法實現。

數學家用另一種邏輯作法來確立不存在性，他們的手法迥異，不過策略倒是非常合理：假定物件存在，接著就查明必然後果。若是我們能驗明，存在假定會引發矛盾後果，接著就可以依照邏輯定律，歸結認定我們最初的存在假定出了差錯。由此我們可以歸出確鑿無疑的不存在結論，而且縱然採行間接途徑，最後也不會減損所得結論的效力。

我們在第Q章還會深入探究歷來最著名的不存在證明：為什麼$\sqrt{2}$沒有等價分數。不過，就我們眼前目標，舉以下簡例就充分了。

定理：四邊形的邊長，不可能分別為 2、3、4 和10。

這裡舉一種實用解法，按這些長度截出幾根棍子，接著設法排出一個四邊形。這種作法相當明確，然而從邏輯層面來看，卻相當於翻遍石塊尋找矮妖精。就算我們投入多年，都沒辦法用棍子湊出一個四邊形，卻也不能排除，哪天可能會有哪個

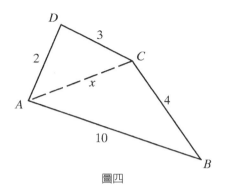

圖四

人拿起棍子重新擺放，排出一個四邊形。

於是我們改採間接手法，證明反面觀點。我們就開始行動，這裡出現了策略大躍進，假定有個四邊形，邊長分別為 2、3、4 和10，接著就努力找出矛盾之處。

我們的假想四邊形如圖四所示。畫條對角虛線，把圖形區分為兩個三角形，設 x 為對角線的長度。第**G**章就曾經談到，歐幾里德已經證明，三角形的任一邊，邊長都小於另兩邊的邊長和。所以，參見△ABC，我們知道10＜4＋x。應用相同原理得△ADC的x＜2＋3。結合兩項不等式即得

$$10＜4＋x＜4＋(2＋3)＝9$$

結果得出10＜9。這太荒謬了。我們原先假定世上存有某種四邊形，卻導出這種矛盾結果，所以我們否決前述假定，確認無效。

此四邊形的邊長（按順時鐘方向）分別為10、2、3 和4。這組邊長還有其他配置方式，其中一種排法如圖五，不過按相同道理仍可導出矛盾結果。這次是10＜2＋x＜2＋(3＋4)＝9，同樣沒有這回事。我們沒必要繼續深入，完全沒理由拿棍子重做其他排列。這裡討論的四邊形不可能存在。我們已經確切證明一項反面觀點。

歸謬法是一種美妙的邏輯策略。我們放下原本希望證明的觀點，反而去假定反面情況，這似乎要讓我們的最終目標陷入險境。然而，最後終究還是能避開凶險。戈弗雷·哈代（1877-1947）曾說，歸謬法是「數學最犀利的武器之一。這種手法比西洋棋局一切起始手法都更厲害得多：西洋棋手或者會犧牲士兵甚或其他棋子，數學家則可能犧牲整場賽局」。[9]

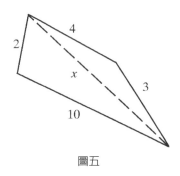

圖五

問題：人類是必要的嗎？

　　二十世紀七○到八○年代期間，一幅惹人不安的身影滲入數學意識。那是電腦的身影，電腦以閃電高速和幾乎不會犯錯的特質，接管定理證明工作。

　　我們已經談過幾則實例，說明電腦提出反例，否決了一項陳述。電腦發現 $95,800^4+217,519^4+414,560^4=422,481^4$，給歐拉猜想帶來致命打擊，很難想像，若是不採機械方式，改由人類發揮智能，那要花多少時間才找得出這項反證。這是最適合讓電腦發揮的理想問題。

　　近來還出現幾項更讓數學界感到困擾的事例，那就是運用電腦來「證明」定理。這種例子通常都把定理拆解成大批細部情況，分別確認之後，就宣稱事情已經解決。只可惜，這類分析通常必須分割情況，區分成好幾百項，執行好幾百萬次計算，結果沒有人有辦法重做所有步驟；總之，這種證明只能由另一台機器來驗算。

　　一九七六年，電腦證明的問題猛然爆發，出自解答四色猜想的數學範疇。這項主張認定，任意平面地圖都可以用（最多）四種顏色來描繪，而且沒有任何接壤兩區必須塗上相同顏色。（舉圖六為例，我們不希望把 A、B 兩區都塗上紅色，因為這樣一來，兩區接壤界線就要消失不見。我們容許在單點相交的兩區——好比 A、C 兩區——塗上相同顏色；單獨一點當然不構成界線。）

　　四色猜想最早在一八五二年提出，往後一百年間，引來多方矚目。幾件事項很快就解決了。任意平面地圖肯定能以五種顏色著色，這點經證明無誤。就另一方面，有些地圖只採三種顏色並不夠用。這其中一種如圖七所示。這裡，我們必須用不同顏色來給 A、B、C 區著色，因為這幾區都有兩邊彼此接壤。然而，除非用上第四種顏色，否則接下來就不可能為 D 區著色。

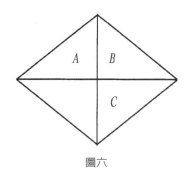

圖六

所以五色過多，三色太少。顯然最後總要歸結出四色。不過，四色足夠用來給「任意」平面地圖著色嗎？

由我們前面的討論可以推知，任何人想要解決這項爭議，都有兩種選擇：要嘛就想出一種特殊反例（也就是某一種地圖），確認四種顏色不夠用來著色，否則就得設想出普適證明，顯示任意地圖都可以這樣著色。就數學家看來，反例實在無從捕捉。他們設計的地圖，不論多麼錯縱複雜，全都能夠以紅、黃、藍、綠四色來著色。（讀者若有一盒蠟筆，或許也想順手畫幅地圖試做著色。）

然而，前面我們就一再指出，光是幾則無效的反例，還不能當成證明。大家積極投入搜尋普適論證，最後卻全都遇上重重困難，難度比得上任何反例。情況膠著停滯不前。

接著肯尼斯‧阿佩爾（Kenneth Appel）和伊利諾大學的沃爾夫岡‧哈肯（Wolfgang Haken）宣布四色猜想成立，數學界為之震撼。震撼數學界的不是結論，而是用來證明的技術——困難部分是電腦完成的。

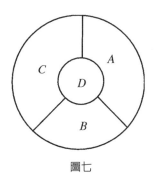

圖七

　　阿佩爾和哈肯把所有平面地圖分門別類，接著分別解析各種類型，循此途徑來解答問題。不幸的是，地圖類型累計達千百種，每種都需驗算，每種都構成操練高速電腦的好問題。最後電腦終於宣布，是的，所有可能類型都能以區區四種顏色來著色。定理得證。

　　真的嗎？講句中肯的話，一股不安情緒傳遍數學界。這算不算有效的辯證？問題在於，若想核對電腦的計算結果，就必須有個真人，以血肉之軀，每週工作六十小時，歷經十萬載左右時光，才能驗算完畢。就算最健康、最樂觀的人，也沒指望能活那麼久。還有，加班費究竟要由誰來支付？

　　但是，萬一程式設計師出了差錯呢？萬一供電出現突波，導致機器跳過關鍵步驟呢？萬一電腦硬體設計出現罕見的詭祕瑕疵，那時又該怎麼辦呢？總之，我們願意託付機械腦子來告知真相嗎？數學家葛立恆（Ron Graham）便曾就這項複雜議題斟酌再三，並提出疑問：「真正的問題是：如果一項證明永遠沒有人能夠核驗，這還能算是真正的證明嗎？」[10]目前這道問題還沒有最後答案，不過，隨著電腦證明愈來愈普遍，數學家對眼前這種景象，也大概會覺得比較自在了。不過，講句實在話，若是有辦法用兩頁篇幅來確立四色定理，構成簡短、創新又優雅的證明，而不是靠一台電腦施展蠻力來策劃落實，那麼大半數學家都會鬆一口氣。守舊人士渴望重溫往昔毋須電子裝置的數學好時光。

　　「人類是必要的嗎？」就目前看來，答案依然是肯定的。畢竟，總是要有人開冷氣。不過，我們勉強承認，這可能是個偏私意見，因為倡言擁護的，都是人類。

　　這就帶我們進入數學辯證課題的尾聲。顯然，就這方面還有更多討論空間，還有其他議題可以提出，其他格言可供探究。不過，我們就以一項要點來結束本章，這或許是歷來最重要的見識：數學證明有嚴苛標準，不論證明是優雅、笨拙，直接、間接，作者是電腦或人類，這種標準都屬絕無僅有。就此，人類致力從事的其他領域，全都相形見絀。

Knighted Newton
$x_n - f(x_n)/f'(x_n)$

封爵的牛頓

　　一七〇五年四月十六日，英國安妮女王在劍橋主持一場肅穆的典禮，授封以薩‧牛頓爵士頭銜。榮獲女王授封爵位，是英國一流臣民的至高榮譽。

　　牛頓和萊布尼茲分享微積分創造人的殊榮，就數學界而言，我們很難想像出還有更光彩的榮耀。本章描繪勾勒牛頓的生平，討論他和萊布尼茲的惡鬥爭端，細究他的一項數學遺贈：冠上他姓氏的「牛頓法」。（我們只有一點覺得遺憾，就依照字母順序排列目的來看，怎麼他的姓名不是拼寫成 Isaac Knewton。）

　　關於以薩爵士有一項驚人事蹟，他開創神人般的成就，而且不只貢獻一個領域，而是跨足兩個學門。要任何數學家指出，史上哪三、四位數學家，影響最為深遠，他們都會把牛頓列入精英之林。要任何物理學家列出史上三、四位偉大物理學家，牛頓也肯定躋身榜單。

　　沒錯，牛頓潛心研究的時代，各學科之間還不是那麼壁壘分明。在他那個時代，數學和物理學大半難分彼此，由同一批人員，採相同方法，處理相同問題。當時光學、天文學和力學等課題，全都屬於數學分支。時至今日，數學家和物理學家經常發現，各自專業劃分太細，彼此難以溝通。由當前視角觀之，很難想像三百年前的情況，當時各科之間沒有明確界線，甚而毫無分野。就這點來看，牛頓的跨學域成就，或許就不顯得醒目。

　　然而，這樣想就要錯失重點。在兩個學科都深受高度推崇，可說是罕見之極。莎士比亞或能相提並論，他是劇作家也是詩人，還有米開朗基羅，畫家兼雕塑家，不過，這兩個人的雙重聲望，卻又比不上牛頓。他的地位確實出類拔萃。

　　牛頓的生命開端並不安穩。牛頓一六四二年生於英國烏爾索普，他是個早產

印上牛頓蘋果的英國郵票

兒，生存概率幾乎等於零。此外，他的父親還在幾個月之前逝世。然而，還有更大
的創傷等著現身。牛頓不到三歲時，寡母再婚搬進新夫家中。她遷居時刻意不把牛
頓帶走。幾年之後，她回到牛頓身邊，然而，許多心理史學家都認為，傷害已經造
成。「近代為牛頓作傳人士都認為，」這方面有一本暢銷書寫道：「在三到十歲之
間和母親分隔兩地，也是導致牛頓成年後飽受猜疑、神經質折騰的一項起因。」[1]
不論是否神經質，這個小男孩卻展現出不可否認的天才徵兆。既然擁有這項本領，
加上他顯然沒有興趣成為鄉紳，正應該進入大學就讀。於是一六六一年夏季，牛頓
進入劍橋三一學院，就此開展一段出色的學術生涯。

　　這段求知之旅是一件事情造成的，那就是劍橋教授對於教學，就如同牛頓對於
農耕紳士技藝，同樣都提不起興致。因此，他才得以依照本身興趣自由揮灑，結果
他對希臘文和拉丁文繁重課業，很快就喪失興趣，而這類學問正是當時正式課程的

典型特色。於是牛頓轉移求知焦點，投身當年數學和科學引人振奮的進步發展。他隻身研究，大量吸收這類題材，大學部研讀期間，他已經開始從事原創研究。一六六五至一六六七年間，牛頓住在家中，他的研究在這段空檔時期依舊持續。當時由於瘟疫蔓延，劍橋關閉，牛頓才不得不回到烏爾索普老家，不過他完全不把這次返鄉當成休閒度假。

牛頓和蘋果那次著名的遭遇，就發生在烏爾索普。相傳有次他在樹下休憩，差點被掉落的果實打中。他動念設想，既然地球會拉扯蘋果，那麼地球豈不也會拉扯距離較遠的天體？牛頓回顧道：「我開始構思重力延伸至月球的 y^e 軌道。」看來就像一段精簡之極的萬有引力導論。[2]

現代學者認為，說是當時有顆蘋果掉落，險些擊中目標，還不如說這是一段神話，險些把人騙倒。不過，這段故事自有迷人魅力。拜倫男爵也因此把牛頓當成寫作題材，

　　亞當後代凡人，唯有他能掌握，

　　一次墮落，或一只蘋果。[3]

由這幅郵票插圖就可以推知，蘋果已經在大眾心中銘下烙印，成為牛頓超凡能力的象徵。

瘟疫退潮，牛頓回到三一學院。一六六九年，牛頓還相當年輕，大致來講仍籍籍無名，卻已經坐上劍橋盧卡斯數學講座教席。一六八七年，由於艾德蒙‧哈雷（Edmund Halley）慫恿鼓動，牛頓終於同意發表一部鉅著，他的《數學原理》（Principia Mathematica，譯注：即《自然哲學的數學原理》）。從此牛頓的名聲大幅暴漲。這部作品以精準、嚴謹手法，採數學風格來鋪陳牛頓力學。他在書中介紹運動定律和萬有引力原理，依循數學視角來演繹推理，論述從潮汐流動乃至行星軌道等一切現象。許多人都認為，《數學原理》是有史以來最偉大的科學書籍。

牛頓功成名就，踏進科學聚光燈焦點核心。當然，民眾只約略理解細節，不過，就像二十世紀的愛因斯坦，牛頓也成為新科學活生生的象徵。伏爾泰稱牛頓是「古往今來第一人」，還說像牛頓這等天才，每千年只得一人。[4]

牛頓出名了，不再默默無聞，生活也出現劇烈變化。一六八九年，他當上議員，代表劍橋進入國會服務。一六九六年，他當上鑄幣局局長，遷往倫敦，此後就

以薩·牛頓

提供單位：Terkes Observatory, Unibersity of Chicago

在那裡度過餘生。一七○三年，他獲選為皇家學會會長，隔年發表另一部傑作《光學》（*Opticks*）。以薩·牛頓爵士在一七二七年辭世，死時已是地位崇高的科學家、富裕的公僕，還成為英國的英雄，有資格入祀西敏寺，安葬精英身側。

　　就數學家而言，他最偉大的發現，可以追溯至一六六○年代中期，這就是他口中的「流數」課題，然而傳至今日，這已經冠上萊布尼茲取的「微積分」名稱。牛頓並沒有發表這項發明，就現代觀點來看，箇中原因始終沒有全面釐清。他手中掌握了史上最偉大的數學創新成就，卻決定保持沉默。

　　他的隱密怪誕本性沒有帶來好處。他在生涯期間，一次又一次發現，旁人在他早幾年就走過的求知道路上邁步前進。雖然嫌遲，他仍會公開宣布自己是最早的發現人，這當然要在學界掀起一場騷動。他大可以在發現成果之時和旁人交流，輕而易舉解決問題，這樣一來，不但能確保他的影響力，還能保障他的名聲。

他為什麼鄙視發表事宜，種種解釋似乎總要回歸怪僻個性：他不信任別人，他「期望避開糾纏，不願陷入那種惹人厭煩又無足輕重的紛爭」。[5]牛頓的看法在這段論述當中簡潔呈現：「我在哲學體系當中，最想避開的事項，沒有哪件比得上爭論（原文如此），也不願見到印行內容出現任何爭論多過一則。」[6]

因此，我們這位科學家小心翼翼守護自己的名譽，卻又不願意發表所作發現。就連為私下流通預備的手稿，牛頓都設法控制分發去向。有次他致函擁有他一份未發表手稿的同事，信中寫道：「懇請別讓我任何數學論文付梓印行……除非有我的特別許可。」[7]

毋須牛頓這等天才就能料到，這種行為將帶來不幸後果。隨著時日演進，他也捲入種種優先權爭議，和其他科學家展開惡鬥，爭辯誰在哪時做出哪些成果。他和羅勃·虎克（Robert Hooke）、約翰·弗拉姆斯蒂德（John Flamsteed）兩位同胞交鋒，不過另一項爭端更著名，那就是他和萊布尼茲就誰發明微積分所生糾紛。

事後我們探究史實，這起事件的根本真相如下：

一、一六六〇年代中期，牛頓已經發明流數法。一六六九年，他寫出一份手稿，標題為《論分析》（De analysi），裡面描述了這種作法，接著在一六七一年引申發揮並發表《流數法》（De methodis fluxionum）專論。這些著述在特定英國數學社群中流通，不過並未發表，知道的人不多。讀過這兩份手稿的人，當下就體認牛頓的本事，其中一位形容他「非常年輕……卻擁有非凡才氣又精通所學」。[8]

二、整整十年之後，萊布尼茲在一六七〇年代中期開創幾乎完全相同的發現。一六七六年，萊布尼茲肩負外交使命前往倫敦，期間讀到牛頓的《論分析》手稿副本。

三、約略就在這時，萊布尼茲收到牛頓兩封信函（後來分別稱為「前信」和「後信」），信中透露牛頓關於無窮級數的部分構想，還隱約提到流數。

四、一六八四年，萊布尼茲發表微分學第一篇論文，也就是第D章開頭時指出的那篇。裡面完全沒有提到他讀過那兩部手稿，也沒有提到八年前他曾經和牛頓通信。事實上，他根本是完全沒有提到牛頓。

這可不是在暗示萊布尼茲抄襲牛頓的作品（不過，許多英國數學家正是抱持這種想法）。由手稿跡象得知，儘管萊布尼茲曾經和牛頓幾度接觸，但他確實獨立發

現了微積分原理，也確有資格分享發明榮耀。還有，由於牛頓偏好隱匿的老毛病，萊布尼茲的一六八四年論文，毫無疑問成爲學界認識這項美妙新課題的源頭。

雙方顯然都犯了錯誤。從牛頓做出發現到萊布尼茲發表論文，中間隔了二十年，牛頓大可在這段期間發表研究結果，這樣一來就沒有所謂優先權的問題。牛頓默不作聲是自找麻煩。就萊布尼茲這邊，他大可坦承自己讀過牛頓文稿，更大方和牛頓分享功勞，因爲他也知道，對方是實至名歸。萊布尼茲默不作聲，讓世界認爲這是他一個人的發現。由於他不夠坦率，爭端愈演愈烈，結果便引發反噬，

一六八四年萊布尼茲發表作品之後，沒多久牛頓就針對優先權表達怨忿，接著怨忿發展成遮掩不住的怒氣。按牛頓的見解，只有最早發現的人，才夠格接受表彰（就算發現的人大費苦心隱藏成果不讓民眾得知，也不例外）。[9]一六九九年，牛頓寄給萊布尼茲的信函發表，英國民眾見了一六七六年那兩封信函內容，深信他們找到了「冒煙的槍」（按照當時的講法，應該說是「冒煙的喇叭槍」），構成萊布尼茲剽竊鐵證。

隨後，局勢直轉急下，陷入齷齪惡鬥。指控排山倒海而來，情況完全失控，雙方陣營各擁其主隔海攻訐。在我們看來，這根本是完全不成體統。不過，我們這是隔岸觀火，不受當年那種激情鼓動，而且把英國人和歐陸敵手區隔的民族鴻溝，在我們看來也無關痛癢。

這裡我們由雙方攻訐內容各舉一項，點出當年那種交火氣氛。英國一位擁牛頓人士，在一七○八年寫出這段話，粗心大意在皇家學會《哲學會報》（*Philosophical Transactions*）上發表：

> 這一切（結論）都產生自如今大名鼎鼎的流數算術，而這毫無疑問正是由牛頓先生率先發明，任何人只要讀過他的信函……都可以輕易判定；後來，這同一套算術，又以另一個名稱，採用另一種註記法，發表在《博學通報》，而作者卻是萊布尼茲先生。[10]

儘管律師可以辯稱，這裡沒有人明白提出抄襲指控，然而文中提及「後來……」牛頓的概念，採用「另一種註記法，發表……而作者卻是萊布尼茲先生」，這就把這種意圖傳達得相當清楚。萊布尼茲肯定也如是想。他大聲向皇家學會抗議，指控他們認可這種唐突言論。

　　結果讓他懊悔，因為學會因應這次投訴，組織委員會來調查這項優先權爭議。他們在一七一三年發表《通報》（*Commercium epistolicum*），結果就所有層面都支持牛頓。內容暗示，萊布尼茲早先並不通曉微積分，直到一六七七年年中才有著墨，而在此之前許久，他早已接獲牛頓兩封信函，還讀過牛頓手稿。《通報》歸出必然結論：萊布尼茲剽竊大師概念。然而，這項嚴厲裁決所生影響卻不如預期，因為當時皇家學會的會長正是牛頓，《通報》內容也大半出自他的手筆。

　　控訴、反訴持續提出。不久，一位匿名人士表態支持萊布尼茲，在歐陸報刊發表尖刻文章大肆抨擊。文中可見這段文字：

> 牛頓把旁人的微分學分析發現榮耀歸在自己身上，爭搶萊布尼茲率先發現的功勞⋯⋯當時他受諂媚影響太甚，那群佞人對早期事情發展並無所悉，而他又想出名；既已分享不當得的部分聲名⋯⋯他還渴求獨享功勞──這個跡象顯示，那個人的心地不公正又不誠實。11

　　我們由這段文字得知，剽竊的不是萊布尼茲，是牛頓以不正當手段盜取萊布尼茲的功勞。當然，這種荒誕指控是牛頓自作自受，誰叫他不肯發表成果。最後或許也不超乎意料之外，這篇匿名攻訐文章的作者曝光，結果正是戈特弗里德‧萊布尼茲。事後回顧，有史以來兩位最偉大的數學家相互譴責，給歐洲知識歷史寫下可悲的一章。擁有這等天分的人，竟然淪落得這般氣量狹小，還厚顏無恥互揭瘡疤，實在不堪做為我們這群較平庸知識分子的表率。這整件事情讓牛頓和萊布尼茲窘態畢露，連數學界和整個學術界都十分難堪。

　　這起不成體統的爭端，相當程度毀壞了牛頓的形象。就他對煉金和神學研究的領先地位，也有若干負面影響，惡果延續了好幾十年。

　　當然，煉金術是中古時代的研究課題，科學家／魔術師都曾投入努力，想把普通化學物質轉變成黃金。牛頓曾大量閱讀這方面論述，還自行建造煉爐，投注大量時間勤奮鑽研，加熱化學物品，等待金光閃現。儘管他對煉金成果似乎還比流數研究守密更甚，到最後他的煉金筆記字數，總計卻也累積將近百萬。

　　他的神學著述也同等浩繁。牛頓是《聖經》大師，透徹細讀經文，對預言有獨到見識，能把表面不相干的文詞連貫起來。他在筆記中畫了一幅耶路撒冷聖殿平面圖，構想得自經文內容，他還發表《關於但以理預言書和聖約翰啟示錄的意見》

（*Observations upon the Prophecies of Daniel, and the Apocalypse of St. John*）（分成兩部分出版）等著作。這顯然是他投注最多心血的課題。

　　不幸的是，雖說牛頓的研究為數學和物理學都帶來永恆貢獻，豐富了兩門學術內容，然而他身為神學家，卻沒有為後人留下遺產，至於他的煉金術士身分，如今則被視為蛇油販子之流。我們不禁要想，倘若牛頓少花點時間在這些事情上面，還會有何等科學果實落在他的腳邊。

　　現在我們就改換方向，討論一項肯定能與他的才氣匹配的課題：這是種方程式近似解求法，也就是所謂的「牛頓法」。我們的敘述方式，和牛頓在一六六○年代發現的作法並不完全相同。他的技巧在一六九○年由約瑟夫・拉福生（Joseph Raphson）修訂，一七四○年又經托馬斯・辛普森（Thomas Simpson）更動，傳到我們手中，風貌已經略有不同。不過，就算經過修改，根本理念仍是他的。

　　我們手頭這項題材，是整個數學領域最基本的課題之一：求方程式解。許多數學求知歷程終究要導向這個要點，然而，代數步驟卻有侷限，不見得能求得明確解答。舉例來說，根據二次方公式，$7x^2-24x-19=0$的解包括

$$\frac{12+\sqrt{277}}{7} \qquad 和 \qquad \frac{12-\sqrt{277}}{7}$$

然而，採任何代數技術，都得不出下式的明確答案

$$x^7-3x^5+2x^2-11=0$$

但是，如果我們必須求得這等方程式解呢？數學家面對無解問題時會怎麼做？

　　這時的對策是稍微降低目標規格。若是得不出確切答案，那就設法找出近似解。畢竟，準確至小數點後十位已經夠精準了，足以滿足一切實用需求。此外，倘若逼近技術相當簡單，若是技巧具有理論根基，還有若是技巧可以重複使用，逐步取得更精準的估計值，那麼，這種程序就幾乎等同於精確解本身。所幸，牛頓法便具有這些特質。

　　動手之前，我們先觀察前述兩則方程式，兩式右手邊都等於 0。這可不是巧合，因為我們規定，唯有這種型式的方程式，才能使用牛頓法。當然，這很容易辦到，作法是把右邊各項全部移到左邊。也就是說，我們並不處理$x^3+3x=7x^5-x^2+$

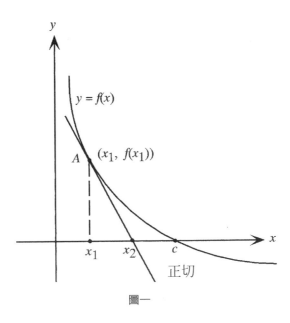

圖一

2，而是把右項挪到等號左側，所得等式如下：

$$-7x^5+x^3+x^2+3x-2=0$$

這就可以如願寫成$f(x)＝0$式子。以下步驟全都必須遵循這點。

這時，我們就必須用上一點幾何竅門。參見圖一並請檢視$y＝f(x)$圖解。解方程式$f(x)＝0$就可以求得該線與 x 軸交點之 x 值。這個數值稱為函數的 x **截距**，就本圖乃是以 c 來代表。若是我們能求出 c 值（起碼算出近似值），我們就可以解出方程式$f(x)＝0$（至少解出個近似值）。

談牛頓的作法，我們必須先從猜測解答開始。我們在圖一上標示第一項猜測為x_1。基本上，我們的意思是，$x_1≒c$（c 為實際解）。由圖可見，這次估計得並不很好，因為x_1明顯小於 c，不過別擔心。牛頓法深具創意，提供一套改進方案，每次使用都可以估計得更準確。

從橫軸x_1點開始向正上方尋找，檢視曲線$y＝f(x)$上的對應點 A。這點的座標為$(x_1, f(x_1))$。如圖所示，我們畫一條直線，與曲線相切於 A 點。微分學就在這裡上場，我們回想第**D**章內容，這條切線的斜率，就是代入$x＝x_1$所得函數的導數。用符號註記，切線斜率就可以寫成$f'(x_1)$。

　　現在，想像我們沿著曲線$y=f(x)$下行，從左向右移動。按理想狀況，我們會繼續沿線彎曲下行，直到抵達方程式精準解 c 值為止。然而，由於這個精準解是個未知數，我們只好在 A 點脫離曲線，改沿著切線向下移動。這條切線和 x 軸在x_2相交，儘管這點並不是點 c，起碼已經比原本猜測的x_1更逼近 c。

　　前面這段話蘊涵了牛頓法的幾何精髓。不過，我們該如何採用代數作法，求出新的x_2估計值？答案是分就兩個不同觀點，來考量切線斜率，接著由等式兩邊求解。前面已經指出，切線斜率可以由$f'(x_1)$的導數得知。就另一方面，任意直線的斜率，都可以使用以下算式求得：

$$斜率 = \frac{上升量}{平移量} = \frac{y_2 - y_1}{x_2 - x_1}$$

如圖所示，這條切線通過$(x_1, f(x_1))$和$(x_2, 0)$兩點。因此斜率就是

$$\frac{0 - f(x_1)}{x_2 - x_1} = -\frac{f(x_1)}{x_2 - x_1}$$

由斜率算式兩邊求x_2解：

$$f'(x_1) = 切線之斜率 = -\frac{f(x_1)}{x_2 - x_1}$$

於是

$$x_2 - x_1 = -\frac{f(x_1)}{f'(x_1)}$$

這就意味著

$$x_2 = x_1 - \frac{f(x_1)}{f'(x_1)}$$

　　我們就這樣得出一項求x_2（c 的改進估計值）的算式，其基本根據含（1）原先猜測的x_1值；（2）x_1點的函數 f 之值；還有（3）x_1點的 f' 導數。當然，我們仍然不知道 c 的精確值，不過，藉由這項公式，我們已經得出更準確的近似值。若是x_2依舊不如理想，還不夠準確呢？我們只需再次應用這整套論證，這次從x_2起步。這樣就可以得出更好的估計結果

$$x_3 = x_2 - \frac{f(x_2)}{f'(x_2)}$$

如圖二所示。由本圖可以看出，我們的近似解x_3和眞正解 c 的差距微乎其微。不過，我們當然可以依樣畫葫蘆再做一次。就一般而言，若x^n代表第 n 步近似解，則下一步近似解就是

$$x_n - \frac{f(x_n)}{f'(x_n)}$$

這項公式就是我們所稱牛頓法的具體寫法。

這裡準備了一、兩個例子。假定我們希望求$\sqrt{2}$的近似值。稍後在第**Q**章我們就會看到，用十位小數或千萬位小數，都完全寫不出精確値。然而，我們經常需要精確度達到相當多位數的$\sqrt{2}$估計值。

這些日子以來，我們只需使用計算器，運算部分就讓機器執行。然而，就某個層面來講，這是一廂情願的作法，誰知道計算器是怎樣求$\sqrt{2}$的？換句話說，區區凡人該怎樣算出答案？

最佳途徑是採用牛頓法。我們首先指出，$\sqrt{2}$是二次方程式$x^2＝2$的解，這個式

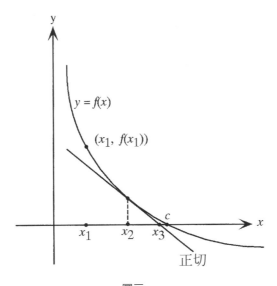

圖二

子相當於$x^2-2=0$；這裡我們引用$f(x)=0$型式，寫成$f(x)=x^2-2$。我們在第**D**章便曾證明x^2的導數為$2x$，且任意常數的導數（也就是斜率）都等於 0。因此$f'(x)=2x-0$$=2x$。

接著由牛頓法得知，倘若x_1就是我們的算式$x^2-2=0$的第一種近似解，那麼第二種就是：

$$x_2 = x_1 - \frac{f(x_1)}{f'(x_1)} = x_1 - \frac{x_1^2 - 2}{2x_1}$$

我們找出共分母並予簡化，則本式可以化為

$$x_2 = \frac{2x_1^2 - (x_1^2 - 2)}{2x_1} = \frac{x_1^2 + 2}{2x_1}$$

應用相仿論證處理近似值x^n，結果就得出下一個近似值

$$\frac{x_n^2 + 2}{2x_n}$$

現在只需針對$\sqrt{2}$做第一次猜測。就此$x_1=1$是合理選擇。接著反覆應用牛頓法：

$$x_2 = \frac{x_1^2 + 2}{2x_1} = \frac{1+2}{2} = \frac{3}{2}$$

$$x_3 = \frac{x_2^2 + 2}{2x_2} = \frac{(9/4)+2}{3} = \frac{17/4}{3} = \frac{17}{12}$$

$$x_4 = \frac{x_3^2 + 2}{2x_3} = \frac{(289/144)+2}{17/6} = \frac{577/144}{17/6} = \frac{577}{144} \times \frac{6}{17} = \frac{577}{408}$$

$$x_5 = \frac{x_4^2 + 2}{2x_4} = \frac{(332,929/166,464)+2}{577/204} = \frac{665,857}{470,832}$$

把這些式子轉換成小數點，結果得出連串近似值

$$x_1 = 1.000000000 \cdots$$

$$x_2 = 1.500000000 \cdots$$

$$x_3 = 1.416666666 \cdots$$

$$x_4 = 1.414215686 \cdots$$

$$x_5 = 1.414213562 \cdots$$

實際上這就得出九位數解，$\sqrt{2}=1.414213562$……所以，反覆使用牛頓法四次，精確度就達到九位數。此外，探這種重複方案時，一次的輸出就是下一個步驟的輸入，這也正是程式設計師在一種「環路」技術當中採用的作法。探環路技術執行牛頓法，過程迅速又有效。

　我們還有一個牛頓法實例。牛頓最早在一六六九年著述（當然也沒有發表）中敘述這個作法，文中他處理的是三次方程式$x^3-2x-5=0$。求本式近似解，我們設$f(x)=x^3-2x-5$，則依第**D**章所述微分規則，得$f'(x)=3x^2-2$。我們根據牛頓法可知，若是我們以x^n代表現有近似解，那麼下一項解就是

$$x_n - \frac{f(x_n)}{f'(x_n)} = x_n - \frac{x_n^3 - 2x_n - 5}{3x_n^2 - 2} = \frac{2x_n^3 + 5}{3x_n^2 - 2}$$

　按本式我們的第一個合理猜測是$x_1=2$（因爲$f(2)=2^3-2(2)-5=-1$），這和 0 相當接近。遞迴運用三次就得出：

$$x_1 = 2$$

$$x_2 = \frac{2(2^3) + 5}{3(2^2) - 2} = \frac{21}{10} = 2.1$$

$$x_3 = \frac{2(2.1)^3 + 5}{3(2.1)^2 - 2} = \frac{23.522}{11.23} = 2.094568121$$

$$x_4 = \frac{2(2.094568121)^3 + 5}{3(2.094568121)^2 - 2} = \frac{23.37864393}{11.16164684} = 2.094551482$$

於是我們的近似解就是$x=2.094551482$。代入原有立方式，我們得出$x^3-2x-5=(2.094551482)^3-2(2.094551482)-5=0.000000001$，這大概就是最接近 0 的得數了。才重複使用牛頓法三次，就遞減逼近答案，作法簡單又有效。想出這項技巧自然應該高興，他本人似乎也很開心，提筆寫道：「我不知道這種方程式解法是不是有很多人懂得，不過和其他方式相比，這確實既簡單又合乎實際用途……而且需要時也很容易回想起來。」[12]

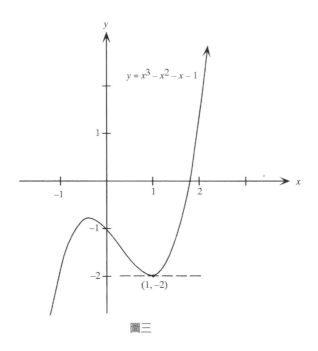

圖三

　　為公平起見，我們應該提出一句警語：儘管前面舉了幾則數值實例，使用牛頓法時還是稍微謹慎一些才好。試舉三次方程式$x^3 = x^2 + x + 1$為例。如上法進行，我們把各項全部挪到左邊，把式子寫成$f(x) = x^3 - x^2 - x - 1 = 0$。根據第**D**章導數規則，$f'(x) = 3x^2 - 2x - 1$。

　　假定現在我們選定$x_1 = 1$做為第一項估計值，代入基本公式即得：

$$x_2 = x_1 - \frac{f(x_1)}{f'(x_1)} = 1 - \frac{f(1)}{f'(1)} = 1 - \frac{-2}{0}$$

然而本算式卻需要除以 0，這在所有數學程序（包括本式）都是不允許的。算式－2/0並無意義。牛頓法失靈。

　　回頭審視原有理論，我們很容易就能看出哪裡出了錯。我們已經把$y = f(x) = x^3 - x^2 - x - 1$概略標繪如圖三所示，第一個猜測則是$x_1 = 1$。由於$f(1) = -2$，我們降至點$(1, -2)$，畫出切線，並設下一個猜測$x_2$為切線和 x 軸的交點。然而，這時切線是「水平的」，和 x 軸平行。由於切線和 x 軸永不相交，牛頓法的要件x_2交點完全不存在。

　　所幸這根暗樁很容易拔除。牛頓法具有幾項奇妙特徵，其中一項是本身就有矯治良藥。我們只需改採另一種原始猜測，好比設$x_1=2$，接著就可以源源推出近似解：

$$x_2=1.857142857$$
$$x_3=1.839544512$$
$$x_4=1.839286812$$
$$x_5=1.839286755$$

當然了，$x=1.839286755$既能滿足原有立方式條件，精確度也最高。

　　如今，數學有個非常有用的重要分支，稱為數值分析，可以用在逼近程序，求得比較精確的點。這個學門已經發展得非常微妙又非常深奧，不過仍以牛頓法為主要特點。這是一項偉大的數學定理，也是最普及的微分學用途之一。

　　最後，我們以關於牛頓和他出色數學生涯的一段話做為尾聲。前面就曾指出，他的個性也非沒有瑕疵，甚至還有些學者認為，他神祕兮兮的神經質舉止是瘋狂的徵兆。不過，我們拿莎士比亞劇本台詞改動一下：他雖瘋，卻有他的一套（牛頓）作法。

ost Leibniz

被人遺忘的萊布尼茲

前一章說過，牛頓名列有史以來最偉大數學家之林。他的成果十分浩繁，其中尤以微積分發明最是出類拔萃。

就這項成就，他和同時代的萊布尼茲共享發明榮耀。事實上，微積分的特殊註記法是萊布尼茲制定的，連名字都是他取的。學界推崇牛頓發明微積分之功，把他推上排行榜首位，然而談到萊布尼茲，任憑他也發明了微積分，這同一群學者，卻往往把他略過。萊布尼茲似乎被人遺忘了。這不只是不公道，也是個不幸，因爲就許多方面而言，他的故事都和牛頓同等出色。

萊布尼茲一六四六年生於德國萊比錫。他在童年時代已經廣泛閱讀，展現多方面興趣，而且他擁有高超學習能力，似乎任何事情都能迅速上手。萊布尼茲十五歲進入大學讀書，當時他肯定是最引人矚目的學生。三年之後，他已經拿到大學文憑和碩士學位，不久之後，他就拿到阿特多爾夫大學的法律博士學位。全世界似乎懾於這位年輕人的才氣和魅力，臣服在他腳下。

同時，牛頓也在劍橋日夜努力，鑽研他的流數。然而，儘管多才多藝，萊布尼茲當時對數學卻仍十分陌生。「一六七二年當我來到巴黎，」他在幾十年後回顧表示：「就幾何方面我是自修學習，而且對這門學問的認識也確實十分有限，在這方面，我並沒有耐心讀完那長串證明。」[1] 就連歐幾里德在他眼中大體上也是個謎樣人物。後來他碰巧讀到笛卡兒的〈幾何學〉，還覺得那實在太難了[2]，沒人料想得到，過沒幾年，他的發現竟然會把他推上數學泰斗之林。

往後十年，萊布尼茲把大半時間都花在法律學門。他受聘爲美因茲市選舉人顧問，一六七二年因公啓程前往巴黎，從事一項外交使命。後來這就成爲他生命的重

大經歷。那位年輕外交官到了那裡，眼中見到的藝術、文學和科學的蓬勃生機，令他目眩神迷。他愛上巴黎，迷上這座都市在當年太陽王朝所代表的一切。

當年定居法國首都的知識分子，對萊布尼茲影響最深遠的，莫過於荷蘭科學家暨數學家克里斯蒂安·惠更斯（1629-1695）。惠更斯在這段關鍵時期扮演類似導師的角色，他想衡量這位年輕朋友的數學本領，於是出了一道無窮級數和的難題，要萊布尼茲求解

$$1 + \frac{1}{3} + \frac{1}{6} + \frac{1}{10} + \frac{1}{15} + \frac{1}{21} + \frac{1}{28} + \frac{1}{36} + \ldots$$

（這裡第 n 項分式的分母等於頭 n 個全數之和。）萊布尼茲一向憑藉天生才智，不靠過去的訓練，於是他做了些試驗，隨後就把這組級數改寫成

$$1 + \frac{1}{3} + \frac{1}{6} + \frac{1}{10} + \frac{1}{15} + \frac{1}{21} + \frac{1}{28} + \ldots = 2\left[\frac{1}{2} + \frac{1}{6} + \frac{1}{12} + \frac{1}{20} + \frac{1}{30} + \frac{1}{42} + \frac{1}{56} + \ldots\right]$$

接著，他把各項分式納入中括號，寫成其他兩數之差，就這樣把右邊算式寫成

$$2\left[\left(1 - \frac{1}{2}\right) + \left(\frac{1}{2} - \frac{1}{3}\right) + \left(\frac{1}{3} - \frac{1}{4}\right) + \left(\frac{1}{4} - \frac{1}{5}\right) + \left(\frac{1}{5} - \frac{1}{6}\right) + \left(\frac{1}{6} - \frac{1}{7}\right) + \ldots\right] = 2[1] = 2$$

這是由於括號中第一項 1 之後各項，全都可以消除。他就這樣算出正確結果

$$1 + \frac{1}{3} + \frac{1}{6} + \frac{1}{10} + \frac{1}{15} + \frac{1}{21} + \frac{1}{28} + \frac{1}{36} + \ldots = 2$$

這位數學新手通過惠更斯的檢定。史學家約瑟夫·霍夫曼曾就這道難題對萊布尼茲事業生涯的關鍵影響提出評述，他提出所見：「另一道只稍微困難的實例（萊布尼茲就解不出來），無庸置疑要澆熄他⋯⋯對數學⋯⋯的熱情。」[3]結果他成功了，讓他燃起激情。

萊布尼茲不是解決一道問題就算了。他迷上了無窮級數，斟酌了其他許多例題，後來他還說道，這種總和研究，正是他發現微積分的核心要素。[4]萊布尼茲針對一類涵括層面很廣的題型，尋求一項共通基本原理，後來這就成為他的數學標

誌。就廣大層面來看，他的天分蘊涵於一項能力，他有辦法釐清普遍法則，把表面無關的特定例題連貫在一起。要成就這等綜合成果，必須擁有敏銳洞察智慧，這點萊布尼茲肯定具備。

　　他的成果還有第二項特徵，那就是他有眼光看出好用的註記法。他倡導一種「思想字母體系」，那是一組符號和規則，依循採行就能確保推理無誤，而且不單可以用來研究數學，連日常生活也一體適用。儘管這項宏偉規畫始終沒有落實，卻也被視為現代符號邏輯的先驅成就。就算萊布尼茲沒有把人類一切思維化為符號，他總歸是引進了微積分註記法，而且還沿用迄今。

　　他的知識史詩旅程在巴黎加速進展。他一如既往大量閱讀，而且，縱然最後必然要拖累他的外交工作，萊布尼茲依然朝數學嶄新領域迅速推展。一六七三年春季，他已經自力從事發現工作。「當時我已經可以不靠幫忙自立發展，」萊布尼茲回顧：「因為我閱讀（數學）幾乎就像讀浪漫故事一樣。」[5]

　　這其中若干發現，如今看來沒什麼重要，只算是好玩。舉例來說，他曾解決一道難題，結果發現三個數累加成一個完全平方數，而且那三個數的平方和，也等於一完全平方數之平方（這類神祕問題在他那個時代相當流行）。萊布尼茲發現，把64、152和409三個數累加起來，得出一個完全平方數；$64+152+409=625=25^2$，而且三個數的平方和，也得一平方數之平方數

$$64^2+152^2+409^2=194{,}481=(441)^2=(21^2)^2$$

就本章而言，他的發現作法並不重要，不過我們要強調：那不是猜出來的。[6]萊布尼茲還發現這項怪誕公式

$$\sqrt{1+\sqrt{-3}}+\sqrt{1-\sqrt{-3}}=\sqrt{6}$$

這不只是把世界幾位最偉大數學家都給難倒（就某個程度而言也包括他自己），後來還幫忙普及推廣虛數，這就是第Z章要討論的課題。[7]

　　這一切都只是個序曲，預示萊布尼茲數學生涯的偉大成就。他在巴黎自己的房間裡工作，步步進展鑽研日深，於是到了一六七五年秋季，他就掌握了「新算法」，也就是如今我們稱為微積分的課題。那是他昂揚振奮的時期，也是數學的重

戈特弗里德・威廉・萊布尼茲
提供單位：Lafayette College Library

大時刻。現代旅客走訪巴黎街道，他們心中往往想起，在這座宏偉都市開創的藝術、音樂、文學成就，彷彿作家雨果或畫家羅特列克（Toulouse-Lautrec）也重返人間。然而，卻罕有人會想到，同樣這些大道，也在三百年前見識微積分的誕生。若說巴黎催生了偉大藝術，它也催生了偉大數學。明白這點的人那麼少，由這點同樣可以推知，萊布尼茲爲什麼被人遺忘。

他的外交使命從一六七二年持續至一六七六年爲止，於是他只好回歸故國。一六八四年，他就在德國發表第一篇微分學文稿。兩年之後，第二篇論文發表，內容介紹那門學問的另一個分支，積分學。本章其餘篇幅，便專事討論這項主題。

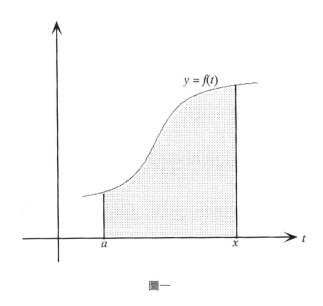

圖一

　　我們已經見到，微分學處理的是曲線斜率問題。就另一方面，積分學則是處理曲線底下的面積問題。積分學考量的是面積，因此所著眼問題的根源，可以回溯至幾千年前。

　　我們的討論從一種一般函數入手，其圖解位於水平軸上方。積分學的目標在求出位於曲線$y=f(t)$底下，介於軸上任意兩點間陰影區的面積。參見圖一，試舉圖示由左側$t=a$至右方$t=x$爲例。（接下來我們就不使用x，改以t來代表自變項，往後就可以看出，這種慣用註記手法相當有用。）

　　前面我們已經求出幾種封閉圖形的面積，好比圓（第C章）和梯形（第H章）。不過，那時我們分就不同圖形各需不同公式。相對而言，積分學則採用比較共通的觀點，試以一種通用作法，算出任意函數所界定的面積。這項目標的雄心更是遠大得多。

　　這裡從一個合理起點入手，回想先前的忠告，面對未知事項，第一步可以嘗試和已知事項建立關聯，因此，我們從比較簡單、熟悉的圖形開始，著手處理不規則陰影面積——就眼前情況，我們使用常見的矩形。

　　這也就是在a和x之間定出t_1和t_2兩點，由此把這個水平區間，劃分爲三個較小段落，稱爲「**子區間**」（subinterval），如圖二所示。我們把這三個子區間的

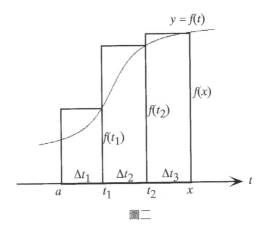

圖二

「長度」寫成下式：

$$\triangle t_1 = t_1 - a、\triangle t_2 = t_2 - t_1，以及\triangle t_3 = x - t_2$$

接下來，在每個子區間上方各作一個矩形。當然，這不是任意矩形都合用，矩形和曲線$y = f(t)$必須有若干關係。所以，從 a 到 t_1 那個矩形的高，應該等於代入 t_1 所得函數值。用符號表示，左側矩形之高為$f(t_1)$。這樣一來，該矩形的面積就等於（高）×（底）$= f(t_1)\triangle t_1$。相同道理，中央矩形的高為$f(t_2)$，且面積為$f(t_2)\triangle t_2$，同時右側矩形的高是$f(x)$，且面積為$f(x)\triangle t_3$。

我們就這樣把三個矩形面積加起來，求得原始曲線下面積的近似值。亦即，

$$曲線下面積 \fallingdotseq 長方形面積之和 = f(t_1)\triangle t_1 + f(t_2)\triangle t_2 + f(x)\triangle t_3$$

我們這裡得出的近似值顯然非常粗糙，和圖一陰影區的精確面積相差很大。該怎麼改進？

道理相當明白，訣竅就在分割出更多更窄的矩形。參見圖三，我們把 a 至 x 區間劃分為六段，寬度分別為$\triangle t_1$、$\triangle t_2$、……，和$\triangle t_6$，各段上方分別作個細瘦直立矩形，總共六個。於是，我們得出

$$曲線下面積 \fallingdotseq 長方形面積之和 = f(t_1)\triangle t_1 + f(t_2)\triangle t_2 + \cdots + f(x)\triangle t_6$$

這是改進結果，因較窄的矩形面積加總所得近似值，更貼近曲線下範圍的精確面積。

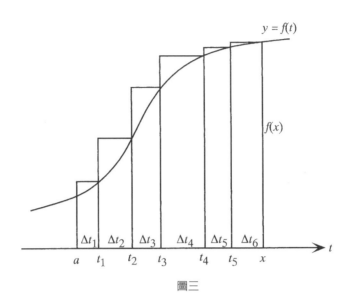

圖三

　　爲什麼做到六個就停手？採用通用視角，把 a 至 x 區間劃分成 n 段，寬度分別爲$\triangle t_1$、$\triangle t_2$、……，和$\triangle t_n$，在各段上方作出矩形，並求得近似值

　　　曲線下面積$\doteqdot$長方形面積之和$=f(t_1)\triangle t_1+f(t_2)\triangle t_2+\cdots+f(x)\triangle t_n$

n 值愈大，矩形愈細瘦，估計手頭面積所得結果也愈好。不過，就算以一千個長方形細條，也求不出曲線下面積的精確值。若想求得正確面積，我們就必須求助極限概念。

　　別忘了，極限曾經在第**D**章篇幅現身，而且在導數定義當中扮演關鍵要角。就本章而言，極限是積分的樞紐概念基礎。我們不打算做到一千個（或一百萬個）矩形就停手，設矩形數量無止境增長，就算寬度縮減趨近於 0 也無妨。這樣一來，我們就可以求得曲線下面積。亦即

　　　曲線下面積$=\lim[f(t_1)\triangle t_1+f(t_2)\triangle t_2+\cdots+f(x)\triangle t^n]$

式中極限lim指各子區間的長度全部趨近於 0。順道一提，引進極限之後，我們就可以把$\doteqdot$改成$=$，並且拿掉「近似」面積這個修飾語；使用極限所得結果就是「精確的」面積。

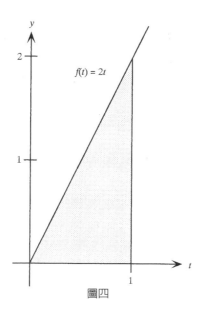

圖四

　　萊布尼茲依循他的慣例，也引用了一個新符號。他用「∫」來代表曲線下的範圍，這是拉長的字母「S」，代表總和，指稱長方形面積累加和。

　　有趣的是，我們知道他在哪一天選定這個符號：一六七五年十月二十九日。[8]

　　從此以後，位於 $y=f(t)$ 以下，介於 $t＝a$ 和 $t＝x$ 之間的面積全都寫成

$$\int_a^x f(t)dt$$

這就是**積分值**。根據以上定義，積分值是長方形面積之和，求積分值的步驟稱為「**積分**」。這無疑是高等數學的基本概念之一。

　　談到這裡，手邊就有一個現成實例。參見圖四，假定我們想求得直線 $y=f(t)=2t$ 下方，從 $t＝0$ 到 $t＝1$ 之間的陰影範圍面積。圖示區域是個簡單的三角形，所以我們毋須借助積分學，可以直接求面積。這個三角形的寬為 1 單位，高為 2 單位，所以面積正是

$$\frac{1}{2}bh = \frac{1}{2}(2 \times 1) = 1$$

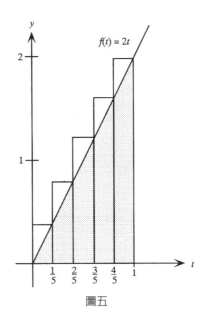

圖五

這同一個面積也可以採積分求得（想必也能得出相同答案）。我們把 0 至 1 區間劃分為五段相等的子區間，分別作出相關矩形，這時就會出現圖五所示情況。

當然了，五個長方形的面積和，大於我們想求得的三角形面積，不過，至少這能提供一個初步近似值。每個矩形的底都等於1/5單位，高則分別為

$$f\left(\frac{1}{5}\right)=\frac{2}{5}，f\left(\frac{2}{5}\right)=\frac{4}{5}，f\left(\frac{3}{5}\right)=\frac{6}{5}，f\left(\frac{4}{5}\right)=\frac{8}{5}　，且 f(1)=2$$

所以

$$矩形面積和 =\left(\frac{1}{5}\times\frac{2}{5}\right)+\left(\frac{1}{5}\times\frac{4}{5}\right)+\left(\frac{1}{5}\times\frac{6}{5}\right)+\left(\frac{1}{5}\times\frac{8}{5}\right)+\left(\frac{1}{5}\times 2\right)$$

$$=\frac{2}{25}+\frac{4}{25}+\frac{6}{25}+\frac{8}{25}+\frac{10}{25}$$

$$=\frac{2}{25}(1+2+3+4+5)$$

$$=\frac{2}{25}(15)=\frac{6}{5}=1.20$$

不出所料，這次也高估了三角形面積，正確面積為 1。

　　請注意，前述導算過程從第二行到最後一行，我們遇上了前五個正整數之和。事實上，倘若我們改把 0 到 1 區間劃分 n 等分，就會見到完全雷同的論證

$$長方形面積和 = \left(\frac{1}{n} \times \frac{2}{n}\right) + \left(\frac{1}{n} \times \frac{4}{n}\right) + \left(\frac{1}{n} \times \frac{6}{n}\right) + \ldots + \left(\frac{1}{n} \times 2\right)$$

$$= \frac{2}{n^2}(1 + 2 + 3 + \ldots + n)$$

其中我們必須累加前 n 個整數。所幸，根據第 J 章談過的「無言的證明」可以看出，括號中的和等於

$$\frac{n(n+1)}{2}$$

接著我們代入得

$$長方形面積和 = \frac{2}{n^2}(1 + 2 + 3 + \ldots + n) = \frac{2}{n^2} \times \frac{n(n+1)}{2}$$

$$= \frac{n^2 + n}{n^2} = \frac{n^2}{n^2} + \frac{n}{n^2} = 1 + \frac{1}{n}$$

用口語描述，這是指 n 個矩形的面積之和大於 1，相差了 $1/n$。

　　當然，n 個矩形永遠無法得出這裡想求出的精確面積值。所以，我們以 n 逼近無限大所得極限值，來求得精確的面積：

$$\int_0^1 2t\,dt = \lim_{n \to \infty} （長方形面積和） = \lim_{n \to \infty}\left(1 + \frac{1}{n}\right) = 1$$

這是由於當分母 n 逐漸加大，$1/n$ 便趨近於 0。

　　所得數值和我們運用前述幾何公式求得的答案相等。積分學採行迂迴曲折的路徑，結果是相同的。不過重點在於，我們的幾何公式只限三角形使用，而積分概念卻適用於遠更為繁複的圖形。有了積分學，我們就可以求出各種曲線下方的面積，不論拋物線、橢圓或其他無數種曲線全都適用，用途遠超過初等幾何學。這種作法的應用範圍極廣，威力也相當強大。

　　只可惜，當我們的函數複雜程度提高，長方形面積的加總步驟和極限求法，也

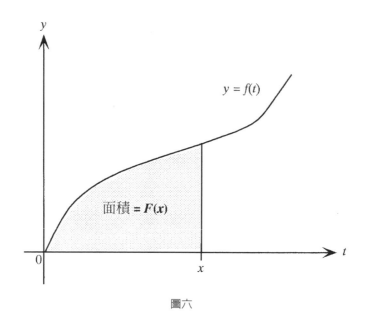

圖六

都隨之變得極為繁複。若是我們期望能以比較輕鬆的自動方式來求得面積，就必須想出一種快捷手法，才能達到目標。一六七〇年代，萊布尼茲在巴黎找到了這條捷徑。

如今這項快捷手法號稱「**微積分基本定理**」，由這個名稱就可以推知，這項成果具有何等宏偉的重要意義。冠上「基本」稱號不只是由於它能簡化面積估算法，讓我們輕鬆求出結果，另一項原因是，它把外表不相干的導數和積分學概念連貫起來。於是這就成為貫串微積分兩大分支的重要定理。

回頭討論一般化曲線$y=f(t)$。考量曲線下介於$t=0$和$t=x$兩點間的陰影區，如圖六所示（我們選定左側端點位於 0，這是十七世紀常見作法，這樣後續步驟會比較輕鬆）。我們設$F(x)$代表這個面積。於是採萊布尼茲註記法寫成，

$$F(x) = \int_{0}^{x} f(t)dt$$

請注意，事實上 F 是 x 的函數，因為當 x 向右移動，曲線下 0 和 x 兩點間陰影區的面積$F(x)$也會隨之擴大。F 函數正是個「面積累加器」，函數值高低，要看 x

向右置放距離遠近來決定。

　　我們的目標是為 F 找出某種公式。有了這種公式，我們只需把 x 代入 F 就可以求出面積

$$\int_0^x f(t)dt$$

只要我們知道 F 的真貌，積分運算自然浮現。

　　我們該如何探得真相？怪的是，訣竅並不是直接瞄準 F 下手，而是以它的導數為目標。也就是說，我們應該先確定 $F'(x)$，再從這裡推出 F 本身的公式。這樣拐彎抹角似乎是毫無指望，結果卻勝過間接手法該有的效能。

　　談到這裡，讀者或可回頭看一下第 **D** 章介紹導數那段。根據那項定義，F 的導數為：

$$F'(x) = \lim_{h \to 0} \frac{F(x+h) - F(x)}{h}$$

所以我們取一小數值 h。由 F 的定義，我們知道 $F(x+h)$ 等於曲線 $y=f(t)$ 下介於 t

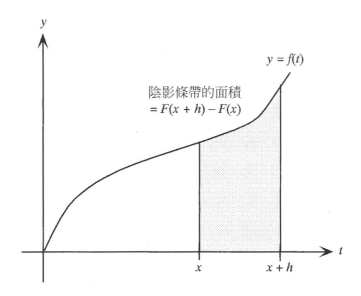

圖七

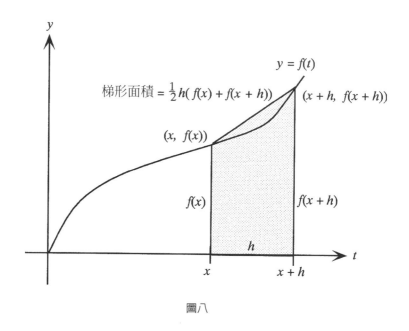

圖八

＝0和$t＝x+h$兩點間的面積，這和$F(x)$等於曲線下介於$t＝0$和$t＝x$兩點間面積道理相同。於是，$F(x+h)－F(x)$（如前述導數算式的分子部分所示）就是兩面積之差；總之，$F(x+h)－F(x)$等於圖七陰影條帶之面積。就一般而言，我們無法求出這個條帶的精確面積，這是由於本區上緣邊界是以不規則曲線$y＝f(t)$的一部分劃定。於是，我們逼不得已，只能「逼近」條帶的面積值。

逼近作法，畫直線貫串$(x, f(x))$和$(x+h, f(x+h))$兩點，如圖八所示。結果畫出一個梯形，兩底長分別等於$f(x)$和$f(x+h)$，高則爲 h，也就是平行兩底的間距。於是根據第H章闡述的梯形面積公式，我們得知

$$（梯形的）面積＝\frac{1}{2} h (b_1 + b_2) ＝ \frac{1}{2} h [f(x) + f(x+h)]$$

現在，我們使用這個梯形的面積，來逼近圖七所示不規則條帶區的面積。這就是說，若F是面積累加函數，那麼

$$f(x+h)－f(x)＝不規則條帶的面積 ≒ 梯形面積 ＝ \frac{1}{2} h [f(x) + f(x+h)]$$

隨後即得

$$\frac{F(x+h)-F(x)}{h} \approx \frac{\frac{1}{2}\,h\,[f(x)+f(x+h)]}{h} = \frac{f(x)+f(x+h)}{2} \qquad (*)$$

最後，我們設本式極限為$h\to 0$，並由此求導數$F'(x)$。這樣一來，條帶真正面積和梯形近似面積的差別就消失了。此外，只要原始函數的作用還算稱職，我們就可以得知，當$h\to 0$，則$f(x+h)\to f(x+0)=f(x)$。綜合這所有結果，我們終於導出微積分基本定理：

$$
\begin{aligned}
F'(x) &= \lim_{h\to 0}\frac{F(x+h)-F(x)}{h} && \text{根據導數定義}\\
&= \lim_{h\to 0}\frac{f(x)+f(x+h)}{2} && \text{由上述 (*) 得知}\\
&= \frac{f(x)+f(x)}{2}\\
&= \frac{2f(x)}{2}=f(x) && \text{這是由於}f(x+h)\to f(x)
\end{aligned}
$$

到這裡正好暫停一下，釐清我們的思緒。這長串論證究竟闡明了什麼道理？
首先，回想原初目標：想出簡單的算式如下

$$F(x)=\int_0^x f(t)dt$$

我們發現的並不是 F 的真貌，而是其導數的相貌。同時，到頭來$F'(x)$還竟然恰好等於$f(x)$，也就是我們想求得的面積之範圍界定函數。

換句話說，我們想求得$y=f(t)$下方的面積。我們從 f 著手，求積分得 F，接著求 F 的微分（也就是求積分的微分），結果卻又得到f。根據微積分基本定理，函數 f 之積分的導數為f。我們知道，加法還原減法，除法還原乘法，相同道理，微分也還原積分。微積分的兩項偉大概念，就這樣連貫起來了。微分和積分是一體兩面。

我們以兩個例子做為本章尾聲，由此就可以知道，這番努力確實很有價值。首

先，回到圖四的三角形，當時我們想求下式之值

$$\int_0^1 2t\,dt$$

就$f(t)=2t$情況，我們設

$$F(x) = \int_0^x 2t\,dt$$

根據微積分基本定理，$F'(x)=f(x)=2x$。換句話說，F 是導數為$2x$的函數。然而，我們在第**D**章講得很明白，導數為$2x$的函數是x^2。於是結論就是$F(x)=x^2$。

到這裡，求圖四的面積就很容易了。我們知道

$$\int_0^x 2t\,dt = F(x) = x^2$$

接著把 1 代入 x，我們得到

$$三角形面積 = \int_0^1 2t\,dt = F(1) = 1^2 = 1$$

這就是我們前面兩度得到的答案。一切似乎都吻合一致。

第二個例子要回顧第**B**章，參見我們的蒙地卡羅方法討論。當時我們採用機率論證來估計湖泊面積，湖邊由曲線$y=8x-x^2$界定，這裡再作圖九呈現。

由剛才闡述的概念，我們能夠求出湖面的精確面積。請注意，這是拋物線下的面積。多數人只記得三角形或梯形面積求法，對拋物線形區段的面積求法就毫無概念。這就是積分學的使命。

我們把湖泊面積寫成

$$\int_0^8 (8t - t^2)\,dt$$

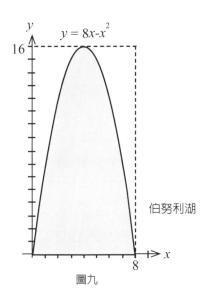

圖九

（其中我們不再使用 x 符號，改以 t 來代表湖濱外環界定函數的變項）。

使用面積累加函數

$$F(x) = \int_0^x (8t - t^2)dt$$

就本問題而言，$f(t) = 8t - t^2$，因此根據基本定理，我們知道 $F'(x) = f(x) = 8x - x^2$。

回顧第**D**章的導數規則並做反向思考（數學家把這個叫做「**反微分**」），我們歸出結論

$$F(x) = 4x^2 - \frac{1}{3}x^3$$

接下來，求下式的導數

$$4x^2 - \frac{1}{3}x^3$$

結果就是

$$4(2x) - \frac{1}{3}(3x^2) = 8x - x^2 = f(x)$$

於是，根據基本定理

$$\int_0^x (8t - t^2)\, dt = F(x) = 4x^2 - \frac{1}{3}x^3$$

接著設$x=8$，就可以求得湖泊面積：

$$\int_0^8 (8t - t^2)\, dt = F(8) = 4(8^2) - \frac{1}{3}(8^3) = 256 - \frac{512}{3} = 85.3333\ldots$$

　　回顧前文，以蒙地卡羅法逼近湖泊面積得84.301。這已經相當接近我們剛才求出的精確答案85.333。由此推知，大數定律和微積分基本定理能協同發揮功能。

　　我們提出兩句警語做為本章尾聲。首先，讀者或已察覺，我們這裡揭露的部分並不完備，完整積分理論遠遠複雜得多。我們闡述至此，內容還相當簡陋，也不很嚴謹，所舉實例都經過精挑細選，還有許多邏輯漏洞。就這個層面來看，以上所述正可以反映出早期有關積分學的粗略構想。後世數學家費心鑽研這些概念，他們遇上了糾結難纏的理論障礙，這些障礙終究是解決了，不過那已經是十九世紀晚期的事情了。

　　我們的另一句警語和本文的關係較深：萊布尼茲有資格分享盛名。歷史施展巧計把他擺在牛頓的時代，若說牛頓的才氣光芒，遮蔽了萊布尼茲在民眾記憶中的地位，那麼也可以說，任何人遇上了牛頓這顆明星，全都要相形失色。

　　不論如何，數學界欠萊布尼茲一份情。就如牛頓，他也發明了微分和積分的偉大概念，還體認到微積分基本定理是貫串雙方的橋樑；不過他和牛頓不同，萊布尼茲發表這些概念和世界分享。萊布尼茲公開理念啟發他人，其中最主要的是伯努利兄弟，他們各自投入研究還相互通信，構思出今天我們認識的微積分。我們的微積分，名符其實就是萊布尼茲的微積分。

　　該講的、該做的都完成了，最重要的事實是，數學發展到這麼重大的緊要關頭，環顧學界，卻只有才幹最高的兩個人同時積極投入：牛頓和他的同儕萊布尼茲。

athematical Personality

數學人物

本章充斥種種刻板化印象。儘管有可能犯下不義罪行，把這整群人物統統介紹錯誤，還大有可能被告上法庭，我們依然堅採通俗觀點，逕自大放厥詞，臧否數學人物。

普通老百姓鮮少想起數學家，不過萬一想到了，往往會認爲他們都很有智慧、思想抽象，只講邏輯、不善交際，常入神忘我又羞怯退縮的四眼田雞，或者就以一個涵納廣博的詞彙來形容——蛋頭。這種評價眞有憑據嗎？數學家眞的表現出這類特色，或者只是他們普遍遭人誤解所致？

幾年之前，史丹福一位教授就曾經投入研究這項議題，他就是深受尊崇的數學家，也是廣受愛戴的老師，喬治·波利亞（George Pólya）。波利亞根據他這輩子的經驗，認出兩項共通特徵：數學家都心不在焉，而且都很古怪。[1]從這兩個出發點入手還相當妥當。

說他們心不在焉似乎正符實情。關於數學家的故事層出不窮，傳言他們總是失約、忘了重要論文擺在哪裡，還找不到他們的眼鏡。舉例來說，經常有人轉述著名數學家維托爾德·赫維茨（Witold Hurewicz）的故事，話說有次他開車前往紐約市，停好車，動手做他的事情，然後就搭火車回家。隔天，赫維茨一看停車位沒車，於是打電話報案，說他的車遭竊了。[2]

波利亞談到二十世紀初期，一位年輕教授初入哥廷根大學時發生的故事。那位新人來到大衛·希爾伯特任職的學校，想要向那位地位崇高的數學家致上敬意。

他穿上最好的衣著，來到希爾伯特的辦公室，敲開房門，獲邀進入做個禮貌性介紹。那位年輕人脫帽就座，開始閒談。不久，他待的時間就超過主人願意款待的

彼得・古斯塔夫・勒熱納・狄利克雷
提供單位：Muhlengerg College Library

時限。希爾伯特分心思索晦澀的數學問題。又過了幾分鐘，希爾伯特覺得他受夠了。於是他起身，拿起年輕訪客的帽子，客氣地說再見，然後就離開了。我們只能猜想，那位訪客自己一個人坐在教授的客廳裡面，會有什麼反應。[3]

數學家心不在焉的故事，肯定不侷限於二十世紀。阿基米德就曾經在洗澡時想出驚人發現，於是他裸身跳出浴缸，帶著極高激情，奔馳穿越城鎮，不幸的是，當時他身上只有極少衣著。傳說牛頓有次在房間辛勤工作，幾次送進房中的餐飲，他全都忘了吃；還有幾次他確實走到餐廳，這時他「完全漫不經心，鞋子拖在腳跟，長襪鬆脫，身上披著白袍，頭髮也散亂不整」。[4]

然後是十九世紀一位心不在焉的德國偉大數學家，彼得・古斯塔夫・勒熱納・狄利克雷。狄利克雷繼承高斯在哥廷根的數學教席，大家不只是形容他心不在焉，還說他是「聲名狼籍」地心不在焉。傳說狄利克雷入神忘我之極，竟然忘了告訴岳

父母，他們的長孫誕生了。最後那位外祖父終於得知消息，對這次延誤十分著惱，於是他說，狄利克雷起碼也該寫信告知「2＋1＝3」。[5]狄利克雷死後，腦子被取出供日後研究，這肯定是「心不在焉」達到極致的表現。

這幾則故事連同其他多則，都暗示心不在焉是長年折騰數學家的慢性症狀。然而，並不是所有人都相信這點，因此，為公平起見，我們提出一項反面觀點，簡述英國里茲大學約翰‧鮑爾斯（John F. Bowers）的看法。鮑爾斯就數學家的怪癖寫了一篇挑撥性文章，他強烈駁斥主流智識，斬釘截鐵聲稱：「數學家心不在焉的說法完全錯誤。有確鑿證據足以顯示他們並非如此，只可惜這裡沒辦法提出說明，因為不知道擺到哪裡去了。」[6]

嚴肅的數學家罹患這種痼疾一點都不令人訝異，畢竟，他們每天都絞盡腦汁處理最抽象的概念、最無情的邏輯、最難應付的挑戰。一般學生投注一個小時求解一道問題，都要精疲力竭，又有多少人能想像，年年月月都專注做這種工作是什麼滋味？凝神專注勢所必然，引人生畏，心不在焉似乎是自然而然產生的後果。心不在焉的牛頓就曾經說過，他唯有「不斷思索」才能做出偉大發現。[7]

這些人投入多年時光，不斷思索質數分布或三等分角一類問題，難怪他們要忘了梳理頭髮。數學具有永恆之美，相形之下，物質世界就顯得相當俗氣、無常又轉瞬即逝。難怪數學家忘了放貓出門；沒錯，他們還經常忘了自己養了一隻貓。他們的軀體或許舒舒服服坐在扶手椅休息，他們的心思卻在非常不同的國度神遊。

前面就曾指出，波利亞還斷言數學家都很古怪。這種情況大概是有目共睹，任何人投入終生時光，思索那種質數或三等分問題，自然而然都要表現出某種程度的古怪性情。當然，就表面看來，多數數學家的舉止，和他們的銀行專員或律師都同樣正常。不過，善於察言觀色的人都能從他們身上瞧出端倪。

試舉衣著為例。數學家穿衣打扮顯然都著眼於舒適，並不講求風格。他們往往和時尚常規格格不入（好比男士領帶就是一例），或許就是這點，讓堅守邏輯的數學家特別顯得刺眼。我們難得見到數學家身著絲綢服飾，或灰色法蘭絨套裝，他們寧願穿棉質襯衫，還繡上算式，好比

$$\int_0^\infty e^{-x^2}dx = \frac{\sqrt{\pi}}{2}$$

還有許多人腳上穿黑襪搭配涼鞋，另有些人則覺得，穿上一雙新運動鞋，就算是盛裝打扮了。

除了這些說法，我們還應該提到數學家的漫畫代表圖像，他們身著白色實驗袍，站在寫滿符號的黑板前面。事實上，數學家的確投入數不清的時間，凝神注視寫滿符號的黑板。不過他們從不穿白色實驗袍。穿那種服裝的數學家少之又少，和穿實驗袍的相撲力士同樣罕見。這點請漫畫家記下來。

男性數學家蓄鬚人數無疑超過正常比例。滿臉鬍鬚是那門專業的非正規制式打扮，這大概是由於刮鬍子不合邏輯（若是男子注定該有張柔嫩臉龐，他們的下巴為什麼要長出細小毛髮？）。根據主流智識推估，男性數學家約百分之五十都蓄鬚。要想遇上更多大鬍子，只有在聖誕老人大會或《屋上提琴手》謝幕歡呼時才辦得到。

然後還有眼鏡。眼鏡在全世界幾乎都見得到。有時數學家心不在焉，忘了眼鏡擺在哪裡，不過，他們只需戴上隱形眼鏡，瞪眼尋覓，總能找到想找的東西，不過他們凝視的目標，或許是某個看不見的方程式或無形的多邊形。

數學家還以表現另類幽默著稱，常有人形容那種幽默「很冷」，不過說是「很枯燥」大概還比較精確。接著這又可以區分兩類，這裡分別稱之為「低階」數學幽默，和「高階」數學幽默。

低階幽默牽涉到刻意混淆數學術語的作為。超過十二個世紀以來，數學家設想出大量術語詞彙。其中有些（好比同倫、微分同胚等）依然是專家才懂得使用。另有些（好比矩陣、參數等）則已經滲入普通用語，還經常在日常生活誤用。還有另一種情況，則是借用日常用語，引進成為數學家的專業語彙。所以，「場」、「群」和「束」（pencil）等日常語彙都經數學界採用，不過已經冠上特殊意義。

這整個情況讓數學家得以隨心所欲，任意轉換詞句的術語意義和普通意思。同行聚首，他們就稱此群體是「有限群」！彼此會意咯咯發笑。他們不說孿生子長得一模一樣，卻說他們是「同構的」。情況改善了，他們就說事情出現「正向微導」。

數學家還懂得利用諧音來開玩笑。英語系民眾都聽過一種笑話，把斜邊的英文單字「hypotenuse」換成一種大型水生哺乳動物的名字（譯注：指河馬 hippopotamus）。圓周率 π 大概是一種烘焙西點的破紀錄俏皮話冠軍（參見第**C**章

漫畫）。還有，寫到第**G**章，討論《幾何原本》時，我們是極力克制才忍住沒有妄用一個美妙的副標題：「永誌不忘，小寶貝。」（Here's looking at Eu-Clid，譯注：仿自《北非諜影》經典金句「Here's looking at you, kid!」）

所幸，數學幽默還包括凌駕區區俏皮話等級的較高階型式。這通常牽涉到邏輯扭曲現象。面對失衡的邏輯，有時經過一陣思索，就會引出幽默笑點。數學家成就專業學問的火車頭是邏輯，一旦車輪脫落，他們就覺得特別好笑。

我們從波利亞的一則實例開始。他在事業生涯晚期回顧既往，追憶他這輩子對哲學學科的仰慕熱情，提筆寫道：「哲學家是什麼人？答案是：哲學家是通曉一切，此外就一無所知的人。」[8]這句妙語帶有某種邏輯糾葛，數學家見了會覺得有趣。

物理學家沃爾夫岡‧鮑立（Wolfgang Pauli）也依循這種修辭方式提出評述。鮑立的才氣表現和傲慢自負的比重約略相當，有次他拐彎抹角評述貶損一位新同仁：「他這麼年輕，卻已經這麼無所見聞。」[9]還有，細想史蒂芬‧博克（Stephen Bock）怎樣描述一位生活閉塞的人和他的夢想：「傑伊只從書中得知閱讀這回事，然而，他也十分殷切想親自去體驗一番。」[10]

邏輯運用（或誤用）也出現在數學家亨利‧曼（Henry Mann）的故事當中。相傳有次曼氏開車載了一群同事前往辛辛那提參加科學會議。他對辛辛那提街道不熟，愈開愈找不到方向。他的同事儘管感到不安，倒還閉口不語，直到後來，他們見曼氏轉錯方向，開上了單行道，這才出口警告。結果曼氏卻不予理會。他指出，這條路不可能是單行道，因為他的車子向前開去，其他幾輛汽車則是朝著他們開過來。[11]

這都是邏輯閉門造車的實例。以下故事點出英語發音不合邏輯引人發笑的情況。波蘭數學家馬克‧卡茨（Mark Kac）移民美國，努力熟習英語，只是英語有時實在莫名其妙。最讓人傷腦筋的是，有些單字的字尾拼法一致，發音卻不相同。舉例來說，字尾「ow」有時發長音 $\overline{O}$，好比用在「grow」或「know」的時候，然而，相同字尾有時發音卻非常不同，好比出現在「cow」和「how」單字的時候。當然了，「bow」有兩種不同發音，可說是兩惡集其大成。

不論如何，卡茨教授努力應付這種現象，同時也察覺「snowplow」（除雪機）是怪上加怪，因為在同一個單字當中，這同一個「ow」拼法，分採兩種不同

方式發音。他注意到這點，於是特別留心記誦這種不合邏輯的發音。不幸的是，他把字根前後對調，結果他沒有按照正確唸法「斯諾普勞」發音，卻反向唸成「斯鬧普洛」。[12]

最後，還有個本身就帶了意外轉折的故事。在一次數學研討會非正式聚會期間，一位年輕仰慕者要求知名數學家R. H. 賓（R. H. Bing）簽名。她拿到簽名之後，又請另一位數學名人保羅‧哈爾莫斯（Paul Halmos）在同一頁紙上簽名。於是她手中就握有兩位大數學家的聯合簽名，相當於文學界的吉爾伯特與沙利文、棒球界的魯斯與格里克，或者影劇界的西斯克爾與埃伯特的聯手簽名那般有價值。

她向同事炫耀戰利品，同事立刻表示，「我出二十五塊買那頁簽名。」這時另一位比較靈巧的數學家卻插嘴講出重點：「沒問題，不過先讓我在他們的名字底下簽名，我就給妳五十塊錢。」

這些例子彰顯出流行數學界的幽默型式。不過必須略事思索才能領悟，而且典型反應也不見得都要發笑，而是要賞識幽默所在。數學界的幽默既不猥褻粗鄙，也不低俗胡鬧，往往要動腦筋才能理解。我們猜想，加入「《活寶三傻》影迷俱樂部」的數學家只占非常少數。

倘若從衣著、幽默、怪癖和心不在焉，可以看出數學家與眾不同之處，那麼從某種防衛機制，或許就可以瞧出他們的共通相貌。他們名符其實從數量得到力量。

舉例來說，有種流傳甚廣的印象，誤以為數學家只不過是負責累加串串數字的會計人員。數學家兼詩人裘安‧葛洛尼（JoAnne Growney）面對這種看法，心有所感譜詩如下：

誤解（Misunderstanding）

啊，你是數學家，	*Ah, you are a mathematician,*
語氣帶了仰慕	*they say with admiration*
或者是輕蔑。	*or scorn.*
接著，他們說，	*Then, they say,*
我要請你幫忙	*I could use you*
結算我的支票簿。	*to balance my checkbook.*
想到支票簿。	*I think about checkbooks.*

偶爾我也	Once in a while
結算我的，	I balance mine,
就如偶爾我也	just like sometimes
清理書架高處塵埃。13	I dust high shelves.

數學家遭人誤解嗎？當然。他們遭人輕蔑嗎？毫無疑問。社交場合介紹某人認識數學家時，最常聽到的兩種意見是，「我恨數學」，還有「我怕數學」，不過，這也可以結合構成舉世無雙的「我又恨又怕數學」。

數學家為什麼要不斷遭受這種意見轟炸？為什麼那麼多人認為這門學問，相當於學術界的眼外科手術，還不做麻醉？難道他們小時候被數學家咬過？請教之後就能發現，數學恐懼症有兩項常見起因：要嘛受訪者昔日的數學教師糟透了，否則就是受訪者感到自己的數學能力差勁到要命的程度。

前一項藉口怪罪壞老師，這是相當普遍又相當精彩的託辭。有些人結婚紀念日或總統姓名都可以忘記，卻能牢牢記得幾十年前惹來麻煩的代數老師。那位陳老師或林老師是否真的像訪談所述那麼糟糕，是否那些惡劣記憶還有更深沉、更黑暗的源頭，答案恐怕都屬臆測。

不過，即便數百萬人眾口一詞，都以地獄數學老師為藉口，另一個託辭卻還更為常見：「我對數學一向都沒有辦法，往後也永遠學不通。」這是每一位數學老師都聽了好幾百次的供詞。這點暗示學數學有成，是出自遺傳。就如有些人天生有一雙藍眼珠，另有些人則是天生擁有數學能力。沒有這種天分的人，注定要成為數學旱鴨子，不論怎樣做都無法改變前景。

要讓民眾擺脫這種錯誤態度可不容易。一旦數學遇上困難，很多人都馬上斷定錯不在己，是他們的八字出了問題。幾乎沒有人推出反面結論，認為稍微多投入研讀，就有可能改變現況。

面對這種嚴苛處境，數學家也只得屈膝。其他學門同儕很少面對這種態度。我們很難想像，這種對話會出現在歷史課堂：

教授：「喬治，內戰時期的美國總統是誰？」
喬治：「唔……嗯……嗯……抱歉，教授，我對歷史一向都沒有辦法。」

不幸的是，有些人不只是吟誦數學恐懼症祈禱文，而且還真心擁抱這種真言。連高等教育人士都有這種情況。若有數學家吹噓，自己完全沒有讀過詩句，那個人就會被貼上不學無術的標籤。然而，若是詩人坦承自己完全不懂數學，那個人卻往往以不懂數學自鳴得意。這點似乎有些不公平。

欠缺數學知識，就無法體認數學理念真正價值所在。設想以下情節：

我們參加一場博學之士的雞尾酒會，加入一群知識分子閒話家常。鋼琴旁邊有位生物學家，身邊聽眾圍繞，如癡如迷聽他講述科莫多巨蜥的覓食習性，同時沙發椅周圍正有一場熱烈討論，喧譟議論加州葡萄酒香。這些課題不只是專家才能理解，一般民眾就算不是爬行動物學家或廚師，也懂得這方面的議題。

交談聲歇。屋角一位數學家啜飲一口薑汁汽水，胡亂摸出一個塑膠筆盒，取筆寫下

$$\int_0^\infty e^{-x^2}\,dx = \frac{\sqrt{\pi}}{2}$$

談話中斷。玻璃杯不再叮噹作響。大家紛紛抬腕看錶，有人去拿自己的外套。許多人面露驚恐。聚會結束了。

就事實而論，上述公式不只完全成立，還是我們常態機率分布知識的精髓所在。至於常態分布，則是統計推論的核心支軸。醫學研究、投票資料和種種重要問題，全都明確取決於這項公式的功用。就其本身而論，這道公式正是現代生活的樞紐要項，而且比科莫多巨蜥或餐酒都更為重要。然而，非數學家卻鮮少有人能夠稍微領會這串符號隱含的威力。只有其他數學家能完全「了悟」。他們這群人士，必須盡量妥善因應不為民眾理解的處境。這種日子很難過。

所以，若是你偶然遇上一群四眼田雞，人人滿臉呆滯，全都滿口嚴肅話語，其中有些人腳上穿著襪子搭配涼鞋，而且沒有人身著實驗袍；還有倘若這夥人看來就像個無限群，圍繞一張三角桌子講差勁的俏皮話；而且，還有，倘若他們沒有人認為《活寶三傻》還有一絲絲樂趣可言──那麼你就可以自信滿滿下注打賭：你眼前就是一群數學家。

請好心善待他們。

atural Logarithm

自然對數

　　本章講述的故事內容包括一個特別的數（註記符號爲「e」），還有它的永恆合夥人，自然對數。乍看之下，這兩個似乎既不特別也不自然。事實上，按直覺推斷，兩種數值都無足輕重。我們的目標是解釋爲何就這個案例而言，直覺錯了。

　　我們就從 e 開始。e 是英文第五個字母，不過數學家的 e 是個實數，十進位展開式爲2.718281828459045⋯⋯。所有人都知道，e 是英文最常使用、不可或缺的字母，即便如此，非數學家或許仍要感到意外，原來 e 同樣是不可或缺的。怎麼這個略小於2-3/4的數，重要性竟然凌駕2.12379⋯⋯或3.55419⋯⋯等數，或者凌駕其他一切普通十進位數字？

　　回答這道問題之前，我們必須解釋 e 的定義方式和算法——簡單說，這個數是打哪兒來的。這個數出自兩個不同的源頭，就邏輯來講，兩種作法等價，一種牽涉到極限，另一個則與無窮級數有關。我們先檢視極限定義。

　　考量以下算式

$$\left(1 + \frac{1}{k}\right)^k$$

其中 k 爲一正整數。若$k=2$，則我們知道

$$\left(1 + \frac{1}{2}\right)^2 = (1.5)^2 = 2.25$$

若$k=5$，則我們得

$$\left(1+\frac{1}{5}\right)^5 = (1.2)^5 = 2.48832$$

若$k=10$，則

$$\left(1+\frac{1}{10}\right)^{10} = (1.1)^{10} = 2.59374\ldots$$

並依此類推。數學家總想把事情推展到極致，設 k 無止境增長，並定義

$$e = \lim_{k \to \infty}\left(1+\frac{1}{k}\right)^k$$

用文字敘述，e 是算式$1+1/k$的 k 次方之極限值，其中 k 值可無止境加大。借助計算器，我們求得e的十進位展開式的前幾位數：

k	$1+\dfrac{1}{k}$	$\left(1+\dfrac{1}{k}\right)^k$
10	1.1	2.59374246 . . .
100	1.01	2.70481383 . . .
1,000	1.001	2.71692393 . . .
1,000,000	1.000001	2.71828047 . . .
1,000,000,000	1.000000001	2.71828183 . . .
↓		↓
∞		e

顯然，$e \doteqdot 2.71828183$。

　　稍事鑽研，就可能證得適用範圍較廣的結果：

公式A ： $\displaystyle\lim_{k \to \infty}\left(1+\frac{x}{k}\right)^k = e^x$

我們設本式的極限值為$k\to\infty$，這時括號中的數字 x 就是 e 的指數。請注意，若是我們設公式 A 的$x=1$，我們就回復先前的結果

$$\lim_{k\to\infty}\left(1+\frac{1}{k}\right)^{k}=e^{1}=e$$

另一種求 e 的作法是累加以下無窮級數

$$e=1+\frac{1}{1!}+\frac{1}{2!}+\frac{1}{3!}+\frac{1}{4!}+\frac{1}{5!}+\frac{1}{6!}+\cdots$$
$$=1+1+\frac{1}{2}+\frac{1}{6}+\frac{1}{24}+\frac{1}{120}+\frac{1}{720}+\cdots$$

其中各項分母都含第**B**章介紹的階乘運算。級數添加項數愈多，結果便愈趨近 e 值。

這兩個求 e 的公式看來非常不同。然而，我們可以確定

$$\lim_{k\to\infty}\left(1+\frac{1}{k}\right)^{k}=1+\frac{1}{1!}+\frac{1}{2!}+\frac{1}{3!}+\frac{1}{4!}+\frac{1}{5!}+\frac{1}{6!}+\cdots$$

這樣看來，求得下式會有幫助

$$1+\frac{1}{1!}+\frac{1}{2!}+\frac{1}{3!}+\frac{1}{4!}+\frac{1}{5!}+\frac{1}{6!}+\frac{1}{7!}+\frac{1}{8!}+\frac{1}{9!}+\frac{1}{10!}+\frac{1}{11!}$$

累加得數為2.71828183，正是依前述極限定義所得 e 之近似值。

那麼，使用級數門路就能求得 e 之任意次方解（換句話說，就是任意 x 的 e^{x}），作法如下

公式B： $1+\frac{x}{1!}+\frac{x^{2}}{2!}+\frac{x^{3}}{3!}+\frac{x^{4}}{4!}+\frac{x^{5}}{5!}+\frac{x^{6}}{6!}+\cdots=e^{x}$

試舉e^{2}估計作法為例，把$x=2$代入公式 B，把級數的前十幾項累加起來。基本上，

科學計算器就是這樣算出答案，使用時先按數字 2，接著再按e^x鍵，讀取輸出值：
$e^2 = 7.389056099$ ……

數學史上和 e 關係最深的就是歐拉，我們在本書第**E**章等篇幅都曾經提到他。這個常數符號就是由歐拉選定，也就是他領悟到這個數值具有無比重要意義。圖一引自他的一七四八年《無窮小分析導論》著作，由圖可見歐拉介紹這裡所稱的公式B（不過他並不採用e^x，而是寫成e^z），還提出 e 的十進位展開式，達到驚人的二十三位（當時還沒有電腦）。[1]

前面我們討論了這個數值的兩種定義、計算方式。不過，為什麼要費心鑽研？這有什麼重要，還有 e 為什麼是「自然的」？稍後我們就會看到，這個數值的用途，幾乎可說是無窮無盡。

其中一種用途是銀行孳息帳戶的生息情況（這個課題和我們全都有關，也或許只存在我們的夢中）。根據複利公式，倘若我們投資$P，年利率為r%，採複利每年累加 k 次，過了一年，總計金額便為

$$\$P\left(1 + \frac{0.01r}{k}\right)^k$$

這就是銀行家熟知且熱愛的結果。

試舉一例，假定我們手頭有5,000元可供投資，儲入複利帳戶，利率10%，每年年尾孳息一次。這就表示，一月一日投資，不再取出的金額，到了十二月三十一日，金額就可以增值10%。就本例而言，$P = 5,000$，$r = 10$且$k = 1$（每年複利一次）。由這項公式可以知道，到一年終了，我們的帳戶值多少錢：

$$\$P\left(1 + \frac{0.01r}{k}\right)^k = \$5,000\left(1 + \frac{0.01 \times 10}{1}\right)$$
$$= \$5,000(1 + 0.10) = \$5,000(1.10) = \$5,500$$

很好。不過，假定銀行決定採不同方式配息：不再每年給一次10%，改採每六個月給5%。這就稱為半年期複利。這對投資客來講會比較好嗎？

就利率公式看來，只有一點不同，這時$k = 2$，這是由於我們每年有兩個計息期

> qui termini, si in fractiones decimales convertantur atque actu addantur, praebebunt hunc valorem pro a
>
> $$2{,}71828\,18284\,59045\,23536\,028,$$
>
> cuius ultima adhuc nota veritati est consentanea.
>
> Quodsi iam ex hac basi logarithmi construantur, ii vocari solent loga-rithmi *naturales* seu *hyperbolici*, quoniam quadratura hyperbolae per istiusmodi logarithmos exprimi potest. Ponamus autem brevitatis gratia pro numero hoc $2{,}71828\,18284\,59$ etc. constanter litteram
>
> $$e,$$
>
> quae ergo denotabit basin logarithmorum naturalium seu hyperbolicorum [1]), cui respondet valor litterae $k = 1$; sive haec littera e quoque exprimet sum-mam huius seriei
>
> $$1 + \frac{1}{1} + \frac{1}{1\cdot 2} + \frac{1}{1\cdot 2\cdot 3} + \frac{1}{1\cdot 2\cdot 3\cdot 4} + \text{etc. in infinitum.}$$
>
> 123. Logarithmi ergo hyperbolici hanc habebunt proprietatem, ut numeri $1 + \omega$ logarithmus sit $= \omega$ denotante ω quantitatem infinite parvam, atque cum ex hac proprietate valor $k = 1$ innotescat, omnium numerorum logarithmi hyperbolici exhiberi poterunt. Erit ergo posita e pro numero supra invento perpetuo
>
> $$e^z = 1 + \frac{z}{1} + \frac{z^2}{1\cdot 2} + \frac{z^3}{1\cdot 2\cdot 3} + \frac{z^4}{1\cdot 2\cdot 3\cdot 4} + \text{etc.}$$

圖一

歐拉的 e 導論
提供單位：Lehigh University Library

間。所以，一年之後，我們的帳戶餘額最後便為

$$\$P\left(1 + \frac{0.01r}{k}\right)^k = \$5{,}000\left(1 + \frac{0.01\times 10}{2}\right)^2 = \$5{,}000(1.05)^2 = \$5{,}512.50$$

投資報酬率稍有改進。

　　大家開始動腦筋了。若是銀行提供更頻繁的計息方式，好比季息或月息或日息，或許我們的報酬還會更高。這裡就研究一下，我們算算不同計息方案所得的帳戶價值：

　　採季複利計息，我們設 $k=4$，到了年尾，帳戶餘額便為

$$\$P\left(1+\frac{0.01r}{k}\right)^{k} = \$5,000\left(1+\frac{0.01\times10}{4}\right)^{4} = \$5,000(1.025)^{4} = \$5,519.06$$

確有改善。採月複利計息且設$k=12$，我們的總額就增值達

$$\$P\left(1+\frac{0.01r}{k}\right)^{k} = \$5,000\left(1+\frac{0.01\times10}{12}\right)^{12} = \$5,000(1.008333)^{12} = \$5,523.57$$

這還更好。再以日複利計息（$k=365$），帳戶就增值達

$$\$P\left(1+\frac{0.01r}{k}\right)^{k} = \$5,000\left(1+\frac{0.01\times10}{365}\right)^{365} = \$5,000(1.00027397)^{365} = \$5,525.78$$

貪心到流口水。我們可以想像，倘若銀行不採日複利計息，而是採每小時或每分鐘，甚至每秒複利作法，我們的收益還會更高。事實上，為什麼到這裡就停手？我們大可以想像出最好的孳息帳戶：連續複利孳息帳戶。這樣一來，我們連一毫秒都不必等，下一筆利息會馬上滾入帳戶。我們設想把10%年利率分割，在為數無窮的複利期間分別孳息，各別利息期間為時無限短暫。於是隨著樹木滋長，我們的帳戶也不斷增值，不是靠幾枚細小芽苗成長，而是就這樣一次連貫向上增生。

就形式而言，連續複利孳息的意思，就相當於我們設 k（複利期數）趨近無限大。所以，這樣連續複利孳息一年，帳戶價值就增值達：

$$\lim_{k\to\infty}\$P\left(1+\frac{0.01r}{k}\right)^{k} = \$P\left[\lim_{k\to\infty}\left(1+\frac{0.01r}{k}\right)^{k}\right] = \$Pe^{0.01r}$$

其中0.01r扮演前述公式 A 的 x 角色。我們如願以償，這就是數值 e 發揮到極致的最高表現。

就我們的實例來看，最初投資額為5,000元，以10%連續複利孳息，經過一年就增值為

$$\$5,000e^{0.01 \times 10} = \$5,000e^{0.10} = \$5,000(1.105170918) = \$5,525.85$$

這是採10%年利率的最佳孳息成果。

　　既然 e 可以用來求得銀行帳戶連續增值的情況，那麼見到它在別種連續增長情況現身，我們也不該感到意外。族群增長就是一例（不論是菌群或人群），這也可以視為連續成長事例，新生個體以現有母體的某個比例增長出現。一七九八年，英國經濟學家托馬斯‧馬爾薩斯（Thomas Malthus）就是提出這類理論，來解釋族群成長現象，過了半個世紀，他的成果更由另一位科學家引用，那就是舉世無雙的查爾斯‧達爾文。

　　依循這項簡單的族群模型，時點 t 的現有個體數量（寫作$P(t)$）可由下式求得

$$P(t) = P_0e^{rt}$$

其中P_0為族群原始大小（也就是我們開始觀察時所得的情況），且 r 為成長率常數。請注意，這個式子和前面導出的連續複利公式相仿。

　　舉培養皿的菌數為例，我們從菌數$P_0 = 500$著手，過一個小時就注意到菌數為800。這就導出一個成長模型，據此，在一個小時後，菌群數量可達$P(t)$，其中

$$P(t) = 500e^{0.47t}$$

本式標繪如圖二。請注意，當 t 值很小（也就是$t = 1$、2 和 3 之時），曲線還相當平緩。這可以解釋為，細菌族群在早期階段呈緩和成長。不過，當我們向右移動（也就是說，隨著時間流逝）圖形就開始愈益陡峭向上竄升。這就反映出細菌湧現嬰兒潮，溢出培養皿，遍布桌面，還流入走道。

　　講得更精確一點，當$t = 1$小時，我們根據公式得知菌數$P(1) = 500e^{0.47} = 800$，倘若持續培養達一天二十四個小時，我們的細菌族群數就增長達

$$P(24) = 500e^{0.47 \times 24} = 500e^{11.28} = 39,600,000$$

若是讓這個過程延續一週不做控管，我們手中的菌數就會達到

$$P(168) = 500e^{0.47 \times 168} = 500e^{78.96} \fallingdotseq$$
$$10,000,000,000,000,000,000,000,000,000,000,000,000$$

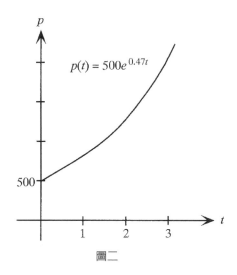

$$p(t) = 500e^{0.47t}$$

500

圖二

這肯定夠資格引發一場流行病。從這些數字,還有數值的陡峭攀升圖形,可以清楚看出,我們所說的族群呈「指數成長」是什麼意思。

　　然而,很容易瞧出這項推理有個瑕疵,因為任何族群數量「肯定」都有個上限。菌群終究要耗盡食物,或耗光水分,或擠滿所有空間。就這方面看來,無限制增長是不切實際的增長。

　　因此,數學家已經修正他們的作法,把族群成長先天限制納入考量。其中一種修正作法稱為「**羅吉斯模型**」(logistic model),由此導出以下方程式

$$P(t) = \frac{Ke^{rt}}{e^{rt} + C}$$

其中$P(t)$也代表時點t的族群數量,且K為號稱「**飽和度**」的數值,也就是環境能支撐的最高門檻。羅吉斯成長曲線如圖三所示。當t為較小數值,圖形就類似前述模型所示。這就反映出前述事實,族群早期成長大體並無限制。不過,隨著時間過去,我們也沿著圖形朝右側移動,這時就會見到族群成長逐漸緩和下來,到了$P=K$時就趨近水平線。這幅圖示反映出族群數趨近飽和水平的情況。

　　當然,這背後還有眾多技術細節,我們並沒有完全道出這類方程式是怎樣來的。再者,生物學家也已經設想出幾種更成熟的模型,可以反映出自然界種種族群

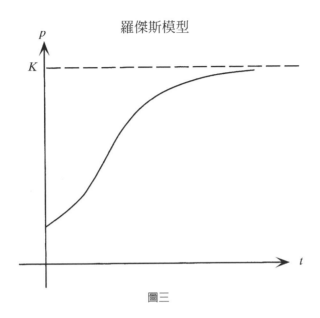

圖三

的行為。（好比，若以一種抗生素進一步約束菌群增長，這時會有何變化？）不過，就我們的目的，重點乃是：族群成長公式取決於 e 值。我們描述周遭生物界之時，這個數值自然要浮現。

還有許多真實情況也意外導出這個數值。考量以下情形：一家硫酸工廠有個裝滿溶液的一百加侖液槽，液面和上緣切齊，溶液含酸比例為25%，水分占了75%。工廠希望把液槽沖洗乾淨，於是他們從槽頂導進純水，注水速率為每秒三加侖。為免溢流，混合液同時由槽底以每秒三加侖等速流出，如圖四所示。

顯然，此步驟會持續稀釋槽中所含溶液。然而我們也明白，這種情況的精確動態完全稱不上單純。把水注入可不是只有酸被取代。事實正好相反，純水泵進槽中便構成混合液，其中部分又會被泵出，同時部分硫酸也會混入溶液留在槽中。數學家遇上的問題，就是如何測定從開始沖洗過了 t 秒，槽中還留有多少比例的硫酸。

採用積分學技術來分析這道問題，可得以下 P(t) 方程式，在任意時點 t，槽中溶液含酸比例為：

$$P(t) = \frac{25}{e^{0.03t}}\%$$

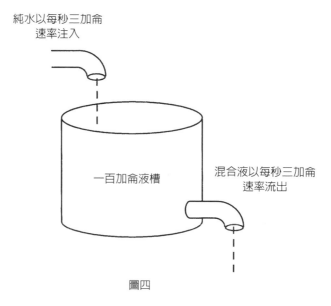

純水以每秒三加侖
速率注入

一百加侖液槽

混合液以每秒三加侖
速率流出

圖四

重點在於，這裡 e 又一次浮現。

我們瞧瞧這項方程式是如何作用。剛開始時，槽中含有25%的硫酸。開始注入純水並泵出混合液，過了$t=5$秒，含量就稀釋為

$$P(5) = \frac{25}{e^{0.03 \times 5}}\% = \frac{25}{e^{0.15}}\% = 21.52\%\ 酸$$

過了一分鐘，硫酸百分比就稀釋為

$$P(60) = \frac{25}{e^{0.03 \times 60}}\% = \frac{25}{e^{1.8}}\% = 4.13\%$$

還有，倘若工廠繼續進行十五分鐘，這時$t = 15 \times 60 = 900$秒，於是容器中只含微量的

$$P(900) = \frac{25}{e^{0.03 \times 900}}\% = \frac{25}{e^{27}}\% = 0.000000000047\%\ 酸$$

事實上，過了十五分鐘，容器已經沖洗得乾乾淨淨。

　　另有一種情況我們也會遇上 e，回想第**B**章所述雅各布‧伯努利的研究成果。我們在那裡提到以下駭人公式，藉此得以求出拋擲均衡硬幣500次，恰好得出247次正面的機率

$$\frac{500!}{247! \times 253!} \left(\frac{1}{2}\right)^{247} \left(\frac{1}{2}\right)^{253}$$

這種機率計算無法直接求得。不過，只要做點數學統計就可以發現，採以下式子就能得出近似值

$$\frac{1}{2\sqrt{250\pi}} \left[\frac{1}{e^{0.025}} + \frac{1}{e^{0.049}}\right]$$

儘管看似毫無道理，然而 e 又在這裡扮演關鍵角色（π 也在這裡現身，理由同樣難解）。簡化這個式子即得0.0344，因此我們拋擲硬幣500次，拋出247次正面的機率，約等於3.44%。本例闡明機率論的一項通俗大道理：凡是在統計界具有重要地位的公式，裡面大概都有個 e。

　　所以，從理論和實用因素看來，e 在數學中都占有極重要的地位。我們沖洗容器或拋擲硬幣時可以見到它，我們存錢孳息或觀看細菌增長時也見得到它。它很像狄更斯的小說人物，不斷在最意外的場合現身。然而，要想見到狄更斯小說的人物一而再、再而三現身，讀者就必須接受一個前提，認可這等令人不敢置信的驚人巧合都屬司空見慣，至於要想見到 e 一而再、再而三地現身，我們只需了解一點數學就行了。

　　不過，到這裡故事才講了一半。儘管找出 e 的乘冪值相當重要，然而同等重要的是，我們還得有辦法逆轉這個步驟。考量以下實例。把$x=2$代入公式 B，我們得知$e^2=7.389056099$。假定情況相反，我們知道$e^x=7.389056099$且奉命求 x 值。當然，這道問題很容易求解：$x=2$。

　　但是，倘若我們知道$e^x=5$且需求出 x 值，這時又該怎麼辦？我們可以按計算器上的e^x鍵，猜出幾個 x 值，最後就能得出正確解答。不過這種作法似乎有點迂迴。

　　這時「反指數化」（inverse exponentiation）運算法就向我們伸出援手，這個過

程還原e^x的一切作為。發揮這項作用的函數稱為「**自然對數**」，數學文獻和計算器鍵盤多半以「ln x」符號來代表。這無疑是數學界最重要的函數之一。

　　就本章的目的來看，這個函數的一項關鍵特質就是以下反演公式

$$\ln(e^x)=x$$

這個符號式用口頭描述就是：自然對數還原指數運算。這就是說，若我們從 x 入手，算出e^x，接著把e^x代入自然對數，我們就會回到我們的起點 x。當$x=2$且$e^2=$7.389056099，則$\ln(e^2)=\ln(7.389056099)=2$，用計算器就可以確認這點。若已知$e^x$$=5$，我們想求 x，算式兩邊都求對數即得

$$\ln(e^x)=\ln 5$$

不過，我們從前述關係得知，$\ln(e^x)=x$，再由於$\ln 5=1.609437912$，於是我們歸出結論

$$x=1.609437912$$

　　綜合上述：數學家往往不從 x 入手求 e，通常他們必須從反面入手，因此起點是e^x，接著由此求 x 值本身。自然對數就是靠這種情況來維持生計。我們在第**P**章和第**U**章還會見到自然對數，不過，眼前我們暫且先舉一個犯罪和懲罰的實例，從法律和對數的角度，來說明ln x的用途。

　　午夜時分，警察接獲報案，來到陰森謀殺現場，他們在那裡找到艾迪的屍體，死者外號黃鼠狼，是個惡名昭彰的罪犯，他和黑社會的糾葛眾所皆知。警官一到現場就注意到氣溫是宜人的68°F，屍體溫度則為85°F。凌晨兩點，指紋已經取得，嫌犯也都偵訊完畢，屍體溫度也下降至74°F。警方根據情報逮捕艾迪的夢中女友，克萊兒·弗昂。克萊兒整晚都待在路易酒吧，多喝了一點，還威嚇要取艾迪性命。她在夜間十一點十五分惡行惡狀衝出酒吧。看來這起謀殺案不難偵破。

　　所幸，克萊兒懂得自然對數。她還熟悉牛頓冷卻定律，也就是散熱理論的基礎。牛頓定律說明，物體冷卻速率和該物體與周圍環境溫差成正比。按照日常說法，這就表示當物體溫度遠高於外界氣溫，冷卻速率就很高，因此會冷卻得非常快；當屍體溫度只略高於周遭環境，屍體冷卻速率就很低，很慢才會冷卻。

　　牛頓定律適用於一切漸漸變冷的物體，不論是剛出爐的熱馬鈴薯，或躺在人行道上，沒有生命的屍體都不例外。活生生的人不會冷卻，人體有新陳代謝現象，可以確保體溫維持在98.6°F上下。不過一旦喪失生命，人體就不再生熱，於是根據牛頓定律，屍體就會像馬鈴薯一般冷卻下來。

　　克萊兒把上面那段口語敘述，轉譯成簡潔的數學公式，還應用微積分導出求午夜 t 小時後屍體溫度（T）公式如下：

$$T = 68° + \frac{17°}{e^{0.5207t}}$$

這裡也請注意，數值 e 也在這裡現身。我們可以用計算器驗算，午夜時（$t=0$）體溫為

$$T = 68° + \frac{17°}{e^{0.5207×0}} = 68° + \frac{17°}{1} = 68° + 17° = 85°F$$

和警方剛抵達現場測得的結果相符。相同道理，套用公式求得屍體在凌晨兩點時（$t=2$）的溫度為

$$T = 68° + \frac{17°}{e^{0.5207×2}} = 68° + \frac{17°}{2.8349} = 68° + 6.000° = 74°F$$

　　這又重現警方的觀察結果。換句話說，這項公式在我們有實際資料的兩個時點都能妥善發揮作用。

　　不過，克萊兒的主要挑戰卻是，如何求出黃鼠狼艾迪在何時喪命。她必須設法運用這項公式來逆轉冷卻過程，由此算出艾迪體溫最後一次保持常態（98.6°F）的時刻。當然，這就是他的死亡時刻。從那個時點開始，死者艾迪只會一直冷到腳後跟（連同其他一切全都冷掉）。

　　所以，我們把常態體溫T＝98.6°代入冷卻方程式，結果得出

$$98.6° = 68° + \frac{17°}{e^{0.5207t}}$$

兩邊分別減去68°，交叉相乘即得$(30.6°)e^{0.5207t}=17°$。接著兩邊分別除以30.6°，結果我們求得

$$e^{0.5207t}=\frac{17°}{30.6°}=0.5555$$

目標是求得 t 值。於是克萊兒針對方程式兩邊分別求對數：

$$\ln(e^{0.5207t})=\ln(0.5555)$$

既然$\ln(0.5555)=-0.5878$，於是由前述反演公式，肯定要得出$\ln(e^{0.5207t})=0.5207t$。結果就是

$$0.5207t=\ln(e^{0.5207t})=\ln(0.5555)=-0.5878$$

因此，在時間$t=-0.5878/0.5207=-1.13$鐘頭之時，艾迪的體溫為98.6°F。

　　式中的 t 代表午夜過後的小時數，這裡卻是個負數。這很容易解釋：屍體在午夜「前」1.13鐘頭時溫度等於98.6°F。換言之，黃鼠狼艾迪約在半夜十二點前的六十八分鐘開始冷卻，也就是說，他是在那時死亡。這樣一來，他就是在晚上的十點五十二分死亡。可是我們知道，那時克萊兒正在路易酒吧喝酒。她有不在場鐵證！

　　本案開庭，克萊兒的律師引用前述證據，鼓如簧之舌訴請注意「自然律和自然對數律」，由精熟數學的陪審團裁定有罪與否，結果輕鬆勝訴無罪開釋。感謝對數伸張正義。

　　法醫病理學家肯定懂得自然對數。遺傳學家、地質學家，還有研究動態現實現象的其他所有人士，也幾乎全都懂得。先把直覺擺在一旁，這項概念極其重要，牽連廣泛，而且相當有用。籲請陪審讀者諸君仔細斟酌前述證據，相信各位必能體認，數值 e 以及與之對應的自然對數並無重大疏失，酌請裁定無罪。

Origins

數學探源

　　數學的最早起源並沒有留下蛛絲馬跡。這類資料已經一去不復返，就如我們無法判定最早是誰第一個開口講話、歌唱，我們也無從得知誰是第一位數學家。

　　不過我們知道，數學和幾何的基本原理，可以追溯至非常久遠之前。在書面歷史之前，在書寫本身出現之前，人類已經發展出「眾」和「數」的概念，文物遺跡也支持這點。非洲有一根至少一萬年歷史的骨頭出土，骨面帶有刮痕，只能解釋成計數痕跡。[1]在那段史前時代，我們的祖先在清點某些東西時，骨頭刮痕為他們（和我們）留下永久的計數紀錄。那個開端或許不很起眼，不過數學已經起步。

　　這門學問顯然不是在單一地點萌芽，數學的起源並不比講故事或音樂或藝術複雜，這些全都沒有獨一無二的發祥地。世界各地眾多地區，都留有數學概念的歷史紀錄，我們在第**H**章討論畢氏定理之時，已經見到這點，相同原理有可能在不只一處地方發現。這不只暗示數學的普遍性，也點出人類把萬象化為數學的普遍傾向。

　　本章我們要概括審視數學早期幾項重大發展。我們的選材有些武斷，這篇概述只著眼於西元一三〇〇年之前的發展，地區範圍則侷限於埃及、美索不達米亞、中國和印度，也就是人類文明的四大文化根基。

　　埃及數學至少可以往前追溯四千年，不過在史前時代已經亡佚。學者已經能解讀古代紙草書卷，包括西元前一五〇〇年之前的卷冊，其中有些毫無疑義正是數學文稿。最著名的或許是西元前一六五〇年左右的「阿米斯紙草書」，書名以負責抄寫的書吏名字命名。這部文稿長五點五公尺，一八五八年從埃及購入，如今藏於大英博物館某處。書吏阿米斯在書卷中肯定表示道，讀之能「洞見現存萬象，燭照晦澀奧祕」。[2]儘管這部紙草書遠遠未能實現這則雄心誓言，他卻留下吉光片羽，傳

供後世一窺迷人的埃及數學和幾何。

　　阿米斯紙草書載錄幾十則問題，還附帶提出解答。這裡面有許多題材，都可以劃歸我們今天所稱的「故事題目」，而且風格和現代版題目雷同（也同樣是編造的）。舉例來說，阿米斯紙草書第六十四題是：

　　把十海克特單位大麥分給十人，使其公差等於1/8海克特大麥。3

　　代數基礎深厚的讀者，通常會引用 x 來代表分給第一個人的海克特單位數。接著，下一個人就得到$x+1/8$，第三人可得$x+2/8$，並依此類推，最後是第十人分配得到$x+9/8$。由於總共有十海克特大麥可供分配，我們得出下列方程式：

$$x + \left(x+\frac{1}{8}\right) + \left(x+\frac{2}{8}\right) + \left(x+\frac{3}{8}\right) + \left(x+\frac{4}{8}\right) + \left(x+\frac{5}{8}\right) + \left(x+\frac{6}{8}\right)$$
$$+ \left(x+\frac{7}{8}\right) + \left(x+\frac{8}{8}\right) + \left(x+\frac{9}{8}\right) = 10$$

經代數運算簡化為$10x+45/8=10$，於是

$$x = \frac{1}{10} \times \left(10 - \frac{45}{8}\right) = \frac{7}{16} \text{ 海克特大麥}$$

這就是第一個人分得的大麥數量。下一個人得到

$$x = \frac{1}{10} \times \left(10 - \frac{45}{8}\right) = \frac{7}{16} \text{ 海克特大麥}$$

再下一個得到

$$\frac{7}{16} + \frac{1}{8} = \frac{9}{16} \text{ 海克特大麥}$$

並依此類推。

　　這裡必須強調，埃及解法並不具備代數這等明晰特色，因為符號代數是幾千年後的未來產物。不論如何，阿米斯提出了正確解答，道出第一個人應該得到

$$\frac{1}{4}+\frac{1}{8}+\frac{1}{16} 海克特大麥$$

　　除了提出正確答案之外，表達式也同等重要：答案為分子等於 1 的分數之和。
這類算式稱為「**單位分數**」，埃及人幾乎只用這種算式寫法。因此，阿米斯解大麥
問題，答案並不寫成7/16，而是由三個單位分數累加而成的等價數值。這在現代人
心目中顯得很古怪，也沒必要寫得這麼複雜。

　　不過，這種寫法和埃及註記格式非常相稱：他們採用一種符號來表示倒數，
樣子就像整數上浮著一根雪茄。採現代註記法就相當於設 $\overline{2}$ 代表1/2，而7則代表
1/7。因此，前述題目中的海克特數量，恰好寫成$\overline{4}+\overline{8}+\overline{16}$。這種註記法很單純，
不過分子顯然都必須等於 1。埃及人認為，所有分數都必須由單位分數組成，唯一
例外就是2/3，這個分數本身擁有獨特的代表符號。

　　阿米斯提出一份列表，蒐羅眾多諸如上所述的單位分數表達式。這份列表對埃
及人的功用，肯定就如同對數表或三角函數表在計算器發明之前發揮的功能。總而
言之，儘管埃及人採用的單位分數法在我們今天看來顯得很累贅，他們卻能運用自
如。

　　不過，埃及的數學貢獻並不侷限於前述那種算術／代數問題。比方說，阿米斯
的紙草書載錄了好幾道幾何題目，其中最引人入勝的，或許要數第五十道題目：

　　若一圓形田地直徑為九基特，則其面積為何？[4]

按那位書吏所述，把直徑減去九分之一，求差之平方即為答案。就這道題目，直徑
$D=9$，則圓面積為

$$\left[D-\frac{1}{9}D\right]^2=\left[9-\frac{1}{9}(9)\right]^2=8^2=64$$

　　有趣的是，由這項答案可以找出圓周率 π 的估計值。把阿米斯的解法轉譯為現
代註記法，他的意思是，直徑為 D 之圓面積為

$$\left(D - \frac{1}{9}D\right)^2 = \left(\frac{8}{9}D\right)^2 = \frac{64}{81}D^2$$

由於圓的真正面積為

$$\pi r^2 = \pi\left(\frac{D}{2}\right)^2 = \frac{\pi}{4}D^2$$

埃及人的結果就相當於

$$\frac{64}{81}D^2 = \frac{\pi}{4}D^2$$

由此就可以得出

$$\pi = \frac{4 \times 64}{81} = \frac{256}{81} = \left(\frac{16}{9}\right)^2 = \left(\frac{4}{3}\right)^4 \doteqdot 3.1605$$

　　這個數值經常被舉出奉為埃及的 π 近似值。這是古代的估計值，能做得這麼準確令人讚佩。不過，他們是怎樣求得這個數值的近似值呢？

　　儘管沒有人真有把握，不過他們可能是把圓面積換上有關的八邊形面積，如圖一所示。直徑為 D 之圓周圍外切一方形，接著把方形四角的等腰三角形陰影區切除（三角形兩腰長都等於(1/3)D）。剩下的就是個八邊形，而且和最初那個圓面積近似。由於切除的三角形面積分別為

$$1/2（底 \times 高）= \frac{1}{2}\left(\frac{D}{3}\right) \times \left(\frac{D}{3}\right) = \frac{1}{18}D^2$$

我們知道

（圓的）面積 $\doteqdot$ （八邊形的）面積

　　　　　　 = （方形的）面積 $-$ 4（等腰三角形的）面積

　　　　　　 $= D^2 - 4\left(\frac{1}{18}D^2\right) = D^2 - \frac{2}{9}D^2 = \frac{7}{9}D^2 = \frac{63}{81}D^2$

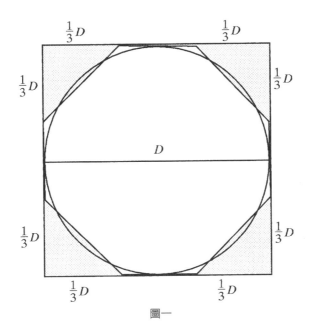

圖一

這和阿米斯的$(64/81)D^2$非常接近,顯示埃及公式的源頭,或許就是以八邊形面積,做為圓面積的近似值。

有些人並不認可這類解釋。不過一千五百年之後,阿基米德正是採用這項技術,以多邊形逼近圓,估計出遠更為精準的$\pi \doteqdot 3.14$。我們在第**C**章就曾談到,阿基米德改進圓周率精確性,作法並不是採用前述相當簡陋的八邊形,而是以正九十六邊形來逼近圓。或許阿基米德欠了他的埃及前輩一份情。

若說尼羅河流域是早期數學概念的發祥地之一,那麼美索不達米亞的底格里斯─幼發拉底河地區也是另一處源頭。美索不達米亞的政治歷史遠比埃及更顯得動盪不安,因為那裡是部族、黨派你來我往相互征伐的舞台。那裡的政權轉移頻繁,名號不見得能道出事實,儘管如此,我們底下要討論的課題,通常都號稱「巴比倫數學」。

巴比倫學術的黃金時代在漢摩拉比時期萌芽(約西元前一七五○年),約略與埃及的阿米斯同期。所幸,巴比倫人寫字不用紙草紙,而是在黏土板上書寫。說幸運是由於,紙草紙過一陣子就要腐敗,而厚重的黏土板則是刻寫之後還要烘烤,生物分解問題遠比紙草紙輕微。因此,我們才擁有好幾千件古代遺物,包括完整文物

和碎片,其中還有一件精選羅列出他們的幾項數學成果。

若說單位分數是埃及數學的特徵標記,那麼巴比倫數學的特徵就是以六十爲底的計數體系。長久以來,史學家對巴比倫人採用這種體系,都是一則讚歎,一則驚訝。他們採用兩個符號:第一個看來有點像是字母 T,代表 1,另一個很像我們的<,代表10。

就小數值而言,他們的註記法並不特別:2 寫成TT;12寫成<TT;42則記爲:

$$<< TT$$
$$<<$$

並依此類推。不過當巴比倫人記到60,他們的符號就冠上另一種意義。若把 T 看成占了一位的數,這時 T 就不代表一個單位,而是一個60。若把 T 看成占了另一位的數,則 T 就可能代表一個$60^2 = 3,600$。這樣一來,82就寫成T<<TT,意思是一個60加上兩個10加上兩個 1。請注意,這裡的符號 T 各具不同意義,要看它在數值當中所占的位置而定。

這項革新不只是把數值表達方式變得更爲簡練,還把原始符號群集保持在最精簡的程度。相形之下,羅馬數字(沒有位數概念的體系)就需要 I、V、X、L、C、D、M 等大批符號。一但數值提高至數萬、數億和數兆層級,這時就必須引進其他羅馬字母,結果可以想見,最後必然要把字母用盡。(當然,羅馬人沒必要使用這麼大的數值,因爲國債還要再過幾千年才會出現。)

巴比倫註記法還有一個特色也同等重要,這套系統能輕鬆表達分數。有件古代刻寫版介紹的是我們寫作$\sqrt{2}$的數,也就是平方值等於 2 的數,巴比倫記法如下:

$$T << \frac{TT}{TT} \, \frac{<<}{<<} \, T \quad <$$

依循我們的註記法,這群符號可以約化爲整數串1-24-51-10。巴比倫人沒有代表小數點的符號,因此,我們只能設法求得這個算式的整數和分數部分。不過,由於$\sqrt{2}$略大於 1,顯然第一個數就是個整數,其他幾個則都代表分數。

不過是哪些分數呢?依循我們以十爲底的記數系統,緊鄰小數點右側的數字代表十分位數;下一個數字代表百分位數;再右一位代表千分位數;並依此類推。我

們正是採用這種作法來詮釋這項算式，1 之後的數字代表六十分位數；下一個符號代表$1/60^2$位數（或就是3,600分位數）；接著最後一個符號就代表$1/60^3$位數（或就是216,000分位數）。於是，巴比倫數字1-24-51-10就化為我們的

$$1 + \frac{24}{60} + \frac{51}{3,600} + \frac{10}{216,000} = 1 + 0.4 + 0.014167 + 0.000046 = 1.414213$$

我們在第**K**章就曾見到，$\sqrt{2}$的九位數估計值為1.414213562，因此巴比倫的估計結果令人歎服。他們顯然已經精通以六十為底的算術。

從現代觀點視之，他們的系統有一項醒目的缺失：巴比倫人沒有代表 0 的符號。這項缺失或要導致解讀錯誤，因為＜T可以代表11，或$10 \times 60 + 1 = 601$，或$10 \times 3,600 + 1 = 36,001$，或$10 \times 3,600 + 1 \times 60 = 36,060$。就如分式的情況，這種混淆多半可以從內文釐清，不過，還是有必要引進 0，做為一種「占位」符號，這樣才能放心。

有趣的是，巴比倫人從來沒有真正踏出這一步。到了塞琉古帝國（Seleucid）時期，他們在西元前第一個千年期中葉，引進了一個「數值內的」占位註記法，這下他們就能夠以不同寫法來記錄61和601等數值。然而，他們卻不曾處理尾數為 0 的問題，因此他們的註記法始終不曾區分620和62,000的差別。幾世紀之後，真正的 0 終於在印度數學現身，另外，中美洲馬雅數學也獨立發展出 0。0 一出場就掀起偉大變革。

然而，這裡又出現一個疑點：巴比倫人為什麼選擇以六十為底？人類學和考古學的人類文化研究已經發現，記數法通常以 2、5、10為底，以20為底的比較少見。這些系統和人類解剖特徵相當吻合：手臂數、單手手指數、雙手手指數，還有手指加上腳趾。換另一種說法，萬一算術失靈，人類還可以參考自己的身體構造。

不過，為什麼選六十？這個問題我們不可能得出確切答案，卻有線索顯示，這或許是源自一年所含天數，因為一年差不多等於$6 \times 60 = 360$天。研究數學起源的人，沒有人不識得天文學帶來的衝擊，而且天文學量值當中，再沒有比一年的長度來得重要的了。或許一年（約等於）三百六十天發揮了決定性影響，把數字六十推上巴比倫算術的關鍵位置。不論如何，六十出現並流傳下來，於是我們才有以六十為底的尺度，好比每分鐘六十秒、每小時六十分鐘，還有繞圓一圈有三百六十度。

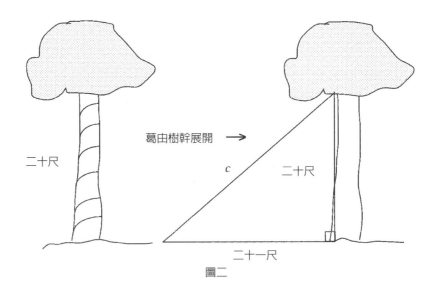

葛由樹幹展開　→

二十尺

c

二十尺

二十一尺

圖二

　　巴比倫數學家的成就，起碼能夠和埃及數學的貢獻並駕齊驅，為往後在地中海東區所作發現奠定基礎。不過，兩千年前，數學還不只在這個地帶蓬勃發展。當時在亞洲的另一端，中國已經自行建立令人歎服的數學傳統。

　　我們在第**H**章見識了中國數學，檢視了《周髀算經》的勾股定理證明。古代華人肯定明白這項定理的更廣義意涵，我們從使用定理的大批題目，就可以清楚看出這點。舉例來說，以下題目出現在《九章算術》書中，這部專論起碼可以回溯兩千年，偶爾有人稱之為中國的歐幾里德《幾何原本》。《九章算術》計含九章，其中最後一章第五道題目是：

　　　今有木長二丈，圍之三尺。葛生其下，纏木七周，上與木齊。問葛長幾何？[6]

　　如附圖二左圖所示，木長二丈即二十尺，樹幹周長三尺，有葛藤繞木螺旋緣升。目標是求得葛藤長度。解題時需先想像以下情節：設葛藤根部著生地面，接著樹木向右「滾轉」整整七圈。樹木移動，葛藤也隨之開展，直到我們得出最後配置，這時葛藤從樹梢繚直伸向地面，如前述附圖右圖所示。

　　這就構成一直角三角形，高等於20，也就是喬木的高度，寬則為「樹幹基部某一點隨樹木滾轉移行跨越的直線距離」。每轉一周，這點就移行跨越一個圓周長

度（三尺），因此三角形的底則等於7×3＝21尺。於是我們得一直角三角形，勾股長分別為20和21尺，斜邊長為 c，也就是葛藤的長度。根據畢氏定理，$c^2=a^2+b^2=20^2+21^2=400+441=841$，所以$c=\sqrt{841}\fallingdotseq29$尺。這就是兩千年前的中國數學大師，在《九章算術》書中提出的答案。想想看，拿這道葛藤題目給今天一般民眾做，他們會有何表現，思之令人凜然。

從幾何轉往算術，古代華人迷上了「**幻方**」（譯注：又稱「縱橫圖」，如今通常從西文譯稱「魔方陣」）。這是以全數組成的方陣，各行、各列和主對角線的數字累加得數全都相等。就如古代數學所有課題，這類問題也很難確切釐清發源年代，不過，相傳五千年前帝禹得一神龜，由龜背抄得一組幻方。固然數學家不太相信神祕的爬行動物能做出貢獻，寧可把成果歸功於純理性思維，不過古代華人無疑是處理這種數字列陣的高手。

我們在圖三裡面看到一個三乘三方陣，包含從 1 到3^2＝9計九個全數。請注意，各行、各列和兩個主對角線上的數字累加和分別等於15。這個三三幻方稱為「洛書」，這種方陣對華人特具意義，具有和諧、均衡，陰陽相濟的特色，也賦予這種數學配製超凡入聖的意涵。

設計這種方陣並不是特別困難，不過若是碰上四乘四或五乘五方陣呢？這類方陣的結構就有點棘手，必須想出更奧妙的理論。結果不只華人為之神魂顛倒，後來連阿拉伯人也沉迷不已，甚至更往後推，班傑明·富蘭克林（Benjamin Franklin）在政治論戰令人生厭之時，也設計幻方解悶。

若我們想設計出$m\times m$幻方，第一步就是確定各行、各列和主對角線的數字累加得數相等。由於我們必須把從 1 到m^2各數，一一分配到方陣各處，因此我們知道，幻方中所有整數之和等於$1+2+3+\cdots+m^2$。我們在第**J**章已經見到，前 n 個全數之和，可由以下簡單公式求得

4	9	2
3	5	7
8	1	6

圖三

$$\frac{n(n+1)}{2}$$

所以，不論採用哪種排列方法，任一$m\times m$幻方的所有項數累加總和都為

$$1+2+3+\ldots+m^2=\frac{m^2(m^2+1)}{2}$$

當然了，把幻方m列逐一累加也可以得出這個總和。這是由於各列和相等，各列必然等於總和之m分之一，也因此，$m\times m$幻方各列之和（或各行之和）就是

$$\frac{1}{m}\times\frac{m^2(m^2+1)}{2}=\frac{m(m^2+1)}{2}$$

舉例來說，若是我們想建構一個五五幻方，各行、各列和主對角線的數字累加得數必然等於

$$\frac{5(5^2+1)}{2}=65$$

還得費許多力氣，才能把數字安排得神奇奧妙。不過，我們從這項先期計算就可以知道，該拿哪個數值來做為行、列的累加和。華人完全有本事擺平這道問題，附圖四所示五五幻方就是明證，這個幻方據稱是十三世紀楊揮所作。

請注意，累加本方陣各行、各列和主對角線，結果一如預期，所有的和都等於

1	23	16	4	21
15	14	7	18	11
24	17	13	9	2
20	8	19	12	6
5	3	10	22	25

圖四

14	7	18
17	13	9
8	19	12

圖五

65。其他內部模式也都明顯可見。好比，若我們把核心項13周圍的三乘三方陣抽出（見圖五），我們就會發現，那也是個經過變化（以 7、8、9、12、13、14、17、18和19等數組成）的幻方，而且各行、各列和對角線累加都得39。這類「序中有序」的例子，特別能吸引想在數字陣列當中尋求聖潔的人士。

到這裡就和華人分手，我們必須趕快談談另一個文明，他們的貢獻無與倫比：印度的印度文化。印度數學和埃及紙草書、巴比倫刻寫版的年代約略相當，這就產生一個耐人尋味的未解問題：這幾支民族相互接觸達到何等程度。

我們有確鑿根據，猜想印度和華人數學家曾有互動，然就規模和交流方向而論，陪審團仍無最後共識。

這些全都擺在一旁，印度人的數學成就出類拔萃。他們的最高成就之一是發展出三角學。就這個領域，他們的成果都取道後世阿拉伯諸文化，輾轉於十五世紀傳入歐洲。現代世界從印度偉大三角學獲益良多。

印度人還解決了幾類複雜的代數問題，不過都不隸屬符號代數範疇。這其中一類問題出自婆什迦羅（Bhaskara），這個人還有個稱號，叫「婆什迦羅老師」，生存年代為西元一一五〇年左右。試舉一道難題為例，求兩全數，使第一個全數的平方之61倍，比第二個全數的平方少 1。採現代註記法，這就相當於求 x、y 兩數，使 $61x^2 = y^2 - 1$。婆什迦羅解題求出正確答案，到了十七世紀，這道問題又在歐洲現身，讓數學家費神演練了一陣子。這一點也不令人訝異，因為他的答案是：$x = 226,153,980$，$y = 1,766,319,049$。[7]

印度人還留給我們幾項引人入勝的幾何成果，其中最精彩的一項稱為婆羅摩笈多公式，可以用來計算圓內接四邊形的面積。**圓內接四邊形**就是四個角都和同一圓相接的四邊形，如圖六所示。婆羅摩笈多是七世紀的天文學家暨數學家，他曾表

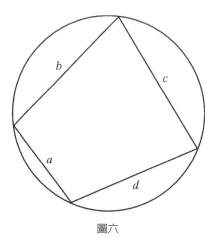

圖六

示，邊長分別為 a、b、c、d 的任意圓內接四邊形，都可由以下公式求得面積

$$\sqrt{(s-a)(s-b)(s-c)(s-d)}$$

其中

$$s = \frac{1}{2}(a+b+c+d)$$

是為該四邊形的**半周長**。

　　且看它如何作用，考量邊長等於 a 和 b 的矩形，如圖七所示。我們可以找到

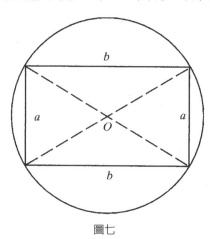

圖七

一圓，圓心擺在點 O，也就是矩形對角線的交點，則該圓環繞外切該矩形。這樣一來，這個矩形就是個圓內接四邊形，因此我們可以運用婆羅摩笈多公式。就本例而言

$$\sqrt{(s-a)(s-b)(s-a)(s-b)} = \sqrt{b \times a \times b \times a} = \sqrt{a^2b^2} = ab$$

於是 $s-a=(a+b)-a=b$ 且 $s-b=(a+b)-b=a$。因此矩形面積就等於

$$\sqrt{(s-a)(s-b)(s-a)(s-b)} = \sqrt{b \times a \times b \times a} = \sqrt{a^2b^2} = ab$$

當然了，根本不必婆羅摩笈多公式這等威力強大的武器，我們就能得知，矩形面積等於底和高的乘積。這簡直是殺雞用牛刀。

不過，接下來還有個引自印度古籍的例子，這就沒有那麼簡單了。[8]這裡我們要計算另一個圓內接四邊形的面積，其四邊分別為 $a=39$、$b=60$、$c=52$，且 $d=25$，如圖八所示。若不借助婆羅摩笈多，這道題目就非常難解；有了婆羅摩笈多，答案唾手可得。本例四邊形的半周長為

$$s = \frac{1}{2}(39+60+52+25) = 88$$

其面積則為 $\sqrt{(88-39)(88-60)(88-52)(88-25)} = 1{,}764$。

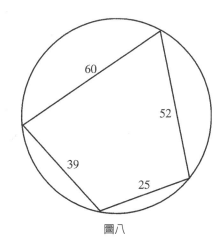

圖八

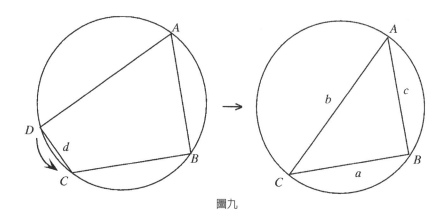

圖九

　　婆羅摩笈多公式會產生一種有趣的後果。參見圖九，若我們讓頂點 D 沿著圓向 C 滑動，內接四邊形就會變成三角形ABC。這樣變形之後，邊長$\overline{CD}\to 0$，於是該三角形（可視爲一種「退化」的四邊形）的面積就等於

$$\sqrt{(s-a)(s-b)(s-c)(s-0)} = \sqrt{s(s-a)(s-b)(s-c)}$$

這時，式中的 s 就是△ABC的半周長。說不定有些讀者認得，這就是求三角形面積的「海龍公式」，名稱得自希臘數學家海龍（Heron），西元七五年左右，海龍曾就此提出一項巧妙的證明。就這個層面看來，婆羅摩笈多公式把海龍公式擴充至圓內接四邊形。這是一項驚人的幾何成就。

　　我們前面簡單提到印度數學一項最偉大成就：把 0 引進以十爲底的記數系統。我們不可能精確斷定這項概念在何時出現，不過，這或許可以回溯至西元第一個千年期的中期階段。當時的文獻和銘刻文字都清楚明白寫出 0，樣子和今天所見非常相像。這項革新確實相當有用，0 不只是個理論建構，還是種運算裝置。印度人運用記數系統非常純熟，包括 0 的運用，後來阿拉伯人和他們接觸，不久之後就採用了他們這項技術。到了第一個千年期結束之際，阿拉伯學者紛紛提筆著書，論述美好的「印度算術」。

　　後來這些概念就是經由阿拉伯人之手，逐漸西傳進入歐洲。一二○二年，比薩的列奧納多（Leonardo of Pisa）發表《算經》（Liber abaci）踏出關鍵的一步。列奧納多也就是如今我們熟悉的斐波那契（Fibonacci），他年輕時大半在北非度過，

在那裡學會阿拉伯語文，還研讀伊斯蘭數學。他就這樣精研熟習如今我們所稱的「印度－阿拉伯數字」。斐波那契的書把這些概念傳進義大利各知識中樞，最後還從這裡向外傳遍歐洲大陸。

　　0 的故事反映出數學史上眾多事例的典型發展。概念萌芽；修改焠煉、向外散播並流傳後世；隨後還成為跨國數學文化的一環。數學是全世界共同參與，同感自豪的創造發明。

　　或者說是本當如此。然而，近來有關數學起源的問題卻引發齟齬，還捲入一場挑戰西方文明傳統觀點的重大爭議。雙方壁壘分明，立場兩極。第一種是歐洲中心論，堅稱真正的數學在希臘萌芽，在本土傑出思想家心中醞釀成形。這個學派幾乎從不認可其他任何地區有絲毫數學成就或影響。

　　另一群人則抱持相反觀點，採信多文化論，主張數學源自全世界眾多民族，各方貢獻同等重要。遵循這項立場的人士主張，非歐洲文明開創形形色色的眾多發明，他們還堅稱，歐洲中心派學者想要扭曲歷史，目的是彰顯他們本身的民族、宗教或種族認同。

　　不消說，這樣的論證會很快加溫，連一般都相當安寧的數學殿堂也不例外。就如大半學界論戰，極端派經常是目光狹隘，而真相則往往位於兩極之間。

　　不過，沒有人能忽略歐洲地區開創的恢宏數學成就，就連最受歐洲文明誤解，遭受粗暴排擠的人士，也不能漠然置之。希臘人為數學帶來邏輯證明，構成這門學問最根本的基礎特徵並傳承迄今，這是他們的最重大貢獻；不容否認，這賦予早期數學傳統思想不曾具備的先進發展和抽象水平。歐幾里德的《幾何原本》和阿基米德的《論球和圓柱》（*On the Sphere and Cylinder*），展現高明數學成就，學者鑽研歷史同樣悠久的其他數學傳統，結果完全找不到這等精妙作品。希臘數學獨具不同凡響的新穎特色。後來還有牛頓、萊布尼茲以及歐拉的發現，分別來自英國、德國和瑞士，即便出處不同，這些貢獻肯定也不亞於前人。

　　不過，事實也很明白，希臘數學並不是憑空出現。希臘之前或往後的其他文化，也都產生出大量成就，共同結出數學果實。然而，太多學者對此卻都視若無睹，看那群學者的舉止，彷彿他們認為分享榮譽，就相當於辱沒聲名。另有人則主張，以「歐洲中心說」來詮釋數學沿革，目光實在太過淺短，這項主張立論確鑿，佐證多如恆河沙數。

　　這其中有一項證據，比較偏激的歐洲中心論者往往置若罔聞，結果那卻是希臘人自己提出的。西元前五世紀史學家希羅多德曾為文論述，埃及人對面積測定有濃厚興趣，「從而發現幾何學，隨後才介紹給希臘人」。[9]非洲的埃及和南歐的希臘肯定有交流接觸，最早期的概念交流是北向傳播。早期埃及人對希臘思想發展影響深遠，這點絲毫不會減損希臘的成就，然而若是否認這段史實，結果就會造成嚴重誤導。

　　巴比倫人就算術和計數系統所做的貢獻、華人的數論相關發現、印度人的三角學成就，更往後還有阿拉伯人的代數發展，這所有一切，都已經交融納入現代數學盛宴。從菜單除去任何一項，都會嚴重減損這整門學問。

　　就如遠古眾多爭議，數學起源問題依然沒有最後定論。做出更好的學術研究、翻譯出更廣博的作品，再交上一、兩次好運，成就考古發現，或許可以提供我們更多線索，略窺數學的起源真相。不過，今天有關於誰先做出哪項發現的種種說詞，大半不脫前面談到的一段情節：第**K**章講述的微積分優先權爭議。這起爭議就如前面那起不幸的爭端，真真假假再加上民族自尊，匯成火爆彈藥庫，兩次都同樣迅速喪失焦點，罔顧根本事實，漠然無視種種數學概念的真正起源：在這項人類成就範疇，名譽榮耀多得夠大家分配的。

rime Number Theorem

質數定理

本章我們回頭訪視第 A 章的根據地：質數的性質。前面就曾指出，質數的性質可以做為自然數系統的特有建構單元，值得大書特書，也因此在過去幾百年來，始終廣受矚目。

質數相關問題為數眾多，其中一項極其有趣，牽涉到質數在整數體系的分布情況。質數是否完全隨機出現，凌亂散布在非質數親屬當中？或者其中是否存有某種規則，質數是否遵循某種可察覺的模式現身？後面這道問題的答案是「或多或少」。這種回答似乎有點賴皮，不能令人滿意，即便如此，本章卻希望舉證說明，這其實是相當大膽的答案。這能闡釋整個數學界最壯闊的成果之一：質數定理。

任何人想要研究質數分布，都應該從從一張列表入手。底下羅列出小於100的前二十五個質數：

2、3、5、7、11、13、17、19、23、29、31、37、41、

43、47、53、59、61、67、71、73、79、83、89、97

就算這其中有某種模式，依然稱不上顯而易見。當然，大於 2 的質數全都是奇數，不過這也不是非常有用。我們注意到質數群中出現幾處空隙：從24到28和從90到96之間都完全沒有質數，後面這個區間是一串七個連續合數。就另一方面，我們看出有些質數只間隔兩個單元，好比 5 和 7，還有59和61。這種背靠背的質數對（寫成 p 和 $p+2$ 型式）稱為**攣生質數**。

為了增加資料量，讓我們把介於100到200之間的質數，也全部彙總起來；於是從101到200的質數就包括：

101、103、107、109、113、127、131、137、139、149、151、

157、163、167、173、179、181、191、193、197、199

這次得到二十一個質數。我們又看到一些空隙，好比介於182和190之間的連續九個合數，然而，攣生質數仍不斷生成，直達197和199這對。

有一項研究探討質數整體分布情況，結果發現，空隙（在這當中連續質數相距甚遠）和攣生數對（在這當中連續質數相距甚近）應該扮演重要角色。質數之間是否存有間距較大的空隙？攣生質數對數是否無窮無盡？有趣的是，這前一道問題很容易回答，至於第二道，則列名數論未解謎團之一。

從容易的問題入手。假定我們奉命列出一串五個連續合數。使用第**B**章介紹的階乘記號，讓我們細察這群數字

6!＋2＝722、6!＋3＝723、6!＋4＝724、6!＋5＝725、6!＋6＝726

我們可以輕鬆看出，這裡面沒有一個是質數，不過，詢問爲什麼會這樣，還更能啓發思維。頭一個數字是6!＋2＝6 × 5 × 4 × 3 × 2 × 1＋2。由於 2 是6!和本身的公因子，因此 2 是6!＋2兩數和的因子。所以6!＋2並非質數。此外6!＋3＝6 × 5 × 4 × 3 × 2 × 1＋3也非質數，因爲前後兩項都能被 3 整除，於是兩項總和也能被 3 整除。相同道理，4 是6!和本身的公因子，因此也是兩數和的因子，5 是6!＋5的因子，而且 6 是6!＋6的因子。這些數各有一個因子，沒有一個是質數。我們就這樣產生五個連續的非質數。

或許有人要質疑，我們的搜尋作法太過複雜，這種觀點很能令人信服。畢竟，24、25、26、27和28就是五個連續合數，直接採用效果也一樣好。爲什麼要引用階乘，拉著我們攀上七百等級？答案是，我們需要一種通用程序。倘若我們要找的是五百個接續不斷的合數數串，掃視質數列表就不切實際。若是採用上述推理，就可以依循完全相同的作法，列出這樣的數串。

作法就是，從501!＋2開始，接著從這裡一路列出所有整數，直到501!＋501爲止。這顯然能算出五百個連續全數。這所有全數都是合數，這點也幾乎同樣明顯，因爲 2 可以整除501!＋2，且 3 可以整除501!＋3，於是依此類推直到501爲止，501可以整除501!＋501。這就產生出五百個連續合數。

　　沿用這同一個程序，從5,000,001！＋2開始，就可以產生出五百萬個連續數，而且其中沒有一個是質數。接著我們還可以如法炮製，同樣輕鬆產生出五千億個或五兆個連續合數。這項論證導出一項驚人結果：質數當中存有任意間距的遼闊空隙。

　　這就表示，若是我們依上述作法，繼續深入所有的「百整數群」來清點質數，我們就會遇上完全沒有質數的情況──連續一百個整數，裡面不含任何質數。然而，我們的處境還更奇怪。當我們遇上五百萬個連續合數組成的數串，這時逐一檢視所有的百整數群，則連續五萬群裡面，都找不出一個質數！到這時候，我們差不多就會認定，質數已經完全用完了。

　　凡是相信這點的讀者，都請回頭參考第**A**章的質數無限性證明。儘管存有巨大空隙，縱然空隙遼闊得我們一輩子都丈量不完，然而在這些空隙之外，卻肯定還有某處藏了其他質數，總是有更多質數。質數實在是無窮無盡。

　　那麼其他的議題呢？孿生質數是否同樣源源不絕，永無止境？數論學家和這道問題搏鬥已經好幾百年。就連非常大的數，也四處可見孿生質數，好比1,000,000,000,061和1,000,000,000,063都是這種質數。不過，迄今依然沒有人能證明，質數孿生數有無限多對。這項問題依舊未解。

　　儘管這道問題依舊讓最高明的數學高人茫然無緒，有關**三重質數**組的無限性問題，卻很容易擺平。若有三個質數符合 p、$p+2$ 和 $p+4$ 型式，則我們稱這三數為三重質數組。好比質數 3、5 和 7 就是一組三重質數。這種三重質數組是否為數無限？首先我們陳述，任意數除以 3，其餘數必然等於 0、1 或 2。所以，若我們有一組三重質數 p、$p+2$ 和 $p+4$，拿 p 除以 3，這時就有三種可能結果。

　　餘數或許為 0。也就是說，p 或為 3 的倍數，或也可以採符號寫成 $p=3k$，其中 k 為全數。倘若 $k=1$，則 $p=3$，於是我們又一次巧遇 3、5、7 三重質數組。不過，倘若 $k\geq2$，這時 $p=3k$ 就不是質數了，這是由於得數有 3 和 k 兩個真因子。接下來就可以推知，在這種情況下，3、5 和 7 為唯一可能的三重質數組。

　　還有一種可能性，p 除以 3，餘數或許為 1，於是 $p=3k+1$，其中 k 為大於等於 1 的整數。（請注意，我們可以排除 $k=0$，因為 $p=3(0)+1=1$，得數並不是質數。）就本例而言，三重質數組的第二個數為 $p+2=(3k+1)+2=3k+3=3(k+1)$。由於 $p+2$ 含 3 與 $k+1$ 兩個因子，因此得數不可能是質數。我們歸結認定，這種情況找不到三重質數組。

最後，假定 p 除以 3 得餘數為 2。則$p＝3k＋2$，其中 k 是大於等於 0 的整數。因此三重質數組的第三數為$p＋4＝(3k＋2)＋4＝3k＋6＝3(k＋2)$。但是$p＋4$不是質數，因為得數有一因子 3。這裡面也不含三重質數組。

彙總我們的結果，得知唯一一組三重質數就是很簡單的那組：3、5 和 7。於是，本問題「三重質數組是否為數無限？」的答案就是個嘹喨的「錯」，只有一對。然而，若把「三重」一詞換成「孿生」兩字，這就變成一個世界級的問題。你看，改個詞就有天淵之別。

這一切都讓我們愈來愈偏離主題：質數在全數裡面的整體分布情況為何？要解決這道問題，有一種作法是匯集、檢視資料，搜尋線索發現可能規律。我們就秉持這股精神來進行。

習慣上，這時就該引用符號 $\pi(x)$，來代表小於或等於整數 x 的質數有幾個。好比 $\pi(8)＝4$，因為等於或小於 8 的質數有 2, 3, 5 和 7 四個。相同道理，$\pi(9)＝\pi(10)＝4$，同樣有四個。然而 $\pi(13)＝6$，因為小於等於13的質數有六個，即2、3、5、7、11和13。

現在我們就蒐集資料。這就要清點質數並製作 $\pi(x)$ 表。底下表格裡針對10的不同次方值，列出幾欄數值，包括 $\pi(x)$ 值，涵括從十到百億的數值範圍。

x	$\pi(x)$	$\pi(x)/x$	$r(x)=x/\pi(x)$
10	4	0.40000000	2.50000000
100	25	0.25000000	4.00000000
1,000	168	0.16800000	5.95238095
10,000	1,229	0.12290000	8.13669650
100,000	9,592	0.09592000	10.4253545
1,000,000	78,498	0.07849800	12.7391781
10,000,000	664,579	0.06645790	15.0471201
100,000,000	5,761,455	0.05761455	17.3567267
1,000,000,000	50,847,534	0.05084753	19.6666387
10,000,000,000	455,052,512	0.04550525	21.9754863
.	.	.	.
.	.	.	.
.	.	.	.

附表最右兩欄有必要解釋一下。其中一欄列出的是

$$\frac{\pi(x)}{x}$$

這是小於等於 x 的質數之個數比例。好比，小於等於一百萬的質數恰有78,498個，則

$$\frac{\pi(1,000,000)}{1,000,000} = \frac{78,498}{1,000,000} = 0.078498$$

這就表示，小於一百萬的所有數當中，有7.85%是質數；絕大多數（92.15%）則為合數。

最右欄所列數值是底下這個式子的倒數

$$\frac{\pi(x)}{x}$$

我們稱之為$r(x)$。就$x＝10$情況，我們知道

$$r(10) = \frac{10}{\pi(10)} = \frac{10}{4} = 2.5$$

納入本欄的原因是，最後我們還要確認$r(x)$值（或至少取其近似值），把它當成常用的數學實體。

本表有哪些明顯模式？顯然當 x 值提高，小於等於 x 的質數個數比例也隨之減低（由上向下瀏覽第三欄）。換句話說，當我們移往較大數群，質數個數比例也隨之愈來愈低。稍事考量就可以推知，這種現象的道理何在。畢竟，數字必須不被較小數值除盡，才能成為質數。就較小數值而言，由於前面的數值比較少，比較可能避開這種除數。所以，7 要成為質數，只需 2、3、4、5 和 6 當中沒有可除盡的因子即可。然而若是551要成為質數，它就必須避開 2、3、4、5……549和550等數，不得被這些數值除盡才行，要出現這種情況，恐怕機會就低得多了。（事實上，551可以被19除盡，因此並非質數。）天降細雨之時，我們要奔跑躲開雨滴比較容易，若是颳起狂暴雷雨，那就難了。相同道理，若數字必須躲開的數值較少、較小，它就比較容易辦到並成為質數。

所以質數會隨著我們的進展而愈加稀少，然而數學家卻覺得這項見識無足輕重，他們想要更確鑿的見解。他們想找出一種規則或公式，可以（起碼要粗略）反映出質數的分布狀況。就此而言，前述表格似乎幫助不大。就算感覺最為敏銳的讀者，恐怕也瞧不出，這一筆筆資料當中，藏有一種模式，這點是可以諒解的。

不論如何，確實有種模式——微妙、精巧，而且相當出人意外。要看出模式，我們必須再次考量數值 e 和自然對數。這似乎相當奇怪，怎麼 e 和質數竟然有關。不過，我們在第N章已經談到，這個數值會在最料想不到的地方冒出來。

所以，擴充表格，納入一欄，裡面包含$e^{r(x)}$值。舉例說明，當$x=10$，$r(x)=10/4=2.5$，於是我們把數值$e^{2.5}=12.182494$寫進右側欄位。依此方式進行即得：

x	$r(x) = x/\pi(x)$	$e^{r(x)}$
10	2.50000000	12.182494
100	4.00000000	54.598150
1,000	5.95238095	384.668125
10,000	8.13669650	3,417.609127
100,000	10.4253545	33,703.4168
1,000,000	12.7391781	340,843.2932
10,000,000	15.0471201	3,426,740.583
100,000,000	17.3567267	34,508,861.36
1,000,000,000	19.6666387	347,626,331.2
10,000,000,000	21.9754863	3,498,101,746.
.	.	.
.	.	.
.	.	.

儘管右側欄位看不出完美規律，我們仍可察覺，這背後有種作用原理：當我們向下移動，右欄各筆資料，都約略等於上一列那筆的十倍。看來由某列下降一列（於是數值 x 也隨之十倍增長），$e^{r(x)}$值似乎也呈十倍增長。

這種現象可以總結寫成代數式如下：

$$e^{r(10x)} \doteqdot 10e^{r(x)}，其中x為大數$$

這只是指出，把代入數值 x 提高到$10x$，產出的新結果$e^{r(10x)}$約十倍於舊結果$e^{r(x)}$。

看來不怎麼起眼，不過，這項觀察結果卻非常重要。我們前面設了一個目標，要看穿$r(x)$的真貌。這時我們手頭起碼擁有一種相關公式，是為$e^{r(10x)} \doteqdot e^{r(x)}$。當然，肯定不是一切函數都能成立。只要我們找出一種服從這項規律的事例，那就是種重大進展，逐步實現看穿$r(x)$真貌的目標。

我們召喚自然對數。第**N**章曾特別指出

$$\ln (e^x) = x$$

本式指出，求對數可以還原指數運算。不過，這也適用於另一個方向：若是我們從 x 入手並求自然對數，接著求結果的指數，結果我們又回復得 x。採符號記為，

$$e^{\ln x} = x \qquad (*)$$

取一數值為例，若$x=6$，則$\ln x = \ln 6 = 1.791759469$，且$e^{\ln x} = e^{\ln 6} = e^{1.791759469} = 6$。我們回到起步原點。

所以，倘若我們從$10x$入手，求自然對數得 $\ln (10x)$，接著求指數得$e^{\ln(10x)}$，根據反演性質，我們應該會再次得到$10x$。亦即，$e^{\ln (10x)} = 10x$。不過，由($*$)明確得知$10x = 10e^{\ln x}$。把兩項論據擺在一起，我們得出結論

$$e^{\ln (10x)} = 10e^{\ln x}$$

接下來，我們只需評比探究上述關係和方程式即可。也就是進行以下比較

$$e^{r(10x)} \doteqdot 10e^{r(x)} \text{ 和 } e^{\ln (10x)} = 10e^{\ln x}$$

這兩種模式全等。我們大膽假設：當x為大數，則$r(x)$約略等於$\ln x$。

這是質數定理的精髓，不過經常改頭換面，樣式略顯不同。也就是把$r(x)$換掉，改寫成$x/\pi(x)$，結果就成為$x/\pi(x) \doteqdot \ln x$，接著求倒數，最後即得：

質數定理： $\pi(x)/x \doteqdot \dfrac{1}{\ln x}$ ，其中 x 為大數。

從本式可以看出質數定理的輝煌全貌。它指出，若 x 為大數，且以$n(x)/x$代表

質數占全數之個數比，則該比值約等於ln x的倒數。質數分布和自然對數有連帶關係，這是一項出類拔萃的發現。

　　當然，我們還沒有提出任何證明，接下來也不做任何證明。我們只略微見識一下，答案應該是什麼樣子。這裡做個數值驗算，我們修改表格，把 $\pi(x)/x$ 和近似公式1/ln (x) 都載錄納入：

x	$\pi(x)/x$	$1/\ln(x)$
10	0.40000000	0.43429448
100	0.25000000	0.21714724
1,000	0.16800000	0.14476483
10,000	0.12290000	0.10857362
100,000	0.09592000	0.08685890
1,000,000	0.07849800	0.07238241
10,000,000	0.06645790	0.06204207
100,000,000	0.05761455	0.05428681
1,000,000,000	0.05084753	0.04825494
10,000,000,000	0.04550525	0.04342945
.	.	.
.	.	.
.	.	.

　　這裡的協同作用肯定還不理想，不過隨著x逐步增長，結果看來也確有改進。最後一筆資料就顯示，小於等於百億的質數比，和1/ln (10,000,000,000)只相差0.002，所以逼近結果有千分之二的偏差。依循某種古怪理由，當質數朝無限大增長，它們也跟著自然對數的步伐邁進。

　　若有讀者認為，凡人根本不可能釐清這種關係，這裡勸他們多斟酌一下。審視卡爾‧高斯十四歲時動手撰寫的幾篇論文，裡面可以見到下式：[1]

$$就小於等於 a 的質數，\quad a\,(=\infty)\,\frac{a}{la}$$

這段筆記是指什麼？首先，我們可以把「小於等於 a 的質數」，換成現代等價寫法，$\pi(a)$。再者，「la」顯然就是我們的「ln a」，還有，「$(=\infty)$」就是指「當 $a \to \infty$」或者「其中 a 是很大的數值」。所以，高斯的祕語可以轉譯為

$$\pi(a) \fallingdotseq \frac{a}{\ln a} \text{，其中 } a \text{ 是很大的數值}$$

兩邊分別除以 a，結果便為

$$\pi(a) \fallingdotseq \frac{a}{\ln a} \text{，其中 } a \text{ 是很大的數值}$$

這就是前面說明的質≒數定理！顯然，高斯在少年時代已經認出箇中模式。

看來，拿胡迪尼從水下的鏈鎖保險箱中脫困的本領來做個比較，高斯的成就也不遑多讓。換句話說，那個小男孩的天分，就像變魔術一般。不過，我們別忘了，高斯一輩子都沉迷於數字中，智商又高達天文數字，況且他那個時代還沒有MTV。

前面就曾指出，高斯認出模式，卻沒有提出證明。往後幾百年間，也沒有人提出證明。到了一八九六年，雅克·阿達馬（Jacques Hadamard, 1865-1963）和法勒布賽（C. J. de la Vallée-Poussin, 1866-1962）終於完成質數定理證明，他們採用非常精妙的解析數論技術成就壯舉。阿達馬和法勒布賽除了壽命幾乎等長之外，還同時、獨立各自發明證法，因此兩人共享開創這項數學里程碑的榮耀。

我們以一項生動見識做為結論。從歐幾里德時代至今，完成證明的質數相關定理，不折不扣已達數千項。其中許多都很重要；另有些則很優美。不過在這當中，只有一項（本章的論述焦點）舉世公認號稱「質數定理」。

Quotient

商

　　笛卡兒在他的一六三七年〈幾何學〉著述中抒發見解：「算術只含四或五種運算法，也就是加、減、乘、除，以及求根運算。」[1]除了他莫名其妙採含糊措辭（「四或五種」）來陳述精確數字之外，笛卡兒還相當明確地列出正當的算術運算法。從現代有利位置來看，採用這些作法就可以產生一套層級數系，各級都擴展前一級範圍，同時引進更強大的代數操作功能。藉由算術運算來構成數系，就邏輯、歷史的角度來看，這種作法都深具意義。

　　就如第**A**章的情況，這趟史詩旅程也是從一組自然數（記為**N**）入手進行。假定我們在這套數系範圍內工作，手頭只有一種加法運算可供使用。也就是說，我們能自由選定兩個自然數，並累加、記錄結果。倘若我們把所有可能數對，逐一累加起來，然後把得數彙總構成一個集合，這會是什麼樣子？

　　答案簡單明瞭：結果又是**N**。數學家指出，自然數採加法運算，結果是「**封閉的**」。他們的意思是，從**N**裡面選出數字累加起來，答案永遠脫不出**N**的範圍。**N**集合的範圍足供加法盡情發揮。

　　倘若我們容許乘法運算，同樣這句話也能成立。全數之和或積都為全數，所以**N**不只彰顯加法封閉性，也能展現乘法封閉性。到目前為止還算不錯。

　　然而，當我們把減法納入，情況就要惡化。兩個自然數之差不見得也是個自然數，因為，儘管 2 和 6 都屬於**N**，2－6卻不是。有了減法，我們就有辦法逃脫。

　　這時我們眼前有兩個選項。其中一個是一則老笑話暗示的作法，病人舉起手臂覺得疼痛，他說：「醫生，我這樣做就很痛。」醫生勸他：「那就別這樣做。」

　　秉持這股精神，我們就可以禁用減法，克服拿自然數做減法的缺陷──「別這

樣做」。這當然很荒謬。另有一種作法，這就是數學家採用的補救措施，容許減法運算，不過也相對擴大數系範圍。數系擴大之後，就包括 0 和負全數，這種數系稱爲「**整數**」，以符號**Z**表示。

儘管在我們看來似乎有些奇怪，許多數學家一開始卻都強烈反對，不肯擴大「數」的概念。部分原因出自數學所含的幾何風味，因爲數學承襲自希臘學術，他們很難想像，長度、面積或容積會出現負值。另有部分則是肇因於哲學對「小於 0」的反感，這麼差勁的量，何足掛齒。因此，我們發現米夏埃爾‧史迪飛（Michael Stifel，約1487-1567）稱負數爲「荒謬數」，卡爾達諾則使用同等輕蔑的「虛構的數」相稱。進入十八世紀許久，反對聲浪依然持續，就如弗朗西斯‧馬塞瑞斯（Francis Maseres, 1731-1824）男爵底下這段所述：

> 但願……負數從來沒有獲准納入代數，或者再一次由此摒棄：因爲若能如此，就有很好的理由可以想像，許多博學、創意人士，指斥代數運算晦澀、費解，幾無道理可循的種種異議，藉此即可泯除。[2]

連笛卡兒都稱負數是「虛假的根源」（racines fausses）。在許多數學家眼中，負數帶有某種令人不安的古怪性質。

但是，他們還是治好減法的疾病，因爲從**Z**中任意選出兩個整數，經過加、減或乘法運算，必然得出另一個屬於**Z**的整數。按照笛卡兒的三種運算方式，新的數系具有封閉性。

接下來是除法，這又帶來更根本的問題。有時做起來還好；好比 6 和 2 都包含於**Z**，而且$6 \div 2 = 3$也是。試舉飲食實例來看，我們有六顆蘋果，每個人各給三顆，這樣就能平均分給兩個人。

不過，我們該怎樣把兩顆蘋果分給六個人？所有諧星都知道答案——調製蘋果醬。這是採幽默態度，坦承**Z**不具備除法封閉性，因爲$2 \div 6$不包含於**Z**。（有次有人問諧星格魯喬‧馬克斯，該怎樣把兩把雨傘分給六個人，他就循此構思回答：調製雨傘醬。）

把除法納入可不能開玩笑。這時必須再次擴充數系，延展至商集合，專門術語稱之爲「**有理數**」。依型式來看，有理數**Q**集合包含a/b的所有商，其中 a 和 b 爲整數，且$b \neq 0$。因此，$-2/3$包含於**Q**，而且$7/18$和$18/7$也都是。請注意，任意整數也

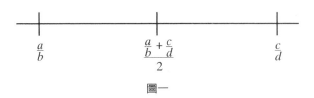

圖一

都包含於**Q**，因爲$a=a/1$，其中後面這項是個分式。

前式有個限制，那就是分式的分母不得爲 0。有理數完全不容許4/0一類的分式。其中道理說明如下，假設在某一刹那，4/0確有意義，這時就存有數 x，使4/0$=x$。於是我們交叉相乘得出$4=0×x$。然而，$0×x$當然等於 0，由此我們得到$4=0$，不管依循什麼人的標準，這種情況都無法接受。數學家歸結認爲，分母等於 0 的商根本不是商。對算術來講，再沒有比除以 0 更大的不敬。

有理數有兩項重要特質，有必要在這裡談一談。兩項要點意義重大，因爲自然數和整數都沒有這種特色，還彰顯出**Q**勝過**N**和**Z**兩種前輩數系的一項優勢。

首先，**Q**具有加減乘除四則運算封閉性，當然，除數不得爲 0 是個例外。數學家偏愛這類數系，因爲他們可以從心所欲，任意加減乘除，依然不脫數系範疇。

有理數的第二項主要差異是分布致密。這表示在任意兩分數之間，肯定都有另一個分數棲身。整數顯然不具備這項特色，因爲兩個整數之間（好比 5 和 6 之間）存有空隙，裡面沒有整數。整數一環扣一環密集排列，各數後方整整一單位外都跟著一個整數。在我們心目中，整數區隔散置彼此分離。

商就不是這樣了。1/2和4/7之間有15/28，15/28和4/7之間有31/56，依此類推。就一般情況而言，任意兩有理數

$$\frac{a}{b}<\frac{c}{d}$$

的平均值

$$\frac{\frac{a}{b}+\frac{c}{d}}{2}$$

落於兩數之間的中點（見圖一）。此外，把這個平均值算式的分子、分母分別乘以

bd，我們就可以得到

$$\frac{\frac{a}{b}+\frac{c}{d}}{2}=\frac{\frac{a}{b}+\frac{c}{d}}{2}\times\frac{bd}{bd}=\frac{ad+bc}{2bd}$$

這樣一來，兩個有理數的平均數，確實也是個有理數。

這套步驟可以無止境反覆進行，因此任意兩有理數之間，顯然就存有爲數無窮的有理數。就這個層面看來，有理數的致密程度超過一切罐裝沙丁魚或瓶裝醃黃瓜。有理數多得無法想像。

這是否就表示，所有數全都是有理數？答案爲「否」，然而，這可不是隨便就看得出來。我們可以採一種途徑，把分數表達式看成無限小數。

我們都記得小學教過的小數展開式。普通紙筆計算可以得出一串商和餘數，舉例說明，求5/8的小數可得：

$$
\begin{array}{r}
0.625 \\
8\,\overline{)\,5.000} \\
\underline{48} \\
20 \\
\underline{16} \\
40 \\
\underline{40} \\
0
\end{array}
$$

這裡我們向下運算得出幾個餘數，如算式中的粗體字：**5**（我們的起點），接著是**2**、**4** 和 **0**。一旦餘數出現 0，底下就不必再算了，最後我們就得到5/8＝0.625。由於我們想把有理數寫成無限小數，這裡可以附上一串爲數無窮的 0，寫成5/8＝0.625000……

本例的除法步驟有個終點，顯出兩種情況裡面的一種。另一種可以舉5/7爲例，當我們計算這個無理數的小數，另一種情況就會出現：

$$
\begin{array}{r}
0.714285\ldots \\
7\,\overline{)\,5.0000000} \\
\underline{49} \\
10 \\
\underline{7} \\
30 \\
\underline{28} \\
20 \\
\underline{14} \\
60 \\
\underline{56} \\
40 \\
\underline{35} \\
50
\end{array}
$$

　　這次的除法步驟沒有停頓跡象。不過，當我們考量連串餘數（**5、1、3、2、6、4、5**），我們就可以見到這裡出現循環現象。這時我們就會發現，50除以7又出現了，所以我們必須再走過一次相同循環。於是小數展開式又一次出現714285數字，最後又回到餘數 5，然後就展開另一個循環。分數5/7的展開式為

$$0.714285714285714285714285\cdots$$

　　關鍵問題是，這種循環現象究竟是交上好運，或者是個通則。我們很容易看出這是個通則。當我們拿 7 做為除數，所得餘數只能為 0、1、2、3、4、5 或 6。倘若餘數始終為 0，運算就要停止。否則，過了最多六道步驟，我們就「必然」要見到前面已經見過的餘數，因為從 1 到 6 的數字，散布範圍也只有這麼廣。一旦餘數重複出現，除數也要再次循環。

　　除數 7 沒什麼特別的。採相同推理就可以得知，當我們把113/757轉換成小數，最多經過756道步驟之後，展開式必然就要開始循環（事實上，循環現象出現時間還要早得多）。就一般情況而言，針對 a/b 下手時，除法要嘛就要中止，否則最多經過 $b-1$ 道步驟，就要循環再現。

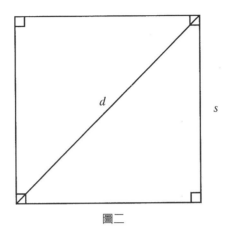

圖二

　　所以我們可以看出，任意有理數的小數展開式，「必然」都具有循環區組特色。不論循環區組為「0」（好比第一個例子）或「714285」，好比第二個例子，這個說法都成立。無理數是種循環數。這項準則構成一帖配方，做為產生非無理數的判據：只需產生沒有循環區組的無限小數即可。試舉以下實數為例

$$0.1010010001000010000010000000100000000 \cdots \cdots$$

這裡有許多數串，先是一個 0，接著是兩個 0，接著是三個，並依此類推。沒有區組反覆出現。因此，這個數不是有理數，也「無法」以兩整數之商來表示。這就是數學家所說的「**無理數**」，還可以闡明史迪飛一項高見所指為何：「當我們想把它們〔無理數〕納入數值計算……我們發現它們總是要逃開，結果其中沒有一個得以原本風貌就逮。」這個無理數的小數展開式展現無窮無盡的不規則現象，引用史迪飛的說法，這就顯示無理數是隱藏在「一團無窮雲霧之中」。[3]

　　儘管前面引述的小數是個無理數，卻絕對不是最令人感興趣的例子。還有個例子更是迷人得多，那就是一個用途廣泛的顯赫無理數的真實相貌。這個數就是 $\sqrt{2}$，具有無理屬性，而且早在兩千五百年前，古希臘畢達哥拉斯門派對此已有認識。

　　$\sqrt{2}$ 的重要意義從圖二就可以看出，細究圖示邊長 s 對角線 d 的方形便知端倪。畢氏定理指出

$$d^2 = s^2 + s^2 = 2s^2 \text{，因此 } d = \sqrt{2s^2} = s\sqrt{2}$$

所以，任意方形裡面都找得到$\sqrt{2}$，不論是在高速公路路標、棋盤或棒球場中都不例外。

　　任憑它多麼顯赫，$\sqrt{2}$都是個無理數。這個真相似乎讓希臘人感到驚訝、爲難，相傳這個數的發現人，畢達哥拉斯派門人希帕索斯（Hippasus），就是由於公開發表這等倒楣的發現，結果慘遭他的數學同門謀害。這種事關生死的成果值得特別注意，那麼我們就提出兩種無理性證明。一種必須用上一點幾何學，另一種則是一點數論。兩種作法的目標，都是要證明，不論我們怎樣努力嘗試，$\sqrt{2}$都不可能寫成兩個整數的商。

　　我們在第J章就曾指出，單單拿幾個特例來核驗，永遠無法達到這種目標。化學家拿五萬枚鈉珠投入五萬個裝水燒杯，親眼見到五萬次爆炸，或許可以正確歸結認定，這其中發生了某種現象。然而，當數學家驗算五萬組分式，發現其中沒有一組等於$\sqrt{2}$，結果卻和原地踏步沒有兩樣，依然得不出普適成果。

　　要解決手頭的例子，必須有更精妙的武器。這件武器就是歸謬法，這可以做爲底下兩項論證的礎石。就這兩種情況，要證明$\sqrt{2}$是無理數，我們先從反面入手，假設$\sqrt{2}$是個有理數，接著由此導出矛盾結果。

定理：$\sqrt{2}$是個無理數。

證明：（歸謬反證）假定$\sqrt{2}$是個有理數。那麼必然存在正整數 a 和 b，使得$\sqrt{2}=a/b$。這裡我們必須把a/b約分成最簡分式（這是必要步驟）。這個要求並不過分，因爲分式總是可以做這種調整。（例如，我們可以把15/9約分成5/3。）

　　把$\sqrt{2}=a/b$化爲最簡分式之後，作一邊長爲 b 單位的方形（參見圖三）。根據先前觀察見解，斜邊長爲$b\sqrt{2}=b \times (a/b)=a$。沿本斜邊標出長等於$b$的線段$AD$，並作直線$DE \perp AC$，其中 E 位於BC上，如圖所示。於是線段CD之長等於$\overline{AC}-\overline{AD}=a-b$。

　　請注意，$\angle ACB$爲45°，且$\angle CDE$爲90°，所以$\triangle CED$剩下的一角也等於45°。這就表示$\triangle CED$爲等腰三角形，於是$\overline{ED}=\overline{CD}=a-b$。

　　接下來作線段AE，構成$\triangle ADE$和$\triangle ABE$兩個共斜邊（AE）直角三角形。兩個

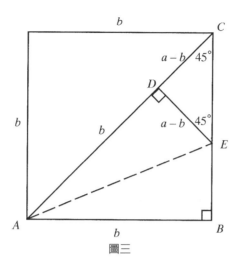

圖三

三角形都應用畢氏定理，得到

$$\overline{AB}^2 + \overline{EB}^2 = \overline{AE}^2 = \overline{AD}^2 + \overline{ED}^2$$

所以 $b^2 + \overline{EB}^2 = b^2 + \overline{ED}^2$，由此得知 $\overline{EB}^2 = \overline{ED}^2$，於是 $\overline{EB} = \overline{ED} = a - b$。最後即得 $\overline{EC} = \overline{BC} - \overline{EB} = b - (a - b) = 2b - a$。

現在我們就專心處理小直角三角形 CED。由於兩邊邊長都等於 $a - b$，根據畢氏定理，斜邊 EC 之長就等於 $(a - b)\sqrt{2}$。另一方面，我們已經證明，EC 之長等於 $2b - a$。因此，$(a - b)\sqrt{2} = 2b - a$，或直接寫為：

$$\sqrt{2} = \frac{2b - a}{a - b}$$

總結截至目前的所有論證，我們假定 $\sqrt{2} = a/b$，且已經化成最簡分數，接下來稍事使用初等幾何學，推演得出另一種寫法：

$$\sqrt{2} = \frac{2b - a}{a - b}$$

縱然表面上看不出來，不過片刻之後，我們就可以見到矛盾之處。這裡做個總結，我們需要四項單純見識：

一、由於 a 和 b 都是整數，因此 $2b - a$ 和 $a - b$ 也都是整數。

二、由於我們假定 $\sqrt{2} = a/b$，加上一件明顯事實，$1 < \sqrt{2} < 2$，我們得知 $1 < a/b$

＜2。各數都乘以 b，得不等式$b＜a＜2b$。

　　三、依照第2項的$b＜a$論據，我們推知$a-b$是正的，再依照第二項的$a＜2b$論據，我們推導出$2b-a$也是正的。

　　四、第二項不等式$b＜a$兩邊都乘以 2，我們得到$2b＜2a$，接著兩邊各減 a，得$2b-a＜a$。

　　所以，儘管我們前面假定，$\sqrt{2}＝a/b$寫成正整數之商，且a/b爲最簡分數，如今我們卻得出

$$\sqrt{2} = \frac{2b - a}{a - b}$$

其中分子和分母都是正整數（根據第一項和第三項），然而，式中新的分子$2b-a$，卻絕對小於原來的分子 a（根據第四項）。由於這時出現了較小的分子，顯示我們對$\sqrt{2}$的分數表達式做了一次約分，這就逾越了我們的最簡約分式假定，因此這次約分顯然不可能實現。

　　矛盾來了（也絲毫不嫌太快）。由此得知，這整段論述的根基就如流沙般不穩，當初$\sqrt{2}$是個有理數的假定，是個錯誤假設。我們拒絕假設，歸結認定$\sqrt{2}$是個無理數，證明完畢。

　　這裡我們冒個險，就算有炒冷飯或徒勞枉然之嫌，也要提出$\sqrt{2}$是無理數的另一種證明，這第二種作法遠比第一種更短。這種作法有個必要條件，那就是第**A**章討論過的全數的因子分解唯一性定理，加上現在要闡述的另一項原理。

　　假定一正整數 m 經因子分解爲質數。舉例來說，若$m＝360$，則可得$m=2^2×3^2×5$。請注意，質數 2 在這次因子分解當中出現三次，質數 3 出現兩次，質數5則出現一次，其他所有質數（7、11、13等）都完全沒有現身。當然，就任意非特定整數而言，任一質數現身幾次，大體都非我們所能影響。

　　不過還請細加審視m^2。我們眼前的例子可以分解爲

$$m^2=360^2=(2^2× 3^2×5) × (2^3×3^2×5)=2^6×3^4×5^2$$

請注意，當我們對m^2做質因數分解，每個質數的出現次數都兩倍於 m 的因子分解

結果。這就表示，每個質數的出現次數都是偶數。所以，第一個 m 解出的三個 2，乘上第二個 m 解出的三個 2，結果就得出m^2的六個 2。相同道理，分解可得四個 3 和兩個 5，至於 7、11和13等則都沒有出現，並依此類推。略做思索就可以想出，這種現象永遠會發生，因為求任意正整數的平方，同時也使質數的出現次數倍增，這樣一來，所得結果就是個偶數。（0 等於本身的兩倍，也是個偶數。）總之，我們已經驗證下述原則：

對任意全數之平方進行質因數分解，所得各質數之出現次數，必然都為偶數。

這點確立之後，我們就可以進行第二項無理數證明。

定理：$\sqrt{2}$是個無理數。

證明：（歸謬反證）假定$\sqrt{2}$是有理數。於是存有全數 a 和 b，使$\sqrt{2}=a/b$。兩邊都求平方並交叉相乘，得$2b^2=a^2$。

我們考量本式兩邊之質因數分解。右邊出現a^2，即整數 a 之平方。根據前述原理，我們知道因數分解之後，所得質數 2 必然出現偶數次數；同時，左邊含b^2，於是經過因數分解，所得質數 2 也必然出現偶數次數。不過（重點來了），左邊的完整式子是$2b^2$，所以這裡還多出一個 2。由於b^2生成偶數個數的 2，算式$2b^2$經過因數分解為質數之後，必然含有奇數個 2。

所以我們遇上矛盾，因為我們已經證明，當a^2分解出質因數，所得結果含偶數個 2，然而相等數值$2b^2$經過質因素分解，卻得出奇數個 2。於是我們的數字（寫成a^2或$2b^2$）得出兩種質因數分解結果。

這是不可能的，因為這違反第**A**章的唯一因數分解定理。這裡出了某種邏輯上的錯誤。回頭審視推理過程，結果發現問題出在「$\sqrt{2}$可以寫成分式」的初始假定。我們放棄這項假定，再次歸結認定$\sqrt{2}$是無理數。

這第二種證明還可以把 2 換掉，改採 3、5、7 或其他任意質數，則結果也顯示，$\sqrt{3}$、$\sqrt{5}$、$\sqrt{7}$等都屬無理數。結論是，凡是非完全平方數的任意全數 n，$\sqrt{n}$都為無理數。相同道理，若 n 非完全立方數，則$\sqrt[3]{n}$等數也是無理數，且若 n 非完全

四次方數，則 $\sqrt[4]{n}$ 等數也都是無理數，並依此類推。

所以，無理數爲數繁多。不過，雖說這群無理數不能以整數的商來表示，起碼就一項標準來看，它們卻都很「馴服」：它們都是具整數係數的簡單多項式方程式之解。舉例來說，無理數 $\sqrt{2}$ 是二次式 $x^2-2=0$ 的解，而且無理數 $\sqrt[4]{7}$ 可以解答四次方程式 $x^4-7=0$。這裡必須強調，這兩項方程式都具有整數係數。

由此可知，任意有理數 a/b 都是 **代數**，因爲這種數能解答 $bx-a=0$，也就是係數 b 和 $-a$ 都是整數的一次方程式。從這個角度來看，代數數可以視爲有理數的延伸，只需解除有理數的「一次」限制，容許任意次多項式即可產生代數數，不過係數仍需爲整數才行。

凡有理數都是代數，然而代數數卻不見得全都是有理數，好比從 $\sqrt{2}$ 或 $\sqrt[4]{7}$ 就看得出這點。代數數涵括所有有理數，同時也包含大批無理數。好比，我們主張 $1/2+\sqrt{11}$ 是代數式無理數。驗證過程需構思一特定多項式方程式，使其解等於該數。作法如下：從 $x=1/2+\sqrt{11}$ 入手，採逆向代數運算去除根式。也就是，

$$x-\frac{1}{2}=\sqrt{11} \rightarrow \left(x-\frac{1}{2}\right)^2=(\sqrt{11})^2=11$$

展開左邊得 $x^2-x+1/4=11$。接著，爲符合所有係數均爲整數之要件，兩邊都乘以4，然後把同次項匯集起來即得

$$4x^2-4x-43=0$$

這就完成一個帶整數係數的二次多項式方程式，且本式解爲 $1/2+\sqrt{11}$，這就表示 $1/2+\sqrt{11}$ 是個代數數。

依循相仿對策可以顯示，如下這種複雜算式是代數式

$$\frac{\sqrt{6}}{\sqrt[3]{5}+\sqrt{3}}$$

因爲這就是下式的解：

$$4x^{12}-49{,}248x^{10}-37{,}260x^8-127{,}440x^6+174{,}960x^4-139{,}968x^2+46{,}656=0$$

不過，這種導算可不是膽小鬼做得來的。

凡是從整數開始，經由有限步驟，採笛卡兒容許的加、減、乘、除和開方五種運算產生的任意實數，全都是代數數。坦白講，我們很難想像，哪個數不是代數數，哪個數並不是某個具整數係數之多項式方程式的解。

第一位推測有這種數的人是歐拉。他稱非代數的實數為「**超越數**」，因為這種數超越代數運算範疇。[4]所以我們介紹超越數時，並不講它們是什麼，反而講它們不是什麼：它們不是代數。

超越數就是以這種否定觀點來界定，於是這種數存在與否的問題就懸而未決。例如，我們可以仿效這種作法來下個定義：凡是棲居水中的海豚都是代數海豚，同時，非代數海豚都是超越海豚。就邏輯而言，這項定義沒錯；不過，當然世上並沒有超越海豚。

世上有超越數嗎？歐拉連一個都找不到。過了一個世紀，約瑟夫・劉維爾（Joseph Liouville, 1809-1882）才設想出一個可以由他來證明超越性的數。他這個例子以無窮級數定義如下：

$$\frac{1}{10^{1!}} + \frac{1}{10^{2!}} + \frac{1}{10^{3!}} + \frac{1}{10^{4!}} + \frac{1}{10^{5!}} + \ldots = \frac{1}{10} + \frac{1}{10^2} + \frac{1}{10^6} + \frac{1}{10^{24}} + \frac{1}{10^{120}} + \ldots$$

$$= 0.1 + 0.01 + 0.000001 + 0.000000000000000000000001 + \ldots$$

$$= 0.110001000000000000000001000000 \ldots$$

當我們朝右移動，數中 1 的出現頻率就隨之遞減。劉維爾的證明非常出色，一舉確立超越數確實存在。然而，第一個已知超越數竟然是這麼做作的數字，想起來就不禁要感到慚愧。

倘若能證明根基穩固的著名數字具有超越性，那麼帶來的滿足感就能遠勝前例。兩個候選數字很快就成為數學界的矚目焦點：我們在第**C**章見過的圓周率常數 π，還有曾在第**N**章現身的自然成長常數 e。

大家早就知道 π 和 e 都是無理數。早在一七三七年，歐拉本人已經體認 e 具有無理性，而 π 的無理性則是在一七六七年，由約翰・朗伯（Johann Lambert, 1728-1777）確認。然而，無理數不必然就是超越數（想想 $\sqrt{2}$ 就是個代數無理數）。超越性證明工作是難若登天的壯舉。

首先解決的是 e。夏爾・埃爾米特（Charles Hermite, 1822-1901）備嘗艱苦，在一八七三年證明 e 是超越數。他的結果實至名歸被譽爲數學推理的一大成就。劉維爾人爲造出能夠由他來證明超越性的數字，埃爾米特不循此途，他必須和已經界定的對手搏鬥。劉維爾就像位古生物學家，必須找出恐龍遺骨，也奉准在全世界各地搜尋；相形之下，埃爾米特則是奉命在自己家的後院尋找暴龍。

結果他找到了。埃爾米特建立功勳，旁人慫恿他對付 π。他拒絕了，由他的說詞就可以推知，這種使命必須彈精竭慮投注多少心力：「我沒有勇氣投入證明 π 的超越性。若有旁人著手進行，沒有人會比我更高興見到他們成功。不過相信我，親愛的朋友，這篤定要讓他們費些力氣。」[5]儘管擁有他這等高明的數學本領，埃爾米特也絲毫不願參與證明其他任何數字的超越性。這種折難一次就夠了。

於是使命就落在斐迪南・林德曼（Ferdinand Lindemann, 1852-1939）肩上，由他在一八八二年匆匆證得 π 的超越性。諷刺的是，林德曼證明的根本要件，居然正是埃爾米特（令人想破頭腦）的開創性成果，而且到頭來還比先前預期的更爲簡單。

於是這就顯示，e 和 π 兩個重要常數不只是無理數，甚至情況還更糟糕：兩數都不是任何具整數係數之多項式方程式的解。倘若史迪飛形容無理數籠罩在「一團無窮雲霧」底下的說法正確，那麼超越數似乎就是籠罩在一團代數不可企及的雲霧底下。

那麼，這爲我們帶來哪種情況？笛卡兒寥寥幾種代數運算，爲我們開啓一扇大門，讓我們見識多種數字類型，包括從單純整數乃至於本章標題提到的商。不過，我們已經見到，商還不足以涵納 $\sqrt{2}$ 的無理性，而且埃爾米特和林德曼也證明，加、減、乘、除和開方所得結果，完全無法產生出 e 和 π 這類數字。超越數的發現，就像先前無理數的發現，同樣顯示實數系統的怪誕、複雜程度，遠非任何人當初所能想像。

Russell's Paradox

羅素悖論

　　伯特蘭・羅素生於一八七二年五月十八日，依循西方習俗，生下時算零歲，他活到九十七歲罕見高齡，死於一九七〇年二月二日。將近一個世紀期間，他度過富裕又動盪不安的生活，成爲著名的哲學家和社會評論家，乃至於作家和教育家，還在英國「貴族院」擔任上議員，進入布里克斯頓監獄服刑。他曾在多所世界最崇高的機構教書，從劍橋到哈佛，乃至於柏克萊。他得過一次諾貝爾獎。他還結婚四次，加上幾次婚外情。他抱持不信神不可知論，鼓吹婚外性關係，惹來指責謾罵。把他這輩子親密接觸過的人造表列冊，看來就仿如西方文明名人錄。

　　本章第一部分勾勒羅素的非凡生活。撰寫過程大量引述他本人的著述，還有隆奈爾德・克拉克（Ronald Clark）的一九七六年出色傳記，《羅素傳》（*The Life of Bertrand Russell*）。接著我們回頭檢視羅素悖論，這是他早期幾項重大發現之一，曾在二十世紀初期撼動數學基礎，造成不安擾動。我們希望循此安排，由這個角度來展現這個人的生平和成就。

　　有關羅素的驚人事項之一是，他既順從習俗又違逆成規，既遵循傳統價值又展現驚人偏激舉止。就若干層面來看，他似乎是英國上流社會的產物；就其他層面來看，他又似乎是現狀的宿敵。好幾張照片顯示，他身著三件式套裝並露出錶帶，領導反戰抗議行動。儘管他絕不「崇敬可敬之士」的誓言，肯定招致他那個階層人士給他貼上叛徒標籤，羅素的出身背景卻與可敬之士同等可敬。[1]

　　他的祖父約翰・羅素（John Russell）當過維多利亞女王的首相，任期從一八四六到一八五二年，後來又從一八六五當到一八六六年。後來伯特蘭活到人類踏上月球，而且記得維多利亞女王拜訪祖父莊園之時，自己還曾坐在女王膝上。顯然，小

伯特蘭出身十九世紀英國社會最高階層。

然而，就算權高位重，生命依然殘酷。羅素四歲父母雙亡，於是他主要是由祖母扶養長大，祖母決定不送他入學，改僱請教師在家授業。於是這位聰明、敏感的小伙子，童年大半時期都在彭布羅克宅第（Pembroke Lodge）的寧靜祖居度過，身邊都是老人，不曾享有無憂無慮的童年喜樂。按他自己論述寫道，當年他很孤單、抑鬱，花了太長時間沉思默想。他深思善惡之辨，還不只一次想過要自殺。

不過，羅素在孤寂童年學到一課，隨後這還伴隨他走到生命終點。那就是他祖父最喜愛的《聖經》經文：「不可隨眾行惡。」後來這句話對羅素的生活，產生足與其他一切因素比擬的影響。[2]

時候到了，羅素離開彭布羅克宅第，進入劍橋三一學院，也就是兩百多年前接受青年牛頓就讀的學府。由於出身稀罕背景，又具高度智慧，他在那裡成為特立獨行的奇人。不過，學術生涯很適合他，數學更是最吸引他學習。

他對數學一見鍾情。羅素覺得自己的物理學或實驗科學能力十分拙劣，至於數學，這是門客觀的學科，按他自己的說法，那是可以讓他熱愛，卻不會回報愛他的學門，於是他迷上數學。在羅素心目中，數學是通往必然性和完美的途徑。「我不喜歡現實世界，」他坦承：「才在不受時間影響的世界尋求庇護，沒有變遷、不會腐朽，也沒有進步虛幻目標。」[3]他秉持這股精神，寫出以下數學頌詞，這樣一段誇張獻詞，只因措詞得當才顯得鏗鏘有力：

> 現實生活，對多數人來講，只是一段漫長的次佳生活，始終是理想與尚可之間的折衷結果；至於純理性世界就不知妥協，不受現實侷限，沒有壁壘，創意活動暢行無阻，追求完美的雄心壯志得以落實成就壯闊偉業，而這也是一切偉大作品的源頭。世人疏遠人性熱情，甚至疏遠可悲的自然事實，一代代漸次創造出一種有序宇宙，這裡可供純粹思想棲居，一如其自然生息之所，同時，我們最高尚的衝動，起碼便有一種不致脫離真實世界，陷於煩悶的流亡處境。[4]

揣摩這段文字或可推知，數學的功利層面，對他幾無絲毫吸引力。他愛的是比較純淨的苦行式數學推理。羅素在《數理哲學導論》（*Introduction to Mathematical Philosophy*）一書中就曾論述數學界的兩大對立思想：「比較常見的……是建構的，複雜度漸次提升：從整數到分數、實數、複數；從加法和乘法到微分和積分，

乃至於高等數學。另一個方向就沒那麼常見，走向是……抽象程度愈來愈高，邏輯則愈顯簡明。」[5]就是這另一個方向，遠離應用和複雜度，朝向基礎和簡明的變動，構成羅素數學哲學的特徵。他就是在這裡找到他的智識根本。

羅素的數學基礎研究都在劍橋完成，起步時他還是個學生，成為研究員之後仍持續進行。他這項使命有懷海德加入合作，後來這位知名邏輯學家和羅素共同研究數十載，期間兩人就學術、私交方面都時起爭端。一九○○年夏季是羅素的「智識迷醉」期，他就在這時成就數學邏輯重大進展。就那位二十八歲的知識分子來講，這是一段目眩神馳、振奮不已的時期，後來他回顧：「我對自己說，我終於完成值得做的事情，我還覺得自己必須小心，可別在作品寫出之前，就在街上給車子輾過。」[6]

一九○三年，羅素發表一部五百頁著述，《數學的原理》（The Principles of Mathematics）。後來他又和懷海德合寫《數學原理》三冊鉅著，分別在一九一○、一九一二和一九一三年出版。這是他們的決定性的嘗試，試圖把整門數學約化成不容置疑的基本邏輯概念。兩人這部《數學原理》通篇都是邏輯符號，幾乎見不到英文單字，就此數學史家艾沃‧格頓－吉尼斯（Ivor Grattan-Guinness）形容得好，他舉一面代表書頁，說那看來就像「壁紙」。[7]（著作摘錄參見第J章。）

這幾冊論述極其嚴謹，羅素和懷海德為之心力交瘁，就連有毅力展閱的人，也都要精神耗竭。這部書還把他們的荷包掏空，因為很少有人想購買這麼恐怖的出版品。羅素坦承：「我們投入十年工作，結果各賺得負五十英磅。」[8]更糟的是，最後並不清楚羅素和懷海德是否成功完成使命，把所有數學都約化成邏輯。真正清楚的是，他們完成這件作品，探究數學基礎達空前未有的深度。

第一次世界大戰爆發當晚，四十歲的羅素就這樣在數學哲學界成就盛名。當代人士大概猜想，他下半輩子應該會繼續投入，進一步探索邏輯奧妙定理。然而，當代人士肯定要猜錯，因為羅素的生命走向，將出現驚人意外轉折。

多種力量驅策他改換跑道，包括內在的和外部因素，不過，其中最重要的就是第一次世界大戰的錯亂局勢。就像英國許多知識分子，羅素也看著整代年輕人慘遭戰火屠戮。猛然之間，在書頁篇幅齊步邁進的邏輯符號頓失意義。他承認，面對戰火：「我的研究成果，似乎顯得無足輕重——和我們棲居的世界漠不相關。」[9]

羅素挺身介入戰局。他投入反戰行動，結果在一九一六年被捕，導致他遭劍橋

解僱，還喪失護照。當時哈佛虛位以待，最後這項卻讓他無法上任。然而，這一切全都無法讓他噤聲，他依然厲聲譴責日益慘烈的戰爭罪行，於是更激烈的衝突勢必就要上演。這次事件在一九一八年爆發，羅素又一次被捕，押送布里克斯頓監獄服刑六個月。貴族之子成為良心犯。

羅素和英國現有體制扞格不入，起因不只是他的反戰態度，除此之外，至少還有兩項立場因素導致他和傳統價值觀反目相向。一項是他公然宣揚不可知論。羅素不只批評特定宗教，他批判整個宗教。他這個人奉理性為最高圭臬，還認為神學導致人類對立，踏上不幸的走向。他的譴責尖刻、有力又很嚴苛。舉例來說，他曾寫道：「不論任何時期，只要宗教信仰愈狂熱，對教義信條愈執著，殘暴行徑就愈猖狂。」[10]他經常打擊羅馬天主教會，譴責他們禁止生育控制，他對基督宗教的其他門派也絲毫不留情面。對於篤信上帝，認定世界是祂施展巧計設計而成之士，羅素質問他們：「倘若你有全能和全智，還有千百萬年時間來讓你的世界臻於至善，難道你還創造不出比三K黨和法西斯更美好的東西嗎？」[11]根據他針對「在這個世界當中，他特別喜愛哪件事情」問題所提的答案，我們就可以概括了解他的觀點：「數學和大海，神學和紋章，前兩件非關人性所以擺在前面，後兩件荒謬愚蠢所以擺在後面。」[12]有次流言誤傳他在拜訪中國期間死亡，可以想見，當時一份宗教期刊不帶悲憫發表社論：「傳教士聽聞伯特蘭‧羅素先生死訊寬心嘆息者可予恕免。」[13]

不過，若說他的宗教觀存有爭議，那麼他的性和婚姻觀也同樣可議。從他方正不苟的養成過程，實在無從預期他居然抱持這種非正統思想。他在二十二歲時娶阿莉絲‧史密斯（Alys Pearsall Smith）為妻。阿莉絲是僑居英國的美國貴格會教徒，她堅持婚禮採貴格會儀式，羅素同意了，卻也發揮本色圓滑表示：「別以為我當真在意採宗教儀式……一切儀式都很討厭。」[14]

他們新婚時互許終身，然而就內心而言，羅素並無絲毫永恆之念。一九○二年年初，有一天羅素在劍橋附近騎腳踏車，突然覺得他再也不愛妻子了。

有此領悟之後，他就展開連串糾結戀情，還綿延了半個世紀，把這個崇尚理性的人，捲進在整個世界心目中都全然不理性的舉止當中。他顯然迷上了伊芙琳‧懷海德（Evelyn Whitehead），也就是和他合撰《數學原理》那位協同作者的妻子。他和英國社會名流，知名政治家的妻子，奧特林‧莫瑞爾（Ottoline Morrell）夫人

展開一段愛情長跑。兩人一得空就前往偏遠旅館幽會。就一位享譽國際的人士而言，這實在是不成體統。

就在這些事件發展期間，他也和阿莉絲離婚，並於一九二一年和荳拉‧勃拉克（Dora Black）再婚。就書面而言，兩人的婚姻延續至一九三五年。不過在一九二九年，羅素就曾提筆寫到他的第二任妻子：「她和我都不假裝自己信守婚約。」[15] 在這種情況下，當羅素在一九三○年得知荳拉懷了其他男人的孩子，他也實在不該感到詫異。然而，當荳拉懷了那同一個男人的第二個孩子時，就連羅素也覺得受夠了。於是他訴請離婚。

這就鋪好通往他第三次婚姻的道路，這次他和海倫‧斯彭斯（Patricia Spence）結婚，從一九三六年維繫至一九五二年。接著他在八十歲時，又和布林莫爾學院的英文教授伊蒂絲‧芬奇（Edith Finch）結婚，於是他終於找到能夠快樂共度餘生的伴侶。

這種婚姻、婚外行為給羅素惹來不少口舌是非，尤其他還特別愛談性愛、貞潔、避孕一類的觀點。一九四○年發生一次知名事件，羅素遭受宗教界和市長菲奧雷洛‧拉瓜迪亞（Fiorello LaGuardia）打壓，明令禁止他到紐約市立大學教書。禁令聲稱，羅素抱持反對宗教、贊成亂交的觀點，因此他不適合教書。有次他發表勉強稱得上答辯的見解，表示陷入熱戀的數學家和旁人沒有兩樣：「或許唯一的例外是，理性假期激使他們熱情過頭。」[16] 顯然，羅素花在度假的時間還真不少。

不過，他還花了相當多時間投入工作。在這段紛擾歲月當中，他持續推出大量作品，寫出一冊冊社會評述、教育論文，甚至還為大眾報刊撰寫文章。儘管看來有點自相矛盾，不過這位社會激進分子，偶爾也動筆為《魅惑》雜誌（*Glamour magazine*，譯注：英國知名時尚月刊）寫文章，還曾經以名流來賓身分，上了英國廣播公司的廣播節目。他深獲廣大民眾歡迎，部分原因是，不管抱持哪些觀點，他這個人確實很有魅力。部分則是由於他比敵人都活得更久，這點斷無疑義。

有關他的生平，還有兩個層面也值得一提。其一是他始終不喜歡共產政治體系。當年許多知識分子見共產主義崛起，都歡欣鼓舞，視之為人類的救贖，羅素則特立獨行逆水行舟。他純粹秉持理性基礎，提出兩點簡練理由，反對卡爾‧馬克斯的哲學觀：「其一，他腦筋不清楚；其二，他的思維幾乎完全受仇恨驅使。」[17] 羅素從根源鄙視共產主義，因為他在一九二○年前往莫斯科時，曾經面見列

寧，結果令他大感震驚。他的評價刻薄之至，絲毫不下於西方任何鷹派政治家所做批判，羅素形容蘇維埃國家是「一所精神病院，裡面關的是殺人瘋子，病情最糟糕的是病院守衛」。[18]第二次世界大戰期間，羅素支持對希特勒作戰，不過他仍質疑，英國這個敵人是不是真的比盟友史達林糟糕得多。

羅素還有一個令人驚奇的特色，那就是他的寫作才華。前面已經指出，他的寫作題材範圍廣博。而且不論是哲學著述，好比《我們對外在世界的認識》（*Our Knowledge of the External World as a Field for Scientific Method in Philosophy*）、評論小冊子，如〈垃圾理論概覽〉（*An Outline of Intellectual Rubbish*），還有通俗輕鬆小品，比方〈當你愛上已婚男子〉（*If You Fall in Love with a Married Man*），總歸是筆調清新、發人深省的雋永之作。

而且這裡面無可否認暗藏譏諷，特別是當作品染上他的些許辛辣嘲諷。有次他寫到把暴食歸為一種罪孽，羅素闡述：「這是種有點含糊的罪孽，因為我們很難分辨，對食物的正當興趣在哪裡結束，從哪裡開始引發內疚。吃下沒有營養的食品是否都算缺德？若是這樣，每吃下加鹽的杏仁我們都有風險，有可能就這樣下地獄。」[19]他為文取笑堅決支持動物權利的人，還曾寫道：「篤守平等主意的人……會發現自己被迫把猿猴視同人類。然後為什麼到猿猴就住手？我看不出他該怎樣抵制擁護牡蠣投票權的論證。」[20]還有一次他擱置一部自傳撰寫工作，因為：「我有點遲疑，擔心開始……過早，我怕有重要事項還沒有發生。假定我往後要死在墨西哥總統任上；倘若這部傳記沒有提到這起事件，那就會顯得不夠完善。」[21]

羅素榮獲一九五〇年諾貝爾文學獎，他的寫作才氣就這樣以想像得到的最公開方式獲得認可。然而，羅素有關自己成功寫作模式的陳述，卻絲毫沒有讓作文老師感到安慰：

> 他（一位良師益友）教給我好幾項簡單法則，其中我只記得兩項：「每隔四個單字就標一個逗號」，還有「除非用在句首，否則絕對別用『還有』」。他最有力的建言是，文章一定要修改。我刻意努力嘗試，結果卻發現，我的第一稿幾乎總是比第二稿更好。發現這點讓我省下大量時間。[22]

羅素這輩子廣結三教九流，和有權有勢的有趣人物親近交往，種種人脈關係，得自他的數學研究到入獄服刑，還有從他的多次戀情乃至於諾貝爾獎。他的教父

是英國哲人約翰・密爾（John Stuart Mill）。我們已經指出，他有次坐在維多利亞女王膝上。後來他還有幸結識經濟學家約翰・凱恩斯（John Maynard Keynes）、哲人心理學家威廉・詹姆斯（William James），還有小說家赫伯特・韋爾斯（H. G. Wells）。他還認識許多作家，包括碧雅翠絲・波特（Beatrix Potter）、大衛・勞倫斯（D. H. Lawrence）、蕭伯納（George Bernard Shaw）、約瑟夫・康拉德（Joseph Conrad）、奧爾德斯・赫胥黎（Aldous Huxley），還有詩人泰戈爾（Rabindranath Tagore）。他的學生包括路德維希・維根斯坦（Ludwig Wittgenstein）和托馬斯・艾略特（T. S. Eliot）。他曾到俄羅斯訪問列寧和托洛斯基。一九二〇年，他前往北京講學，據稱聽眾席上有兩位激進派熱情青年，毛澤東和周恩來。他和所有人交朋友，從愛因斯坦到諧星彼得・塞勒斯（Peter Sellers）乃至於邱吉爾。關於這最後一位，羅素曾說，有一天在晚宴席上，「邱吉爾要我用兩個詞來闡明微分學，結果我講得讓他很滿意」。[23]

羅素和大人物就是這麼頻繁接觸，然而彷彿這仍舊不夠充分，他還進占當初牛頓在三一學院時期使用的研究室。儘管就氣質看來，再也沒有比牛頓和羅素更不相像的，這兩位英國人卻各具強大智能，分別推動當代數學進入嶄新領域。

這其中一片嶄新領域，正是我們這裡要檢視的目標。我們回顧一九〇一年，羅素還沉迷研究數學邏輯基礎的時代。鑽研這項課題必須檢視事物群集的關係（羅素曾談到「類級」〔classes〕，現代用語則是「**集合**」）。究其本質，類級所含「事物」並非物質；重點在於集合論的抽象邏輯。

事物是否歸爲集合元素似乎無足掛齒。若我們拿集合$S = \{a, b, c\}$來考量，則b爲S之元素，至於g則否。若我們考量所有偶數全數，則 2、6 和1,660全都爲該集合的元素，至於 3、1/2和π則否。

把抽象等級略往上推，我們看出一個集合的元素組，本身或許也是組集合。就兩元素集合$T = \{a, \{b,c\}\}$來看，第一個元素是a，第二個元素則爲集合$\{b, c\}$。或者做另一種設想，我們設W爲兩個集合組成的集合，其中一個由所有的偶數全數組成，另一個則是由所有的奇數全數構成。即，

$$W = \{\{2, 4, 6, 8 \cdots\}, \{1, 3, 5, 7, \cdots\}\}$$

集合W含兩個元素，兩元素本身都是集合，各含爲數無窮的數。

　　由於集合有可能含集合元素，羅素就此看出一道耐人尋味的問題：集合能不能做為自身的元素？他寫道：「在我看來，一個類級有時是，有時則不是自身的一個元素。」[24]

　　他舉所有湯匙組成的集合為例，這肯定不是一支湯匙。因此，所有湯匙組成的集合並不能做為自身的元素。相同道理，所有人組成的集合也不是一個人，因此也不能做為自身的元素。

　　就另一方面，在羅素眼中，某些集合確實涵括自身為其元素。他舉的例子是所有非湯匙的事物組成的集合。這種非湯匙組合包含叉子、英國首相、八位數字──沒錯，只要不是湯匙的都算在內。然而，這個集合本身肯定不是支湯匙（我們不能拿它來攪拌紅茶），也因此它不折不扣屬於本身範疇，這是另一件非湯匙。

　　我們還可以考量另一個集合**X**，這是所有能以最多二十字來描述的事物集合之集合。所有水牛之集合算是**X**的元素，因為這段描述「所有水牛之集合」只需七個字。相同道理，豪豬所有尖刺之集合（九個字）也包含於**X**，而且棲居南美洲所有蚊子之集合（十二個字）也是。然而根據這種元素判別標準，既然集合**X**（所有能以最多二十字來描述的事物集合之集合）能以二十字來完成敘述，則它肯定也必然包括在自身裡面。

　　顯然，所有集合都落入兩種類別之一。要嘛就是個不能做為自身元素的集合（好比湯匙集合），這時我們稱這個集合為「**羅素集合**」，不然就是屬於集合**X**類別，也就是自身也屬於本身元素的集合。

　　這類單純無害構思，後來卻出現不祥逆轉，因為羅素決定鑽研「不是自身元素」的「所有」集合之集合。也就是把所有羅素集合全都彙總構成一個龐大的新集合，這裡就以**R**來表示。於是**R**的元素就包含所有湯匙之集合、所有人之集合，還有滿坑滿谷的其他元素。

　　接著就在這時，搖撼礎石的問題浮現：集合**R**能不能做為自身的元素？也就是說，所有羅素集合之集合本身是否也是羅素集合？就這道問題，只有兩種可能答案：是或否。

　　假使答案為是。那麼**R**就為**R**之元素。要做為元素，**R**必須符合元素判別準則，也就是前兩段引號裡的陳述：**R**不是自身的元素。因此，若**R**是**R**的元素，則**R**不可能為**R**的元素。這顯然自相矛盾，因此這道要命問題的答案不可能為「是」。

　　然而，若是答案爲「否」，R不是R的元素呢？那麼R肯定不是自身的元素，同時就像我們的湯匙集合，它也符合元素判別準則，得以納入R中。所以，若R不是R的元素，則它必然自動成爲R的元素。我們眼前又出現矛盾。

　　就羅素看來，這一切本該相當單純。然而也不知道爲什麼，「每項答案都導出反解，還自相矛盾」。他陷入膠著，面對他推理得出的「怪誕類級」百思不解，況且他所採推理「迄今似乎還算允當」。[25]。這就是我們今天所稱「羅素悖論」。

　　底下採用比較具體的方式，來顯示羅素的論證所含邏輯轉折，這或能幫我們理解。假定有一位知名藝術鑑賞家，決定把世界所有畫作全都歸入互不相屬的兩個類別之一。其中一類肯定相當稀少，涵括畫布上畫了一幅自身畫面的所有畫作。舉例來說，我們可以畫一幅畫像，下個《室內》畫題，畫面描繪一個房間和室內陳設（有懸垂簾幔、一尊雕像和一架平台式鋼琴），其中鋼琴上方掛了一幅細小的《室內》畫作。因此，我們這幅油畫也包含一幅自身畫面。

　　另一類畫作就常見得多，涵括不含自身畫面的所有畫作。我們就稱本類畫像爲「羅素畫作」。《蒙娜麗莎》就是一例，由於畫中沒有細小的帶畫框《蒙娜麗莎》，所以這是幅羅素畫作。

　　進一步假定，我們的藝術鑑賞家舉辦一場盛大畫展，把全世界所有羅素畫作全都納入。經過發憤努力，所有畫作蒐集完備，掛在一處遼闊廳堂四壁。鑑賞家對自己的成就深感自豪，於是他僱請一位藝術家來展場作畫，描畫廳堂和場景。

　　作畫完成之後，藝術家給作品下了一個允當畫題，稱爲《全球羅素畫作總攬》，並遞交那位鑑賞家。鑑賞家詳細審視畫作，找出一項細小瑕疵：那幅油畫裡面的《蒙娜麗莎》圖像旁邊，出現一幅《全球羅素畫作總攬》的圖像。這就表示，《全球羅素畫作總攬》是包含自身畫面的畫作，因此不歸入羅素的畫作類。這樣一來，它就不能列入爲展品，畫面也肯定不該顯示它掛在牆上。他要求藝術家把它抹掉。

　　藝術家照辦，接著又把畫作遞交鑑賞家。鑑賞家仔細端詳一番，發現了一個新問題：現在《全球羅素畫作總攬》畫面並不含自身影像，因此歸入羅素畫作，可以納入展覽。可是這樣一來，除非這件作品不納入羅素畫作總攬，否則畫面就該描繪它掛在牆上某處。於是鑑賞家召回那位藝術家，要求她略做改動，在畫中添加一幅細小的《全球羅素畫作總攬》圖像。

然而添加圖像之後，我們又回到原點。於是圖畫又必須挪走，隨後又必須補進來，接著挪走，並依此類推。藝術家和鑑賞家遲早會明白（但願如此），這裡面出了差錯：他們湊巧遇上了羅素悖論。

這整個情況似乎無關緊要。然而，請回想羅素的工作使命，他的目標是在不可動搖的邏輯基礎上，建構出整套數學。他的悖論讓這套計畫岌岌可危。這就好比住在高樓頂層的人，聽說地下室出現裂縫，自然覺得不安；相同道理，當數學家得知，自己的專業根基出現邏輯漏洞，肯定也要覺得不安。這就暗示整門數學事業，就像公寓大廈，不知道在什麼時候就要倒塌。

不消說，羅素得知他的悖論存在肯定深感震撼。「我感受到這類矛盾，」他寫道：「就很像天主教徒聽聞教宗缺德時湧起的感受。」[26]其他人也同感氣餒，這點明白顯現在羅素和邏輯學家戈特洛布·弗雷格（Gottlob Frege, 1848-1925）的往來函件當中。弗雷格曾發表《算術的基本法則》（*Grundgesetze der Arithmetik*）鉅著，宗旨在探究算術的基礎。在這部著作當中，弗雷格處理集合問題同樣是掉以輕心，不加深究；然而原本羅素也是這樣，結果才導出悖論。羅素寫信給弗雷格，轉告他這個例子，於是弗雷格馬上看出這對他的事業是個致命的打擊。弗雷格收到羅素來函的時候，他的《算術的基本法則》第二冊就要付梓，於是他這就必須面對學者的最大夢魘：研究成果在最後一刻經顯示為誤。弗雷格忍受極致痛楚，發揮同等極致誠實本色寫道：「罕有科學家會遇上比此更令人不快的處境，就在作品完成之際，研究基礎卻垮台。我的作品將近付梓完成之際，結果卻收到伯特蘭·羅素先生的信，讓我陷入這種處境。」[27]

悖論敘述清楚分明，解決之道卻非如此。經過多年徒然嘗試，到頭來邏輯學家只得規定，把自身納入為元素的集合，其實並不是集合，就這樣藉規定來擺平問題。他們採行這種邏輯策略，謹慎研擬幾項定義，最後就宣告這種類級是不合法的。

採這種步數是不是合理，我們這個畫作寓言，或許正可以闡明這點。「內含自身代表圖像的畫作」是不是連談都不該談？倘若《全球羅素畫作總覽》內含自身圖像，那麼更仔細端詳畫面（甚至拿一面放大鏡來幫忙），就可以瞧見一幅細小的《全球羅素畫作總覽》。這裡面還會有另一幅更細小的《全球羅素畫作總覽》。接著更依此類推，永無止境，就像服裝店試衣鏡的無限反射影像。帶有這種無限回歸

伯特蘭‧羅素
提供單位：The Bertrand Russell Archives, McMaster University

影像的畫作，永遠不可能在畫面上落實。

　　這就能粗略闡明羅素爲解決這項悖論所採作法。他寫道：「不管一組群集所有元素包含哪種事項，它本身總歸不得爲該群集的元素。」[28]因此，羅素集合組成元素的自身指涉本質是不合法的。羅素集合根本不是集合。

　　這種解決方式，必須拐彎抹角、絞盡腦汁，卻也顯得累贅又造作。羅素談到這點，認爲那是「一類揣測，或有可能爲眞，不過並不漂亮」。[29]撇下其他不談，這讓集合研究脫離不加深究的前羅素範疇，踏入與直覺較不相符的領域。

　　就不關心基礎問題的數學家看來，這整件事情似乎不值得投注這等心力。至於羅素則逐漸認定，他把數學約化成邏輯的最終結果，並不如他年少樂觀展望那般令人滿意。

　　求知操勞加上結論令人失望，羅素付出慘痛代價。他回顧此後自己如何疏遠數

學邏輯，還胸懷一股憎惡。[30]羅素更常想到自殺，不過他做出抉擇不這樣做，因為他也看得出，自己終究得抱憾活下去。失望逐漸消弭，而且我們前面也已經談到，他繼續奮鬥下去，又延續了三分之二個世紀。

到了最後分析階段，要總結他的漫長一生可不容易。羅素是一股不可抗拒的知識力量，還是二十世紀的頑固壞老頭。他對人類的處境深感絕望，卻也奮力設法改善。他被貼上惡棍標籤和冠上英雄稱號的次數同等頻繁。然而，就連他最頑強的敵人也不能否認，這個人有勇氣捍衛信念。就如他祖母的諄諄告誡，他並沒有隨眾行惡。

羅素就談到這裡，我們以一段話做為尾聲。在一九二五年一篇隨筆〈我的信念〉當中，他提示一條線索，點出他是靠什麼度過他漫長、動盪的一生。這位偉大懷疑論者寫道「快樂」，

　　　總歸是真正快樂，縱然它必然有個終點，然而如同思想和愛，同樣不因為不能延續久遠，就失去價值……就算敞開的（理性）窗口，一開始要讓我們顫抖，方才室內傳統教化神話的愜意溫馨不再，然而到了最後，新鮮空氣便帶來活力，而宏大空間也自有其壯麗之處。[31]

S = 4πr²

Spherical Surface

球狀曲面

　　球體再單純不過了。沒有任何三維物體比球體更容易定義，也沒有物體展現更完美的對稱。無庸置疑，這是種純粹的形體。

　　古往今來，舉世頌揚球體盡善盡美，哲人柏拉圖也不例外。他斷言，創世主「把它化爲渾圓球形，從中央朝四面八方距離都相等，這種形體完備、均勻到極致，因爲祂認定均勻超絕遠勝不均勻。」[1]迄至近代，塞尙也體認到這等優越屬性，於是他告誡藝術家要「參照圓柱形、球形和錐形來處理自然，全部採透視法呈現」。[2]他發揮畫家眼光，俯仰都能見到球形。的確，除了少數幾位太空人之外，人類家族自有史以來，全都在一個非常巨大的球體表面行走。

　　儘管四處可見，球體卻也具有不可否認的美感，這種優雅屬性萌發自它固有的單純特質，也讓它有別於其他所有造形。沒有任何實心物體，能像球體這般成爲我們的矚目焦點。

　　撇下這樣的沉思默想，球面其實是種數學實體。嚴格而言，「**球面**」的定義是，在空間中與一定點相隔給定距離的所有點之集合。這個給定距離就是「**半徑**」，而那個定點就是「**圓心**」。不過，歐幾里德卻採用一種比較動態的觀點，把球面定義如下：「令半圓直徑固定不變，這時讓半圓迴轉，並回復運動起始位置，則這樣涵括的圖形就稱爲球形。」[3]

　　球面是以一半圓旋轉掃描構成，如圖一所示，這種概念帶出動感，令人振奮。當然，這也暗示，必須有個有形的半圓，實際在空間移動才行。到了現代，根植於純粹邏輯的定義，比需要仰賴物理運動的更受數學家賞識。不過，歐幾里德藉由迴轉生成球形的概念，卻依然是確定球面的核心理念。後來有一位數學家把這一切化

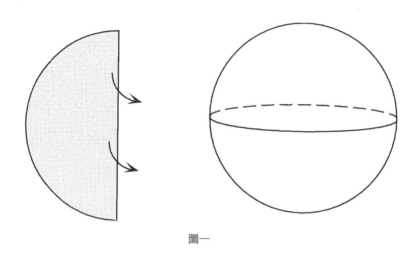

圖一

零爲整，那就是舉世無雙的錫拉庫薩的阿基米德。

一言以蔽之，本章的目標就是：依循阿基米德的作法，求得球體的表面積。就是這道問題，讓他很快沉入艱困深淵。我們還不要跳進去，先處理另一種沒那麼困難的三維形體：求圓柱形的表面積。

標準導算法如圖二所示，垂直切開圓柱形，展開攤平（請注意，我們假定該圓柱形不帶頂面和底面），結果就是個矩形，高度等於原來那個圓柱形的高，寬則是圓柱形之圓形底邊的圓周。根據第C章所述，這個圓周等於 $\pi D = 2\pi r$。所以

$$圓柱形表面積＝矩形面積＝b \times h＝(2\pi r) \times h＝2\pi rh$$

這項論證毫不費力，這就顯示，儘管圓柱是種彎曲形體，卻不是彎曲得無可救藥。

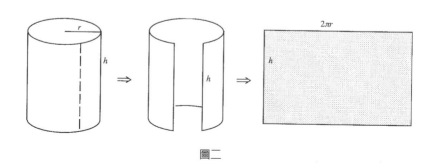

圖二

　　然而，求球面的彎曲面面積，卻絕對不算稀鬆平常。首先，我們就不知道該從哪裡下手。揣摩圓柱形作法，我們或可循線設法切割展開球面，然而結果卻不是個單純的或可辨識的圖形。或許我們可以在球面上貼滿細小方形，由此設法算出面積，然而方形始終無法全盤覆蓋球面。使用方形量值來測定球面的面積，就像拿蘋果和橘子相比。

　　這些難關都擋不住阿基米德，無法遏阻他投身刺探它的最玄妙奧祕。我們曾在第C章提到，他成就連串數學功績，開創史無前例，後世難及的偉業。按照他本人和世世代代後人評價，其中最了不起的是，他求出球的面積和體積，這些美妙發現，都見於他的鉅著《論球和圓柱》。稍後我們就會見到，其中幾何也扯上一點關係，不過結果倒是值得絞點腦汁。

　　數學有個毋須明言的特色，一道難題往往可以藉由連串比較簡單的子問題，逐一處理終至解題。（事實上，這個教訓很值得供做參考，用來處理日常生活問題。）阿基米德並沒有忘記這項毋須明言的道理。他並沒有針對球面直接下手，卻取道另外兩種比較好應付的立面造形，圓錐體和平截頭圓錐體，仰賴其特質來解題。我們依循他的腳步來求導兩種形體的表面積。

　　假定我們有個錐面，如圖三所示。錐體的圓形底面的半徑為 r，從頂點沿錐面連往底面的直線長度為 s（這就是所謂的「**斜高**」）。

　　求錐體表面積時，我們從底部到頂點把它切開，如圖所示，接著攤開所得平面，得到圓形的一個片段，術語稱為「扇面」。請注意，原來那個圓錐的斜高 s，已經變成個扇面的半徑。

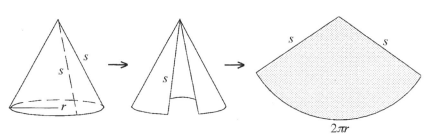

圖三

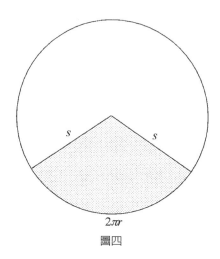

圖四

　　現在我們就完整畫出扇面所屬圓形，如圖四所示。顯然，扇形面積對圓形總面積之比，等於扇形外緣弧長對圓形圓周總長之比。換句話說，

扇形面積／圓形面積＝扇形弧長／圓形周長

舉例來說，還原完整的圓形，倘若扇面占了還原圓形的三分之一面積，那麼扇面的弧長也同樣占了還原圓形之周長的三分之一長度。

　　還原圓形的半徑為s，面積等於πs^2，周長則為$2\pi s$。參照圖三我們看出，扇面弧長恰等於原始圓錐之圓形底面之周長：$2\pi r$。彙總這所有資訊，我們得出

$$\frac{扇形面積}{\pi s^2}=\frac{2\pi r}{2\pi s}=\frac{r}{s}$$

交叉相乘即得

$$扇形面積=\frac{r}{s}\times \pi s^2=\pi r s$$

由於扇面攤平所得面積，恰等於原始錐體的表面積，於是我們證得

公式A：錐體表面積＝$\pi r s$，其中 r 為半徑，且 s 為斜高。

　　阿基米德還需要第二種表面，那就是平截頭圓錐面。平截頭體是圓錐體的下段部分，也就是以一平行於底面的平面，切除上段之後的殘留部分，如圖五所示。設

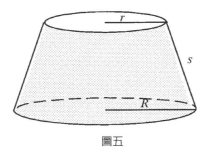

圖五

r 為平截頭體圓形頂面的半徑，R 為圓形底面的半徑，且 s 為平截頭體的斜高（也就是沿著錐體表面，從上圓垂直向下圓畫去的直線），我們得求出平截頭體的表面積（這次也不包括頂面和底面）。

最自然的作法是還原圓錐失去的頂部，接著採用公式A求出還原大圓錐體以及小圓錐體的表面積。這兩個面積的差，就是平截頭體的表面積。

為方便註記，我們稱上段部分的斜高為 t，如圖六所示。由於上段圓錐的半徑為 r，斜高則為 t，則根據公式A，表面積就等於 πrt。就較大的還原錐體而言，底面半徑為 R，斜高等於 $s+t$，也就是上段錐體和平截頭體的斜高和。所以，大錐體的表面積就等於 $\pi R(s+t)$。由此推知

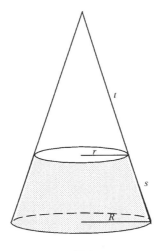

圖六

平截頭體表面積＝還原錐體表面積－上段錐體表面積

$$= \pi R(s+t) - \pi rt$$

$$= \pi Rs + \pi Rt - \pi rt = \pi [Rs + (Rt - rt)]$$

可惜，這道算式還有一項沒有滿足，因為這裡必須知道長度 t。我們很希望公式只牽涉到 R、r 和 s，也就是原有平截頭體的尺寸，別扯上這種幽靈量值 t，因為這個尺寸是用來測量老早就切除棄置的圓錐部分。儘管算式正確無誤，結果卻仍要平白截斷運算過程。

這時引進幾個相似三角形就可以補救。假定我們從還原錐體縱向切出一個平面，這就構成圖七。顯然上段三角形 AEF 和直角三角形 ADE 相似，因為雙方都包含一直角和 $\angle DAC$。根據相似性原理，對應邊長應成正比，特別是兩個三角形的斜邊和水平邊的長度比率相等。因此 $t/r = (s+t)/R$。交叉相乘並做代數簡化運算得

$$Rt = r(s+t) = rs + rt \text{ 或 } Rt - rt = rs$$

接著我們把這個關係，代入前面平截頭體表面積公式的括號部分，結果得

平截頭體表面積 $= \pi [Rs + (Rt - rt)] = \pi [Rs + rs] = \pi s(R + r)$

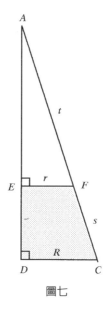

圖七

總之，我們已經證得

公式B：平截頭體表面積＝π $s(R＋r)$，其中平截頭體的上底半徑為 r，下底半徑為 R，且斜高等於 s。

以文字說明，這就表示，平截頭圓錐體的表面積，等於 π 乘以斜高乘以兩圓形底面之半徑和。

先決要件業已齊備，不過球狀曲面依然無影無蹤。事實上，阿基米德就在這裡做出意外之舉，從三維球面轉移焦點，轉頭處理二維圓形。帽子要抓牢，別讓它飛了。

他作一圓，半徑為 r 且直徑為 AA'，並作一內接偶數邊正多邊形，各邊邊長為 x。為方便說明起見，我們在圖八中呈現的是正八邊形$ABCDA'D'C'B'$，不過任意偶數邊多邊形也都可以沿用這種推理。阿基米德作出垂線BB'、CC'和DD'，分別與直徑AA'交於 F、G 和 H；還畫了虛線$B'C$和$C'D$，分別與直徑交於 K 和 L；還有看似不重要的線$A'B$，這裡令其長度為 y。這樣一來，他的圖解就分割成令人生畏的大、小三角圖形。

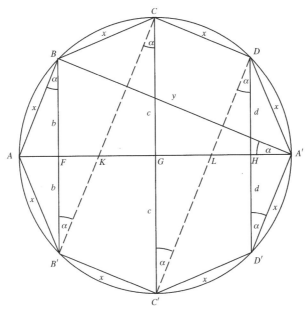

圖八

　　這幾道作圖步驟，造成兩項直接後果。一項是線段BF和$B'F$長度相等（稱之為b）；且CG和$C'G$長度相等（稱之為c）；同時DH和$D'H$長度相等（稱之為d）。

　　至於第二項，我們就必須引述歐幾里德《幾何原本》第三卷的一項結果，大意是，和圓相交且所夾弧長相等的圓心角本身相等。由於我們是從正多邊形入手，因此多邊形各邊所分割的短弧弧長相等，於是與該圓內接且夾出這些弧形的各角，角度也全都相等。所以，$\angle BA'A = \angle ABB'$，這是由於兩角分別截取的弧$AB$和弧$AB'$相等；相同道理，$\angle ABB' = \angle BB'C = \angle B'CC'$，依此類推。圖八所示各相等角均以$\alpha$表示。

　　現在我們就遵照阿基米德的作法，推展出一串比例。請注意，$\triangle ABA'$和$\triangle AFB$共用一角$\angle BAA'$，且均有一角之角度等於α，因此兩三角形相似。由於對應邊成正比，我們歸出結論

$$\overline{AF}/\overline{BF} = \overline{AB}/\overline{A'B}\text{，或簡單寫成 } \frac{\overline{AF}}{b} = \frac{x}{y}$$

交叉相乘得$xb = (\overline{AF})y$，保存這項結果供往後使用。接下來，由於$\triangle AFB$和$\triangle KFB'$都含一個角度為α的角，且$\angle AFB$和$\angle KFB'$為對頂角，我們得知兩三角形彼此相似。這就得出以下比例

$$\overline{FK}/\overline{B'F} = \overline{AF}/\overline{BF}\text{，或就是 } \frac{\overline{FK}}{b} = \frac{\overline{AF}}{b} = \frac{x}{y}$$

其中最後一項等式，完全重現前一段所提公式。交叉相乘得$xb = (\overline{FK})y$。

　　繼續沿著圓形邁步前進，追緝相似三角形。接下來輪到$\triangle KFB'$和$\triangle KGC$，兩三角形共用一角α，且兩三角形含一對對頂角$\angle FKB'$和$\angle GKC$。所以，

$$\overline{KG}/\overline{CG} = \overline{FK}/\overline{B'F}\text{，或就是 } \frac{\overline{KG}}{c} = \frac{\overline{FK}}{b} = \frac{x}{y}$$

這裡最後一項等式，同樣出自先前段落。因此$xc = (\overline{KG})y$。

　　我們就這樣繼續進行，歸結出$\triangle KGC$和$\triangle LGC'$是相似三角形，於是仿效前面原理，我們推知$xc = (\overline{GL})y$。由於$\triangle LGC'$和$\triangle LHD$是相似三角形，依相同道理得知$xd = (\overline{LH})y$，再者，$\triangle LHD$和$\triangle A'HD'$也相似，故得$xd = (\overline{HA'})y$。

那麼，我們拿這批方程式做什麼用？阿基米德把它們累加起來：

$$xb = (\overline{AF})y$$
$$xb = (\overline{FK})y$$
$$xc = (\overline{KG})y$$
$$xc = (\overline{GL})y$$
$$xd = (\overline{LH})y$$
$$+ xd = (\overline{HA'})y$$

$$xb + xb + xc + xc + xd + xd = (\overline{AF} + \overline{FK} + \overline{KG} + \overline{GL} + \overline{LH} + \overline{HA'})y$$

把上式約化成更簡單的

$$x[2b + 2c + 2d] = (\overline{AA'})y$$

這是由於右手邊幾條線段，共同組成圓的直徑。由於前面給定圓的半徑等於r，我們知道$\overline{AA'} = 2r$。所以我們證得：

$$x[2b + 2c + 2d] = 2ry \qquad\qquad (*)$$

目前我們還不清楚阿基米德要怎樣使用這個式子，不過，帶(*)標示的關係，在往後運算裡面要扮演樞紐角色。

下面步驟終於要見到一個球形。阿基米德把圖八整個構形繞水平軸AA'旋轉。依照歐幾里德的定義，圓繞圈必然掃出一個球面；同時，多邊形繞圈則會產生一個立體造型，由連串圓錐平截頭體構成，且兩端都附帶具有一個圓錐，如圖九所示。

這裡必須指出，各圓錐和平截頭體的斜高分別為 x，也就是原始內接正多邊形的各邊邊長。

現在我們就求出這個立體造型的表面積。左側圓錐的斜高等於 x，底面半徑為 b，則依公式 A，其表面積等於 πxb。左手邊的平截頭體斜高等於 x，上底半徑為 b，下底半徑則為 c，因此依公式 B 可知其表面積為 $\pi x(b+c)$。相同道理，右手邊的平截頭體表面積為 $\pi x(c+d)$，且右側圓錐表面積等於 πxd。彙總結果即得

內接立體造型表面積$= \pi xb + \pi x(b+c) + \pi x(c+d) + \pi xd$
$$= \pi x[b+(b+c)+(c+d)+d] = \pi x[2b+2c+2d]$$

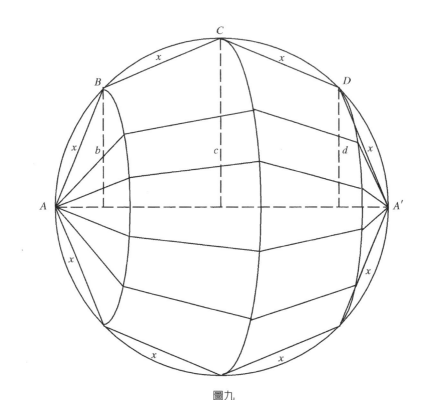

圖九

到這裡好像在變魔術，我們得出一個算式，裡面包含上述帶(*)標示的關係式。代換之後，我們這段冗長論證就進入關鍵點：

$$內接立體造型表面積＝\pi x[2b＋2c＋2d]＝\pi(2ry)$$

現在情況就很明白，阿基米德為什麼要引用那條神祕的線段$A'B$：有了線段長度y，才能把球內立體造型的表面積納入算式。相同道理，由此也能看出，為什麼他必須採用「偶數」邊正多邊形。這樣一來，圓內每條半徑（就我們的圖形為b、c和d）都由兩個立體造型共用。倘若阿基米德剛開始時使用的是奇數邊造型，他就得不出兩端分具圓錐的構形；結果其中一條半徑，就不能成為一平截頭體和相鄰圓錐的共有部分，這樣一來，方程式(*)就派不上用場。

不論如何，我們已經求得內接立體造型的表面積，然而球面本身的面積仍未求得。不過，前者可做為後者的近似解，這個近似解還可以改進，只需增加正多邊形

邊數即可。我們可以換下內接八邊形，改用十邊形，或二十邊形，或兩千萬邊形。不論邊數為何，根據上述論證，內接立體造型的表面積，都等於 $\pi (2ry)$。在此同時，立體造型的表面積，必定可以做為球面面積的近似值。所以，我們運用第**D**章討論的「極限」理念就可以得出：

$$球面的表面積＝\lim(內接立體造型的表面積)＝\lim \pi (2ry)$$

當多邊形的邊數無止境增多，球面半徑 r 並不會隨之改變。不過，線段$A'B$之長 y 就會改變。顯然，當多邊形的邊數增多，圖八中以 B 表示的點，就隨之順著圓弧朝 A 滑落，於是線段$A'B$就趨近於直徑AA'。換句話說，

$$\lim y＝\lim \overline{A'B}＝\overline{A'A}＝2r$$

演算至此，我們終於來到嚮往的終點：

$$球的表面積＝\lim [\, \pi (2ry)]＝2 \pi r[\lim y]＝2 \pi r(2r)＝4 \pi r^2$$

這項結論講起來簡單之至，證明卻也複雜之極。

阿基米德在《論球和圓柱》專論當中，是採另一種講法，來陳述這項定理。這是由於他從事研究的時代，幾乎比代數符號早了兩千年，公式寫成$4 \pi r^2$幾乎完全不具意義。他是以帶些許詩意的文字來說明定理：「任意球形的面積為球內最大圓面積的四倍。」[4]這和我們前面得出的版本相符，因為球內「最大圓」就是沿一直徑切穿球形所得圓形。這個圓形橫切面的半徑為 r，面積為 πr^2，因此，阿基米德表示該面積為四倍大，意思就是指，該球形的面積等於$4 \pi r^2$。不論是以公式表達或以文字陳述，這都是件非常美妙的推理成果。

為求合乎史實，這裡我們必須補充幾項免責聲明。我們的論證遵循阿基米德所採路徑，卻也做了幾項明顯改動。首先，前面已經指出，他採用的是純幾何作法，並不依循代數風格。其次，他並沒有使用極限。當我們演算至論證關鍵點，也就是求得內接近似立體造型的表面積之後，我們只需設正多邊形邊數趨近無限多，並取極限值即可。

至於阿基米德就沒有極限概念，也無代數符號根基，於是他只好採用雙重歸謬

法，也就是我們在第**G**章討論歐幾里德研究時，曾經提過的證明技術。作法就是，他先證明球形的表面積，不可能大於其最大圓面積之四倍。接著他轉頭證明，球狀曲面的面積不可能小於其最大圓面積。唯有先排除這兩個選項，他才能歸結認定，球形的表面積，不多不少恰好等於其最大圓面積之四倍，

　　我們絕對不該譴責阿基米德採用間接推理。在他的巧手運用之下，雙重歸謬法已經足以確立這項定理，更成就了其他多項重要幾何發現，同時，一千五百多年之後，數學家依舊沿用這項技術。他以手頭工具成就精彩傑作。前面採行的破天荒捷徑，必須用上代數符號和極限，有了這兩項要件，數學家才能這樣進行。

　　所以，這就是出自《論球和圓柱》的偉大定理。阿基米德還在那本著作的另一個段落，就相同問題提出另一個結果版本，那段篇幅說明標題的重要意義。他寫道：「任意圓柱若底面等於球內最大圓，且高等於球之直徑，則……面積半倍大於球形面積。」這裡他所說的「半倍大於」意思是

$$圓柱形表面積＝球形表面積＋\frac{1}{2}（球形表面積）$$

　　這裡阿基米德談的是裡面密合內接一圓的圓柱形（見圖十）。不過，這句話和前一句是否等價？答案當然為「是」，我們很快就會看出箇中原因。

　　本章稍早之前，我們已經證得圓柱形表面積等於$2\pi rh$，既然圓形密合內接於該圓柱形，於是圓柱形的高，恰等於圓的高度，亦即$h＝2r$。於是這個圓柱形的側

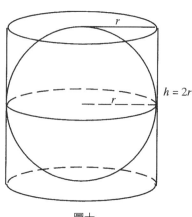

圖十

邊面積，就等於$2\pi r(2r)＝4\pi r^2$。

不過，這次當阿基米德談到圓柱形的面積，他還把頂面和底面的面積同時納入。圓柱形的圓頂面積等於πr^2，底面的面積也相等。因此，圓柱形完整面積等於

$$側邊面積＋頂面面積＋底面面積＝4\pi r^2＋\pi r^2＋\pi r^2＝6\pi r^2$$

阿基米德表示，這個圓柱形的面積等於「半倍大於球形面積」。設S代表球形的表面積，則我們得

$$6\pi r^2＝圓柱形面積＝S＋\frac{1}{2}S$$

兩邊都加倍就得出$12\pi r^2＝2S＋S＝3S$，所以$S＝(1/3)\times 12\pi r^2＝4\pi r^2$，和前述相符。

阿基米德深深迷上這個圓柱形／球形面積關係，他能成就這項發現，自然深感自豪。相傳他曾吩咐他的墓碑上要刻上一個圓柱形，裡面內接一球，要大家別忘了這項偉大的幾何真理。這是要拿來當作他的紀念碑。

這裡就以時人對過去的一種看法來做為尾聲。現代的科學、技術發展司空見慣，面對古代人士，我們很容易湧現一股知識優越感。畢竟，亞里斯多德從來沒有得過博士學位，而歐幾里德也不曾獲頒諾貝爾獎。我們貼靠椅背，打開電視，對我們祖先的有限智慧感到悲憫。

本章應該能把這種感覺扼殺盡淨。我們剛才談起的數學，肯定能消除一種觀點，不再誤以為只有在世今人才聰明。兩千多年以前，阿基米德就施展敏銳眼光，看穿球狀曲面，一舉破解謎團。

Trisection

三等分問題

　　超乎任何人記憶所及的悠遠時光以來，大家對於英雄志士勇敢投入不可能的使命，始終沉醉不已。從聖杯到基德船長埋藏的寶藏，從西北航路乃至於青春之泉，冒險家都抱持高度期望奮勇前進。許多人破產、失望返家。還有些人根本沒有回來。少數人克服逆境，終至成功：傑森找到金羊毛、居里分離出鐳、希拉里（Edmund Hillary）和丹增（Tenzing Norgay）攀上聖母峰頂。這就是傳奇的素材，因為這種堅毅不拔的勇敢傳說，對我們所有人都具有強大的吸引力。

　　數學肯定也是這類追求使命的一部分，而且成功的和失敗的都有，不過數學是在純理性的純化氛圍當中奮鬥，不是在喜馬拉雅山的稀薄大氣中攀登。這其中名氣最響亮的，莫過於歷時千年的求三等分角問題。

　　就像數學的許多故事，這則故事的源頭，同樣回溯至希臘幾何學家。這似乎是一道直截了當的使命：取任意角把它分割成三分之一，不過一開始，我們應該把幾項規則說清楚。

　　首先，我們只能使用幾何工具——第G章討論過的圓規和沒有標示的直尺。需要其他工具的三等分作法，不算解決問題，就連獨創發明也一樣。確實有幾位希臘幾何學家，引用輔助曲線（好比希比亞斯的割圓曲線或阿基米德的螺線）完成三等分，不過這類曲線本身並不是以圓規和直尺作出，因此違反遊戲規則。這就很像是搭直升機抵達聖母峰：採用不可接受的作法達到終點。有一種合法的三等分作法，只需採用圓規和直尺即可。

　　第二項規則是作圖必須採有限步驟完成。解法必須有個終點，若是種「無限構圖」，即便能做出三等分極限結果，依然不是個優秀解法。永無止境的構圖或許是

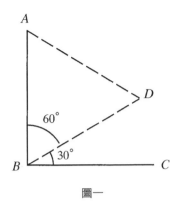

圖一

州際高速公路常態，在幾何界卻是不容許的。

　　最後，我們必須設計出「任意」角的三等分程序。三等分特定角或甚至一千種特定角都不夠好。不能普遍應用的解不算正解。

　　這最後一點參見圖一所示。假定我們以圓規和直尺作BC之垂線AB（一種簡單程序）。接著以AB為底，作一等邊三角形ABD。根據我們的第**G**章的討論內容，這正是《幾何原本》的第一命題，因此是完全合法的。這裡∠ABD等於60°且∠ABC等於90°，所以∠DBC的角度就等於30°＝(1/3) (∠ABC)。於是我們這就以尺規完成直角三等分作圖。

　　這值不值得慶祝？不盡然，因為目標不是完成直角的三等分作圖。我們的目標必須是「普通的」角，再者，上述程序也肯定不能普遍應用。

　　這裡有種現象，或許可以激勵三等分研究人士投身求知，那就是兩種明顯有關的尺規作圖法。第一種是任意角平分法，另一種則是任意線段三等分法。我們離題片刻來檢視這兩項作法。

　　首先，假定我們有任意一角∠ABC，如圖二所示，希望以尺規來平分該角。這裡採用的程序，就是《幾何原本》第一卷的命題九。首先在線段AB上選定任意一點 D。把圓規圓心訂於 B，且設半徑為BD，作一弧線與BC相交於 E，於是$\overline{BD}=\overline{BE}$。使用直尺作DE線，在DE上作等邊三角形DEF。最後作線段BF。

　　根據三角形全等理論可以證明BF平分∠ABC，理由是作圖時$\overline{BD}=\overline{BE}$；且$\overline{DF}=\overline{EF}$（因為△DEF是個等邊三角形）；再加上$\overline{BF}=\overline{BF}$。我們歸結得知△BDF和△BEF屬於邊一邊一邊樣式全等，因此∠ABF大小等於∠CBF。換句話說，∠ABC

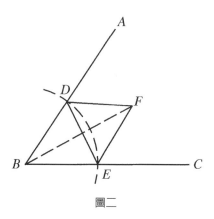

圖二

已經對半分割完成。

　　這裡要指出，我們使用尺規，採有限步驟，平分完成一普通角，因此這能滿足我們的所有規則。角平分作法顯然相當簡明。

　　角的四等分作法也很容易。我們只需反覆作圖，分別平分∠CBF和∠ABF，就可以得到完美的四分之一角。分別平分四分之一角，就可以得出完美的八分之一角，並依此類推。顯然，任意一角要平分為兩個等分，一點都不困難。當然，就分割一角為三等分所需步驟而言，這點並沒有幫助。

　　另一種相關作圖法是普通線段的尺規三等分法。這次我們同樣仰望歐幾里德，他在《幾何原本》書中就談到以下程序，是為第六卷命題九。

　　從任意線段AB入手，我們希望把它等分為三段（參見圖三）。從 A 向外任意

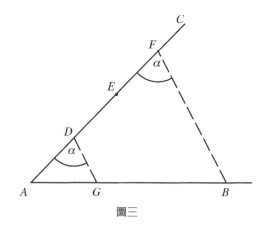

圖三

作另一線AC，在AC上選出任一點爲 D。用圓規沿AC作出線段DE和EF，兩線段長
都等於AD長，於是AD長等於AF長之三分之一。

　　接著作BF，構成∠AFB，我們指定其角度爲 α 。使用尺規作∠ADG，角度
亦爲 α （這種作圖法歐幾里德已有說明，是爲第一卷命題二十三）。這就表示，
∠ADG和∠AFB相似，原因是兩角大小相等且共用頂點 A。根據相似性推知對應邊
成比例。就本例我們得

$$\overline{AG}/\overline{AB} = \overline{AD}/\overline{AF} = \frac{1}{3}$$

得自我們前述觀察結果。於是線段AG之長等於AB長之三分之一。這樣一來，我們
就以尺規採有限步驟，完成了普通線段的三等分作圖。

　　既然我們能夠平分夾角、三等分線段，那麼推想我們也能三等分夾角，這似乎
是種合理的預期。古希臘人肯定也抱持這種見解，幾世紀來的無數數學家也都顯然
這麼想。

　　另一件事實，或許也爲三等分研究人士帶來希望：尺規作圖能完成精湛令人意
外的成果。任何人得知，用尺規能作出等邊三角形或正方形，都不會感到震驚，然
而，單憑尺規也能作出正多邊形圖示，這點就遠遠不是那麼司空見慣。不過歐幾里
德在《幾何原本》第四卷就談到這個程序。此外，我們還能以尺規作出種種正多邊
形，含六邊形、八邊形、十邊形、十二邊形，甚至還有十五邊形（這最後一種是爲
第四卷的最後命題）。

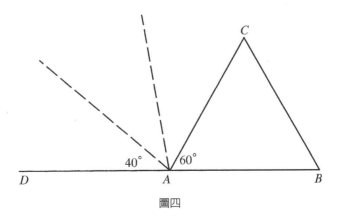

圖四

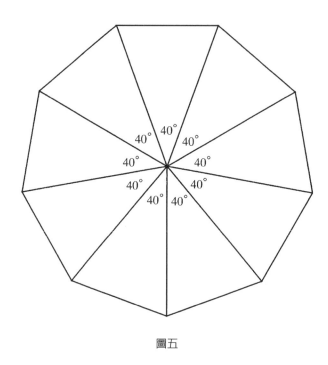

圖五

　　倘若圓規和直尺具有這等強大威力，那麼我們或可抱持樂觀投入作圖。試舉正九邊形為例。依常理我們可以從三角形開始，作等邊三角形ABC並把一邊延展至D，如圖四所示。則∠DAC的角度就等於180°－60°＝120°。現在，「假使」我們能夠三等分∠DAC，那麼我們就能作出一40°之角，因為(1/3) (120°)＝40°，而這正是繞圓360°一圈的九分之一角度。把這個40°轉移到一圓的圓心，複製九次即得一正九邊形，如圖五所示。

　　當然，這種作圖法還得寄望前面那個假使條款。無庸置疑，建構出正九邊形，確是尺規三等分求知進程的另一股推進力量。

　　談到這裡，我們也該檢視兩個「險些成功」的案例；也就是能把任意一角分割為三個等分，卻必須違反某項規則的程序。

　　首先是一款很聰明的論證，號稱阿基米德的作品。這個程序使用一套眾所皆知的成果，亦即三角形外角等於兩內對角和。就此證法只需把AB邊延伸至 D，作出如圖六所示外角DBC。我們知道，三角形三內角和等於180°，因此 $\alpha + \beta + \gamma$ ＝180°；同時AD是條直線，因此我們知道∠DBC＋β＝180°。所以 $\alpha + \beta + \gamma$ ＝

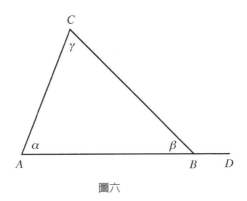

圖六

∠DBC＋β，兩邊各減β得α＋γ＝∠DBC，符合前述要件。

現在就進入阿基米德的任意一角AOC三等分作法，參見圖七。以 O 為圓心，r 為半徑，作一半圓形，延續CO線段至圓上 B 點並繼續前伸。

重點在於，這條線必須向左延伸至適當距離。我們依循以下作法：取直尺一端置於 A，另一端則位於延伸線上的 D 點，使直尺上從 D 到 E 的距離（其中 E 為半圓和AD線段交點）等於半圓的半徑。換句話說，作AD使ED＝r。我們主張，這樣產生的∠ADC角度恰為原有∠AOC的三分之一。

就此證法，設∠ADC為α。作線段EO，即半圓之一半徑，如此則產生△DEO，且兩邊$\overline{ED}=\overline{EO}=r$。這是個等腰三角形，因此∠EOD也等於α。接著觀察得知△DEO外角∠AEO角度等於兩內對角和，亦即∠AEO＝α＋α＝2α。然而△EOA有兩邊也等於半徑，因此也是等腰三角形，所以∠EAO＝∠AEO＝2α。

這裡我們歸出關鍵結論：△AOD之外角∠AOC等於兩內對角之和。因此

$$∠AOC＝∠ODA＋∠DAO＝α＋2α＝3α$$

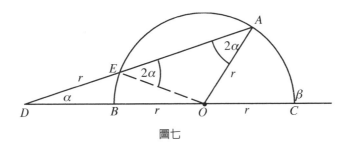

圖七

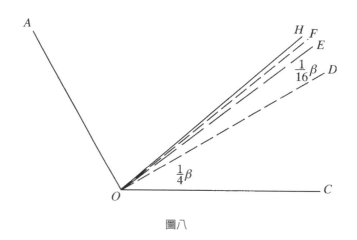

圖八

這就表示原始∠AOC角度恰爲∠ADC之三倍；這就相當於由已知∠AOC作出三分之一大小的∠ADC。接著我們複製大小等於∠AOC的夾角，然後只使用圓規和直尺，就能完成三等分作圖。

　　是這樣嗎？只可惜這項論證當中，含有一個不合法的步驟。這出現在找出點D的過程。我們究竟該如何使用沒有標示的直尺，來確定 D 點（接著由此確定 E 點）？我們該如何由 A 點調節直尺，來確保ED線段長度等於 r ？我們可以設想，在直尺上做個記號，然後就前後擺動產生所需長度，然而這種操作卻是不允許的。直尺不得標示任何記號；使用時也不該搖晃擺動，更不該要求施展敏銳眼光，估計出特定長度。儘管這種作圖法確實能產生三等分角，卻違犯了幾項遊戲規則。

　　說句公道話，阿基米德確實看出這與規則不符。希臘人甚至還有一個術語，「斜移」（verging），專門指稱直尺這種搖晃滑移動作。所以，我們不能怪阿基米德搞砸，反而該判定他擁有非常清晰的推理思路。

　　我們第二項險些成功的案例，也是種非法的三等分作法。這次也從∠AOC入手，其角度爲 β，如圖八所示。平分該角兩次，我們得角度等於(1/4) β 的∠DOC。若我們再平分∠DOC兩次，所得角之角度便爲

$$\frac{1}{4}\left(\frac{1}{4}\beta\right)=\frac{1}{16}\beta$$

接著我們複製該角爲∠EOD。再平分該角兩次，所得角的角度就等於

$$\frac{1}{4}\left(\frac{1}{16}\beta\right)=\frac{1}{64}\beta$$

其副本是爲∠FOE。

繼續採這種作法無止境次數，於是我們作出∠COH，其角度等於

$$\frac{1}{4}\beta+\frac{1}{16}\beta+\frac{1}{64}\beta+\frac{1}{256}\beta+\ldots$$

這就是個**無限幾何級數**，我們提出一種快速（卻也很簡略的）求值作法。

設 S 爲我們想求得的和。也就是

$$S=\frac{1}{4}\beta+\frac{1}{16}\beta+\frac{1}{64}\beta+\frac{1}{256}\beta+\ldots$$

我們把 S 減四分之一 S，得

$$\begin{aligned}
S-\frac{1}{4}S&=\left(\frac{1}{4}\beta+\frac{1}{16}\beta+\frac{1}{64}\beta+\frac{1}{256}\beta+\ldots\right)-\frac{1}{4}\left(\frac{1}{4}\beta+\frac{1}{16}\beta+\frac{1}{64}\beta+\frac{1}{256}\beta+\ldots\right)\\
&=\left(\frac{1}{4}\beta+\frac{1}{16}\beta+\frac{1}{64}\beta+\frac{1}{256}\beta+\ldots\right)-\left(\frac{1}{16}\beta+\frac{1}{64}\beta+\frac{1}{256}\beta+\frac{1}{1024}\beta\ldots\right)\\
&=\frac{1}{4}\beta+\frac{1}{16}\beta+\frac{1}{64}\beta+\frac{1}{256}\beta+\ldots-\frac{1}{16}\beta-\frac{1}{64}\beta-\frac{1}{256}\beta-\frac{1}{1024}\beta\ldots\\
&=\frac{1}{4}\beta
\end{aligned}$$

理由是右邊除一項外，其他項次全都消除了。所以我們得

$$S-\frac{1}{4}S=\frac{1}{4}\beta$$

也因此

$$\frac{3}{4} S = \frac{1}{4} \beta \rightarrow S = \frac{4}{3} \times \frac{1}{4} \beta = \frac{1}{3} \beta$$

採文字敘述，$\angle COH$ 的角度（即 S）等於原角 AOC 角度（即 β）的三分之一。三等分作圖完畢。

　　這裡的瑕疵毋須明言：我們必須採無限步驟才能完成作圖。沒錯，雙重平分做愈多次，我們就愈接近理想三等分。我們可以持續進行這套程序，好讓準確度達到低於幾分之一度。然而，三等分挑戰要求精確分割為三等分，逼近還不夠。由於這套程序必須進行無限步驟，才能產生精確的三等分，所以這不但違犯明定的規則，還逾越我們的有限壽命。這是我們永遠完成不了的進程。

　　儘管出現這種種具有潛力的嘗試，三等分問題在古典時期依然未能破解。到了西元四世紀，帕普斯（我們在第I章見過他，就是讚揚蜜蜂很聰明的那個人）敘述表示：「當古代幾何學家想要把一給定直線夾角分割為三個相等部分，他們都給難倒了。」[1]

　　謎題就這樣持續歷經文藝復興全期迄至現代時期。每過一個世紀，每經一次嘗試失敗，三等分問題的地位也隨之攀高。就像項上人頭掛有高額懸賞的亡命歹徒，三等分問題成為數學家蜂擁追獵的對象。學者和假學者設想出種種三等分程序，鑼鼓喧天向世界宣布。接著，毫無例外，這群不幸的學者，眼睜睜看著旁人在他們的推理當中找出瑕疵。錯誤證明蜂擁而來，情況糟糕到連巴黎法國科學院都在一七七五年公告周知，他們不再收受三等分論證。[2]任何人拿著三等分證明前來，都視同身懷瘟疫，到門口都要遭人擋駕。

　　這項政策反映出數學界某些人士已然深信的理念：任意一角的三等分作法，逾越尺規的作圖能力。就連權威如笛卡兒者，都曾在一個多世紀之前含蓄做此表示，而且當時大家也愈來愈能接受一種猜測，那就是，找不到證明，或許不是肇因於數學家不夠聰明，而是由於這完全不可能求解。[3]然而，這在一七七五年時依然只是猜測；沒有人能證明這不可能求解，情況並不比分割一角為三等分的證明更高明。

　　過早下達不可能的結論，總要帶來風險。巴黎法國科學院公布禁令之後，短短二十年間，風險就完全顯現。一七九六年，當年十八歲的高斯證明，採用尺規能夠作出正十七邊圖形。這是一枚炸彈。在高斯之前，完全沒有人料想得到，這種作圖是可能辦到的，而且若說十七邊形在這幾百年來，不像三等分問題那般引人矚目，

唯一的原因就是，它的可行性似乎還要更低。高斯的驚人發現顯示，尺規確實擁有潛藏的力量。若是十七邊形能完成作圖，那麼某位高斯等級的智士，或許也會有辦法破解三等分謎團。

這道問題繼續高懸好幾十年依然無解，最後才由皮埃爾‧萬澤爾（Pierre Laurent Wantzel, 1814-1848）提出決定性解答。萬澤爾是位數學家、工程師，還身兼語言學家，曾進入那個時代的科學頂尖學府巴黎綜合理工學院就讀。像他這樣興趣分歧的人，有時會顧此失彼，萬澤爾就經常在不同題材之間游移不定，因此身後沒有留下大量成果，名望也不能延續很久。就算在數學界，多數人也都不認得皮埃爾‧萬澤爾這個名字。

他之所以默默無名，部分也可以歸咎他很短命，而這點則可能肇因於漫無節制的習性。曾有一位同僚追憶萬澤爾，道出底下這段話：

> 通常他都在夜間工作，很晚才躺下；接著他就讀書，然後只睡幾個小時，還睡不安穩，他輪流濫用咖啡和鴉片，進餐又很不規律，結婚之後才改變。他生來非常強壯，對自己的體格有無比自信，就這點他恣意濫用還引爲樂事。他英年早逝令人悲嘆，引人哀戚。[4]

萬澤爾的一八三七年三等分角論文標題爲「得知幾何問題是否能以尺規求解之作法研究」（Research on the Means of Knowing If a Problem of Geometry Can Be Solved with Compass and Straightedge）。[5]就這等重要又歷時久遠的問題，這篇論述卻只得七頁篇幅，不過這七頁卻是眞正出色的篇幅。他的推理細節遠超出我們這本書的討論範圍，不過這裡起碼要勾勒出內容梗概。

萬澤爾證明的要項，是把原本純屬幾何領域的問題，轉移到代數和算術領域。他希望判定哪些量是尺規作圖能夠得出的，哪些則是得不出的。這樣一來，他眼中所考量的量，就不是幾何線段，而是數值長度。

萬澤爾推知，若我們能三等分任意一角，那麼我們自然能夠三等分任意60°角。接著，採行代數觀點，稍微引用三角學，他證出，若60°角可以三等分，那麼三次方程式$x^3-3x-1=0$必然具有一種可建構解，也就是能以尺規作圖建構其長度的解。（事實上，萬澤爾使用的方程式略有不同，不過兩者完全等價，我們毋須擔心這點。）

從這裡就看得出萬澤爾的創意，他證明若上述三次方程式具有可建構的解，則該式也必然存有一有理解。這就是說，必然存有一有理數（如第**Q**章定義）能滿足本三次式。這樣一來議題也轉換了，改成鑽研$x^3-3x-1=0$是否存有一有理解。

為方便論證，假定該三次式存有一分式解c/d。我們堅稱c/d是個最簡分式；換句話說，分子c和分母d沒有公因子，當然 1 或-1是明顯例外。由於假定$x=c/d$可以解該三次式，我們知道

$$(c/d)^3-3(c/d)-1=0$$

所有項次都乘以d^3，則本式變換成$c^3-3cd^2-d^3=0$。

現在我們採兩種方式改寫本式。首先，我們看出$c^3-3cd^2=d^3$，這也相當於$c(c^2-3d^2)=d^3$。顯然，全數c是左邊$c(c^2-3d^2)$的因子，於是c也是右邊等值項d^3的因子。然而，我們卻堅稱c和d並沒有公因子。由這點便能推知，唯有當$c=1$或-1，d^3才能被c整除。

回頭看方程式$c^3-3cd^2-d^3=0$，略做調整重新排列，我們看出$3cd^2+d^3=c^3$，或就相當於$d(3cd+d^2)=c^3$。由此同樣清楚看出，d是左手邊的因子，所以d也必然是c^3的因子。由於d和c並沒有公因子，這就意味著d只能等於1或-1。

總結前述：若c/d為三次式$c^3-3cd^2-d^3=0$的最簡分式有理解，則$c=\pm1$且／或$d=\pm1$。然而這樣一來，分式c/d就只能等於 1 或-1。

我們就這樣大幅縮減搜尋範圍，只剩兩種有理選項，這裡可以逐一驗算。若$x=c/d=1$，我們得$x^3-3x-1=1-3-1=-3\neq0$，所以$c/d=1$並非該三次式之解。相同道理，若$x=c/d=-1$，代入求出$x^3-3x-1=(-1)^3-3(-1)-1=-1+3-1=1\neq0$，所以$c/d=-1$也非該式之解。就如前述，這是唯一可能的有理解，既然兩種都不靈光，那麼我們歸結認定，這個三次式無有理數解。

那麼我們進展到哪裡了？只需要把這連串蘊涵組合起來，就能確立三等分不可能實現。連串推理進展如下：

一、若我們能以尺規三等分任意一角，

二、則我們必然能三等分六十度角，

三、所以我們能找到$x^3-3x-1=0$的一種可建構解，

四、所以我們可以找到$x^3-3x-1=0$的一種有理解，

五、而且這個有理解只能爲$c/d=1$或$c/d=-1$。

然而當我們驗算結果，卻發現敘述五爲僞，因爲不論 1 或－1都不是三次式 $x^3-3x-1=0$的解。我們遇上矛盾。由於敘述一毫不寬貸，必然導出敘述五，我們歸結認定敘述一無效。總之，這裡請出我們的老朋友「歸謬法」，解決了困擾世世代代數學家的議題：以尺規三等分任意角是辦不到的。

萬澤爾的論證當然並不單純；對於這種翻來覆去歷經兩千多年檢視的問題，沒有人會期望裡面帶有簡明特性。不過這是最終答案。萬澤爾得意登上第一發現人寶座，得意表示，

率先得解深感自豪，並得意表示：「看來還沒有人嚴謹證實，幾何作圖不能解決這幾則名震古代的（三等分）問題。」[6]所以，這件事情到一八三七年應該已經解決。

對嚴肅的數學家而言，確實如此。但是很奇怪，有一群半嚴肅的、受了誤導的，或完全瘋狂到底的怪人，卻不論如何都堅持要繼續尋找三等分作法。就連今天，研究三等分角的人依舊忙碌。他們個個自稱發現了神祕作法，由此得以落實三等分，自以爲應當在數學歷史書上占有一席榮譽地位。

他們全都錯了。萬澤爾的證明是最後定論。三等分不可能實現。引用恩德塢‧杜德利的說法，那種人哪，乾脆致力去尋覓「相加得奇數的兩個偶數」算了。[7]然而，致力鑽研三等分的人可不會輕易喪志。羅勃‧耶茨（Robert Yates）就曾經表示：「一旦這種荒誕疾病的病毒侵入腦中，若未能即時妥善運用抗菌劑，受害人就要陷入一種墮落循環，導致他……在不同邏輯劣行之間流轉。」[8]

有一項原因可以解釋這種行爲，那就是對「不可能」一詞的誤解。在有些人心目中，「不可能」不算是個結論，還更像是種挑戰。畢竟，人類曾經自認爲不可能飛行、不可能建成金門大橋，也不可能前往月球。然而，這些不可能的挑戰已經逐一克服。另外，我們有哪個人不曾聽過一句嘹喨的宣言，說是「在美國，沒有事情是不可能的」！至於這些案例當中，發表這些談話的人是政客或勵志書作者，那就別去在意了。

數學家認識更深。就如第**J**章所述，數學家有辦法斬釘截鐵徹底證明反面觀

點。就本例而言，不可能的意思，不折不扣就是指──不可能。

　　所以，繼續追求三等分聖杯之士，就應該聽取這則建言，一八三七年，萬澤爾證明，倘若三等分有可能實現，那麼某一無有理解之特定方程式，就可能求得一有理解。倘若根據邏輯，後面這點不可能成立，這就意味著前面那點也不可能成立。

　　尺規做不出三等分作圖，不管怎樣都做不成。本案終結。

數學的功用

數學很有用。

要找到更沒新意的敘述可不容易，因為從老練學者到見了數學就不安的生手，所有人都知道數學有廣泛用途，可以解決眞實世界的眾多問題。年復一年，基於這項體認，幾千門數學課程擠滿學子，千萬冊教科書銷售一空，賣給必須修習數學才能實現目標的人。立志朝工程、建築、物理、經濟、天文，還有其他無數專業發展的學子，都曾聽聞一種正確見識，說是他們必須取得數學知識，才能在他們一心嚮往的事業生涯成功發展。談到功用，罕有人為創建的事功，得與一爭長短。

這項見識可說是老生常談，背後卻蘊涵一項奧妙的哲學問題：為什麼數學的功利主義角色扮演得這麼好？畢竟，純數學是由抽象概念交織而成，是種內部相容一致、邏輯推論漂亮的概念系統，卻也不過是概念而已。邏輯相容一致並不能保證其本身或所含內容具有實際用途。試舉克里巴奇牌戲規則為例，規則的邏輯相容一致，卻不能引人深究月球軌道，產生高遠見識。

或舉第**G**章所提歐氏幾何來考量。無庸置疑，這是根據一組假設，嚴謹推導得出的卓絕實例，然而這不見得代表歐幾里德的命題，果眞能夠道出對街那片空地的幾何規格。但是，只需一張紙和一點歐幾里德命題，我們就可以端坐家中，計算那片空地的長寬和面積，隨後再到戶外實地測量，也必能確認計算結果。其實也不必走到戶外；數學抽象概念，能產生相當準確的結果，準確得簡直連空地本身都不是必要的。

然而，歐氏幾何並不研究空地。歐氏幾何是研究概念的學問，和有形物件無關。這是怎麼一回事？為什麼數學家那麼愛幫凱爾文勳爵緩頰，引用他的話來形容

數學是：「把常識變得虛無飄渺的學問？」[1]

自然是否如常言所道，服從數學規則？這種服從特性暗示，外在世界不知道為什麼，總要受數學原理約束。或者說，自然和數學是否展現出表面相仿，就根本上卻毫無關連的行為？數學具備有序特質，是描述世界內在秩序的理想語言，這是不是純屬機緣湊巧？或許無形的數學具備的節律和構造，不過是模擬有形現實的節律和構造，兩者並不彼此服從。

跳脫這些哲學議題，這裡必須提出幾點比較世俗的見識：許多自然現象都成功抗拒數學，不讓它求得解答。有時候純是由於數學家還沒有達到那個層級。隸屬質疑派的腓特烈大帝，就是抱持這種見解，他曾在一七七八年寫信給伏爾泰：「英國人造的船都採用牛頓指示的最佳造型，結果他們的幾位將官肯定地對我表示，這些船艦行駛起來，遠遠比不上依循經驗法則建造的船隻⋯⋯虛空的虛空，幾何的虛空！」[2]

或許我們也該讓步，坦承沒有數學模型能完美預測天氣。「完美的」天氣預報方程式，必須計算影響暴風雪的互動變項，包括風速、大氣壓力、陽光照射量等等，結果這等繁複變項，很快就會把數學壓垮。這可不是說我們就該放棄。天氣預報不斷改進，描述天氣的數學模型也已經變得愈來愈精妙了。不過，預測有其侷限，舉例來說，沒有模型能夠準確預測迪比克市二月期間會有幾滴雨水降在市政大樓屋頂。這種精確水準完全超乎我們能力所及。當然，二月會有某個數量的雨滴落上大樓屋頂，數學家的不稱職表現，也不會讓雨水不再滴落。奧古斯丁‧菲涅耳（Augustin Fresnel）講得很有道理，他說：「大自然不因為分析困難就覺得尷尬。」[3]

接下來，我們就設法避開尷尬窘境。我們的目標是，由不計其數的數學功用當中，選出兩種既單純，又能彰顯我們所居世界某種重要意涵的用途。第一種是應用數學來測量空間，第二種則是測量時間。

考量以下情況：我們站在河川一岸，正對面岸上有一棵高大的常綠喬木。只可惜我們不會游泳又怕高。在這種限制之下，我們該如何得出那棵樹木的尺寸？

答案要寄望一門極其有用的古老數學分支，三角學。由名稱可以推知這門學問的內涵，三角學的英文是trigonometry，拆解為tri（三）gon（邊）metry（測量），指稱三邊形（也就是三角形）測量法。講得更精確一點，三角學是利用直角三角形

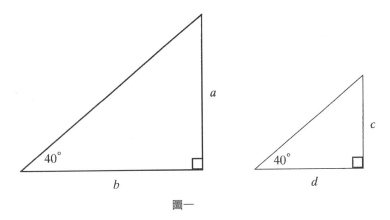

圖一

相似性特質的學問。

　　參酌圖一所示直角三角形。兩個三角形各含一個四十度角和一個直角，所以剩下一角的角度分別等於180°−90°−40°＝50°。由於兩個三角形所含三個角分別相等，因此兩個三角形相似，各組對應邊也都成比例。舉例來說，就左、右兩個三角形看來，四十度角的對邊和兩條鄰邊的長度比都是相等的。採符號表示，

$$\frac{a}{b} = \frac{c}{d}$$

所以若是我們知道a＝83.91，b＝100且c＝55，那麼我們就可以代入數值，交叉相乘之後便求得未知邊長：

$$\frac{83.91}{100} = \frac{55}{d} \rightarrow 83.91d = 5{,}500 \rightarrow d = \frac{5{,}500}{83.91} = 65.55$$

使用比例性和三邊資料，就可以求出第四邊的長度。

　　這樣看來，似乎必須有一雙直角三角形才行，不過就以上陳述的問題，沒有理

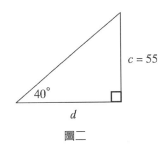

圖二

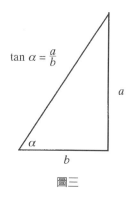

圖三

由把兩個三角形全都納入。也就是說,倘若我們只得知圖二右手邊的三角形,這時能不能也設法求出d?

答案是「能」,因為我們很容易想像出另一個(儘管只是個空想)帶四十度角的直角三角形,接著採純數學方式,求出未知比例。三角學家採行這種觀點,定義直角三角形中一角α的「**正切**」(符號寫作tan α),就是該角之對邊與該角之鄰邊的長度比。參照圖三,

$$\tan \alpha = \frac{對邊}{鄰邊} = \frac{a}{b}$$

計算這個比例,毋須倚賴實體三角形的測量值。希波克斯(Hipparchus)和托勒密兩位希臘數學家早在兩千年前已經算出來,後來印度和阿拉伯學者又鑽研編製出三角函數表,裡面列出任意角α的tan α值供人查考。這些發現已經納入成為現代手持計算器的功能項目,只需輕敲幾個鍵,就能得出tan 40°=0.8390996。

回頭審視圖二所示單獨三角形,接著就進行三角推理:

$$\tan 40° = \frac{對邊}{鄰邊} \rightarrow 0.8390996 = \frac{55}{d}$$

因此0.8390996d=55,於是d=55/0.8390996=65.546,恰是前面所求答案。

關鍵在於數學家能算出某一理想直角三角形的正切比值,把這理想三角形看成一雙相似三角形之一,用來解決真實世界的問題。這正是我們求對岸樹高應操作法。

頂視圖

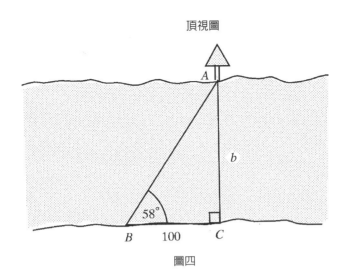

圖四

　　第一項目標是求出河川寬度。這只需沿著河岸走過預先測定的距離（比方100呎），接著測出新位置對那棵常綠喬木所夾角度即可。假定這是58°。由上俯視構圖如圖四所示。觀察直角三角形ABC，河川寬度為未知長度b，邊BC長度為100呎（沿著河岸小心丈量得知），而且∠ABC等於58°。所以，

$$\tan 58° = \frac{\text{對邊}}{\text{鄰邊}} = \frac{b}{100}$$

交叉相乘得$b = 100 \times \tan 58° = 100 \times 1.600 = 160.0$呎，其中$\tan 58° = 1.600$，這個正切值是用計算器算出來的。最後結果就是河寬。

　　不過我們還沒做完，因為樹的高度仍屬未知。我們只需走回原點，來到正對鄰

側視圖

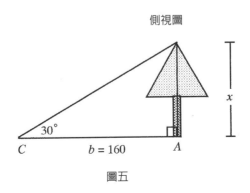

圖五

岸常綠喬木的位置，動手測量樹頂仰角。假定測量得30°。於是我們又產生一個直角三角形，這次垂線是與地面垂直，如圖五所示。三角形的底邊就是河的寬度，前面提過這是160呎；常綠喬木的高度為未知數x；而仰角等於30°。這次我們也引用正切比：

$$\tan 30° = \frac{對邊}{鄰邊} = \frac{x}{160}$$

於是

$$x = 160 \times \tan 30° = 160 \times 0.57735 = 92.4 呎$$

我們已經求出常綠喬木樹高，而且不曾離開地面，也不必把腳弄濕。儘管這只是一項簡單運用，卻也隱隱點出一項不可否認的威力。

當然，愛唱反調的人依然可能嗤之以鼻，認為前面這段努力實無必要。畢竟，我們大可以弄來一條獨木舟，划過河面，砍倒大樹，測量樹高。三角學是可以產出這筆資訊，不過這裡可沒說其他方法都辦不到。

為泯除這等漠然態度，我們提出一個比較精彩的三角學運用實例。這帶我們回溯至一八五二年，來到英屬印度測量局，英國在那裡進行一項雄心萬丈的喜馬拉雅山脈測量計畫，使用三角學求得成果，算出遙遠群山的頂峰高度。

這項資料取得過程繁複萬端。首先，尺度大小就是個問題。喜馬拉雅山可不像河川對岸的喬木，群山距離測量員遠達一百六十多公里。相隔這等距離，測量時必須考慮到大氣畸變失真和地球曲率問題。當年由於政治爭議，測量團隊進不了尼泊爾或西藏境內，雙邊國界沿著壯闊的喜馬拉雅山山嶺接壤。唯因山脈宏偉巨大，從印度境內山麓，才有辦法見到那群山峰；若是較為低矮的山脈，恐怕就要隱沒在地平線之下。

儘管遇上這些難題，作業依舊持續。多處頂峰完成讀數測定，資料由職員在測量局辦公廳分析解讀。根據登山界傳說，孟加拉首席計算手（這是個人，不是台機器）就在那裡一再驗算核對計算無誤，隨後才興奮對外公布，他發現了地球上最高的山峰。[4]

那次測量作業只把它標示為「XV峰」。事實上，那座山峰看來並不像是地平

線上的最高峰，不過，這是由於那座山峰距離還更爲遙遠得多（就像前例所述河川寬度，其相隔距離也是藉由三角學資料計算得出）。XV峰高出海平面近八萬八千五十公尺，峰頂略微伸入平流層。相形之下，歐洲最高的白朗峰，高度還低矮了不只四公里。

英國人依循殖民強權舊習，採用他們自己的國民姓氏，給那座高峰另起新名，這次是採喬治‧埃佛勒斯（George Everest）爵士的姓氏，以此來紀念當年統籌三角測量計畫的首腦。當然了，壯闊高山現身，對棲居山麓的民眾完全不算機密。北方的西藏人早就稱那座山峰爲「珠穆朗瑪」，意思是「世界聖母」；南方的夏爾巴人，則把它命名爲「薩加瑪塔」，意思是「宇宙之母」。不過，地球這座最高峰流傳最廣的名稱，依然是埃佛勒斯峰。若說這是英國帝國主義遺跡，起碼我們該承認，「埃佛勒斯」這個名稱帶有某種莊嚴氣息，還能與那種自然奇景兩相呼應。若是那位測量主任是叫做喬治‧特威里格爵士，恐怕效果就要大幅減損。

當然，這段說明的重點在於，一八五二年，那座山峰的高度是以三角學測量定案。由此再過一百多年，到了一九五三年五月底，丹增和希拉里，才率先在埃佛勒斯山脈那處偏遠峰頂駐足。攀登山峰必須攜帶背包和冰斧，加上超凡勇氣。測定山峰的海拔高度只需三角學。

若是這個地表實例能夠點出數學的功用，接著我們還要提出一項更爲出色的說明。測量常綠喬木和埃佛勒斯峰的推理作法，也可以跨越遼闊無法想像的距離，用來測定月球、太陽以及各行星與我們的間距。

這段故事起碼可以追溯至希臘和伊斯蘭學者，他們就太陽和月球距離所作估計，都是根據肉眼裸視觀察「食」事件，加上三角學知識完成的。舉例來說，約在西元八五〇年，天文學家法兒甘尼（Abdul'l-Abbas Al-Farghani）算出，太陽和地球的距離，平均約相當於地球半徑的一千一百七十倍。這個數值低估太甚，因爲這把我們和太陽的間距，估算得不足七百五十萬公里，倘若這個距離是眞的，那麼我們的地球恐怕就要被燒成一顆煤球。不過這是個開始。[5]

十七世紀望遠鏡問世，得以成就更精確的觀察。這是天文三角運算不可或缺的要件，因爲從地球延伸至太陽的三角，出現細小的測量誤差，結果可不像常綠喬木問題那般只相差幾尺，這會產生好幾百萬甚至上千萬公里的差距。爲達所需精準程度，當時的儀器性能也被推向最高極致程度。儘管面臨這類挑戰，到了十七世紀

末，喬凡尼‧卡西尼（Giovanni Cassini, 1625-1712）依然算出太陽和地球的距離，約等於地球半徑的兩萬兩千倍。[6]這個數字轉換後約相當於一億四千萬公里（現今公認的距離則約爲一億五千萬公里）。由這個精彩實例就可以看出，三角學具備何等功能，如何解決看似不可能的地外天文問題。

科學界一項問題解決了，往往可以連帶解決另一項問題，這次也是如此。就本例看來，太陽的距離催生出最早的光速估計值，成就物理學界最重要的常數之一。底下就說明這是如何辦到的。

一六一○年年初，伽利略用他的小望遠鏡發現四顆繞木衛星。後代天文學家更留下這群遙遠衛星的運行紀錄。於是到了一六七○年代，卡西尼已經備妥精準的表格，列出最靠內圈的衛星（木衛一），隱沒到這顆巨大行星背後的時刻。木衛一的這種掩食現象，每隔四十二小時二十七分鐘就應該出現一次。

然而，當時卻觀察出料想不到的現象。當地球和木星分據太陽兩側（如圖六左邊所示），木衛一隱沒到木星背後的現象，就會比預測時間延後發生；然而當兩顆行星都在太陽一側整齊排好（如圖六右邊所示），結果就會比預測提前發生。木衛一的繞木運行情況，似乎帶有難以解釋的不規則現象。

卡西尼的助理群中有一位名叫奧勒‧羅默（Ole Roemer, 1644-1710），這種延遲現象就是由他載錄的。他很想知道，哪種現象可以說明，當兩顆行星相隔最遠，則掩食延遲，然後當兩顆行星逐漸聚攏會合，掩食就逐漸提前。當然，一項解釋是

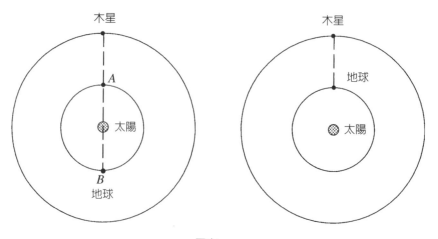

圖六

木衛一是以不等速率繞木運行，當地球靠近就運行得較快，當地球遠去則會減緩下來。不幸的是，這種講法違反物理定律，而且不論如何，木星的衛星幹嘛在意地球在哪裡？

羅默採信的是比較單純的解釋，照這種見解，木衛一的運行速度一致，不過當它發出的光線要移行較遠的距離，就需要較長的時段才能傳播到我們這裡。這種表觀延遲，起因不在木星附近，那裡並沒有發生什麼事情，起因是光線要多花時間，才能橫貫我們的軌道，傳抵地球人眼中。

那時大家都知道，聲音在兩點間傳播需要時間，這點很容易說明。比方見到遠方閃電，延遲一陣才會聽到雷聲，就是這個道理。不過，當時民眾普遍認為光線能即時傳播，發生在一處地方的事情，不論任何人，在宇宙任何地方，都可以即時見到。權威人士如古典時代的亞里斯多德，還有十七世紀早期的笛卡兒，也都這樣想。然而，羅默卻以解釋雷聲延遲現象所用理由，來說明木衛一的表觀減速、加速現象，唯一重大的差異是，這次是光線在兩點間傳播所需的時間。

羅默本人比較沒有興趣想求出光線的傳播速度，他感興趣的是證明光線並非即時傳播。[7]不過，我們可以使用羅默的資料，來算出「十七世紀的」光速估計值。觀察得知，當地球從最靠近木星的位置，運行至距離木星最遠的地點，木衛一的掩食現象也隨之推遲二十二分鐘。羅默認為這損失的二十二分鐘，就是光線跨越地球軌道直徑所需的時間，也就是說，光線需要這麼久，才能從圖六的點 A 傳至點 B。所以，光線需要花這段時間之半（也就是十一分鐘），才能傳過從地球到太陽的距離。倘若我們拿卡西尼估計的一億四千萬公里（以三角學運算所得結果）來代入這段距離，結論就是，光線運行速率約等於140,000,000／11＝12,700,000公里／每分，或就是12,700,000／60＝212,000公里／每秒。這是個驚人高速。荷蘭數學家惠更斯讚歎表示：「最近我非常高興，聽說法國人羅默先生成就漂亮發現，他證明光線從源頭外傳是需要時間的，甚至還動手測量這段時間。這是一項非常重要的發現。」[8]當年還有一位天文學家也深感震撼並發抒所見，他表示道：「我們都要儔於這段距離是這樣的廣袤，還有光線運行是如此地快速。」[9]

最後卻發現，就連這個速率也太低了。地球軌道的半徑估計值，短缺了將近一千萬公里，光線跨越這段距離所需的時間，也短了好幾分鐘。事實上，光線跨越所需的時間，並不等於羅默估算的二十二分鐘，而是略超過十六點五分鐘。如今公認

的光速是299,792公里／每秒。所以，數學終究還是相當有用，肯定能用來測量浩瀚的空間距離。不過，本章的另一則實例，出色程度也不遑多讓：使用數學來回溯測量悠遠時段。

幾世紀以來，學者都根據一項簡單的觀察結果，給史前物件標上「相對年代」。他們的根本理念是，當我們挖穿層層土壤、岩石，就相當於逆行前往過去。這部分還很容易。不過，談到出土的鹿角、埃及人埋藏的裹屍布、穴居遺址的燒焦木料，這些物件的「絕對年代」該怎麼判定？考古學家有沒有希望測出這些物件是來自幾千、幾百，甚至幾十年前？這種資訊似乎無從得知，而且是永遠流失了。

然而事實卻非如此。科學最令人印象深刻的貢獻之一就是求知毅力，就算面對看似無望的處境，也不改其志。托馬斯・布朗（Thomas Browne）爵士以美妙詞藻表示：「海妖賽蓮唱的是什麼歌，阿奇里斯隨一群女子藏匿那時，用的又是什麼名字，即便令人費解，這些問題，卻非全然無從猜度。」[10]就是秉持這股精神，化學家威拉得・利比（Willard Libby）和他的合作夥伴，才在第二次世界大戰終戰後幾年期間，共同成就「放射性碳年代測定法」的偉大發現。利比以這項成果獲得一九六〇年諾貝爾化學獎，可說是實至名歸，因為他揭開遠古的神祕面紗，讓我們窺見古代營火或史前骨架。利比發現的是，這些枯骨、碎木，實際上都是準確的纖小時鐘。要想破解這其中隱藏的信息，我們就必須知道碳的化學性質，還有自然對數的數學特性。

首先是化學。碳有三種不同的型式。其中兩種比較豐沛、穩定，稱為碳-12和碳-13；另一種含量較低，存續時間較短，是為碳-14，這是種放射性同位素，半衰期約為5,568年。「半衰期」是個意思很單純的術語：在5,568年期間，原來的碳-14會經歷放射衰變消失半數。所以，倘若今天拿一公斤碳-14擺著不去動它，5,568年之後就會剩下半公斤，接著再過5,568年，就只會剩下四分之一公斤了。

碳-14源自上大氣層的宇宙線，射線在那裡和氧氣作用，形成放射性二氧化碳，最後這種物質就沉降至地球表面，納入成為所有生命碳基溫床的組成成分。利比講得非常直率：「既然植物賴二氧化碳維生，所有植物必然都帶了放射性。既然地表動物都靠植物維生，所有動物必然都帶了放射性。」[11]結果，放射碳出現在你午餐吃的胡蘿蔔裡面，在你庭院中的矮牽牛裡面，也在你的寵物倉鼠還有副總統體內。這是我們地球裔生靈的共有記號。

稍微懂點精密化學，我們就有可能測出，活組織的放射性碳和非放射性碳的含量比，而且還可以合理假定，過去的動、植物體內，含量水平也是相同的。有機體在世時要從事各種活動，從食物鏈不斷補充失去的碳-14，因此成分比例大體都能維持穩定均勢。

然而，當乳齒象死亡或樹木倒伏，身體的碳補充機能瞬間中斷。不論有機體組織裡面存有多少碳質，從此都再也不會增補了。隨著時光流逝，非放射性碳依然保持不變，然而碳-14卻要經歷放射性衰變——也就是說，這有消失的傾向。於是，放射性碳和非放射性碳的相對比例，也隨之減小。就像老舊時鐘機能鬆弛，輻射發射也相對趨緩。這種碳-14含量遞減現象，在有機體死亡片刻就會開始，一直持續至枯骨和木器雜物挖掘出土當天。

化學家能以特殊設備測定物件遺骸的現有放射輸出量——低於生前數值的輸出量。由於我們知道碳-14的衰變比率，我們就能算出這件遺物需要經過多少時間，才能達到這個較低放射水平，而且計算結果能夠達到某個精準範圍。當然，這也正是從那件骨頭或木料不再屬於在世生物體部位那個時刻開始，直到現在所歷經的時段長度；講得更簡潔一點，這就是那件事物的「年齡」。於是我們就掌握了一項驚人成果，值得頒發一座諾貝爾大獎的科學探案成就。

然而，科學研究往往需要數學來釐清最後細節，這件事例也是如此。放射碳定年的關鍵方程式是

$$A_s = \frac{A_o}{e^{0.693t/5568}}$$

其中A_s是遺物的現有放射性水平，A_o代表同類生物活體的放射性水平，而 t 則是該生物死後過了多久時間。請注意，這項方程式裡面含有一個5,568年，這是碳-14的半衰期。還有，再請注意，這裡出現了扮演主角的數值e。

以下實例和利比本人所考量的例子雷同，也說明其中牽涉的數學。[12]假定考古學家發掘遠古埃及法老陵墓，挖出葬船的殘破碎木。我們假定伐木取得船隻建材的年代，和法老死亡年代約略相符。化學家在實驗室中分析木料，測定其現有放射性水平，結果發現，每克碳每分鐘的分解量為$A_s = 9.7$。相形之下，剛裁切的同類木料，每克碳每分鐘的放射分解量則為$A_s = 15.3$。我們的目標是算出 t，也就是木材

的年齡。

　　把A_s和A_o代入方程式，得：

$$9.7 = \frac{15.3}{e^{0.693t/5568}}$$

交叉相乘得$9.7e^{0.693t/5568} = 15.3$，因此$e^{0.693t/5568} = 15.3/9.7 = 1.577$。

　　那麼，目標是求出指數中的未知數 t。首先我們取方程式兩邊的自然對數：

$$\ln(e^{0.693t/5568}) = \ln 1.577$$

稍事參照第N章，讓我們回想$x = \ln(e^x)$。所以我們歸出結論

$$\frac{0.693t}{5568} = 0.456$$

其中$\ln 1.577$數值是用計算器算的。接著就可以推知

$$0.693t = 5,568 \times 0.456 = 2,539.0 \rightarrow t = \frac{2,539.0}{0.693} = 3,663.8 \text{ 年}$$

　　於是我們計算得出葬船建造年代，也就是法老死亡年代，相當於三千六百六十四年前。當然，這項估計值有多精準，仍有討論空間；種種因素多少都可能影響我們的結果，從放射性水平測定有誤，乃至於樣本受汙染影響都是。然而，倘若我們聲稱那位法老約死於三千七百年前，那麼我們的立場還算穩固。結合我們對木頭材料和數學題材的認識，一塊細小物件就被逼得供出它的古老隱私。幸虧有化學家和數學家，通往古代的大門已然開啟。

　　不論是測量聖母峰、光速或法老古物，數學都能發揮紮實用途，不帶有一絲一毫的疑慮。莫里斯・克萊因甚至還斷言「數學的主要價值，還不在於這門學問能提供哪些東西，而是在於它能輔佐人們鑽研物理世界，取得成果」。[13]

　　許多人要說，克萊因這段話講得太滿了。他似乎是在暗示，倘若突然之間，天文學家和化學家所需的數學要件，全部都能落實，那麼數學家就可以把書桌清理乾淨，退休去了。

　　有一項反面觀點出自純數學界最純的數學家，G. H. 哈代。哈代本人也擅長發

表驚世之論，他坦承「好些基本數學……具相當程度的實際用途」，接著又繼續論稱，有用的概念，「大體上都相當乏味；那只是最不具美感價值的部分。『眞正』數學家的『眞正』數學，費馬和歐拉和高斯和阿貝爾和黎曼的數學，幾乎都是完全『無用的』」。[14]

　　儘管數學家多半要略退一步，不像哈代那樣堅定擁抱無用論，然而這門專業卻有個普遍共識，認爲數學不只是科學的僕人。就如第P章提到的質數定理，儘管這類成果完全不具實用價值，卻能保有一份迷人的美感，也因此在數學界占有正統地位。當我們單從功利主義立場來評價數學，我們也輕忽了身爲人類的核心特權之一：我們有機會只爲翱翔之樂，任令智慧翱翔。

　　眞相或許就位於克萊因和哈代互異立場的中間某處，儘管如此，數學的功用卻不容迴避，成千上萬的數學家，也繼續朝數學應用走向努力。當你參加數學家聚會，有時會聽到這段珠玉之言：要成爲二流應用數學家很容易；要成爲二流純數學家就有點吃力；要成爲傑出的純數家就明顯困難得多；不過，其中最困難的是成爲傑出的應用數學家。若想在數學應用上表現出色，就必須專精許多課題：數學和天文學或化學或工程學。還有，純數學家可以任意改動假設或增添假設，讓工作輕鬆一些，至於應用數學家，卻必須將就應付無法控制的外界現象。純數學由邏輯驅動；應用數學由邏輯和大自然驅動。純數學家可以變換基礎規則；至於應用數學家，不管現實給什麼，他們都只能承受。

　　我們以伽利略的一段話來結束本章。伽利略是第一流的科學家，他在自然界所有角落都聽到數學的共鳴迴響。從來沒有人像伽利略這般簡潔道出數學的功用，他形容宇宙是一本「偉大的書」，而且「除非先學懂寫書用的語言，讀通組成語言的字母，否則是無法了解的。宇宙之書是用數學的語言寫成的」。[15]

文氏圖

　　十九世紀中期，劍橋大學研究員約翰‧文恩（John Venn, 1834-1923）設計出一種圖解架構，可以用來展現邏輯關係。文恩是聖公會書吏，當時所謂「倫理科學」的權威專家，負責編纂厚重的劍橋校友全錄。他的數學實力並不是特別出色。然而，不管怎樣，單憑一項貢獻，他就永留青史。

　　那項貢獻就是文氏圖。就如書本不可能沒有標題、目錄頁，現代教科書也一定會介紹文氏圖。「文氏圖」只不過是描畫了一個個圓形區域的一片範圍，每個圓形分別代表具有共通特性的物件類群。

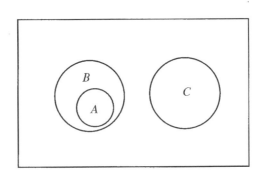

圖一

　　舉所有動物構成的界域（圖一的大矩形）為例，C 區代表駱駝類，B 區代表鳥類，A 區則代表信天翁類。瀏覽圖示就可以看出：

■ 所有信天翁都屬於鳥類（整個 A 區都包含於 B 區）。

■ 沒有駱駝屬於鳥類（*C* 區和 *B* 區沒有交集）。
■ 沒有駱駝屬於信天翁類（*C* 區和 *A* 區沒有交集）。

這是一項邏輯基本規則的寫照，意思就是，由語句「所有 *A* 爲 *B*」和「沒有 *C* 爲 *B*」，可以推知「沒有 *C* 爲 *A*」。由圖解圓形區域可以清楚看出結論。

沒有人會認爲文恩的根本理念非常奧妙，就連他最好的朋友都不會這樣想。文恩成就這項革新，所投注的心力遠遠低於其他發明，好比第**S**章談到的球形表面積求法。求得球面面積必須擁有超凡洞見；文氏圖則連手持蠟筆的小孩都發明得出來。

不過，這還沒有道盡全貌。一般公認萊布尼茲是符號邏輯的奠基人，他在十七世紀幾乎不曾用過這類圖解。到了歐拉的《歐拉全集》，我們在書中發現圖二所示插圖。很眼熟吧？這是比文恩早了一個世紀的文氏圖。若是眞要捍衛正義，我們就該把這種圖解法叫做「歐拉圖」。當然啦，名字更改，對歐拉的崇高盛名難有絲毫增色，卻要把文恩的聲名完全泯除。

所以，文氏圖既不深奧也非原創，只是很有名而已。文恩莫名其妙成爲數學界家喻戶曉的名人。在漫長的數學史進程，沒有人像他那樣以鮮少投入，掙得如此盛名。除此之外，這裡也沒有什麼好講的了。

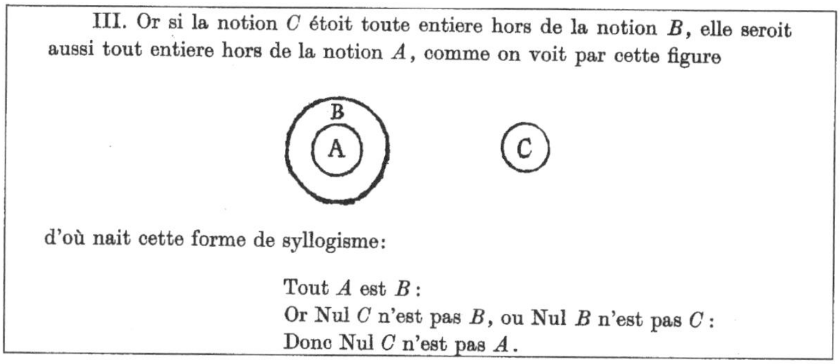

III. Or si la notion *C* étoit toute entiere hors de la notion *B*, elle seroit aussi tout entiere hors de la notion *A*, comme on voit par cette figure

d'où nait cette forme de syllogisme:

Tout *A* est *B* :
Or Nul *C* n'est pas *B*, ou Nul *B* n'est pas *C* :
Donc Nul *C* n'est pas *A*.

圖二

「歐拉圖」一例
提供單位：Lehigh University Library

here Are the Women?

女數學家都上哪兒去了？

　　讀者若是留心就會注意到，本書內容篇幅出現的男性人數超過女士。這種不均衡狀況，反映出男性主宰數學學門的史實。不過，這是否就表示，女士對這門學問從來沒有做出貢獻，是否女性如今也毫無貢獻，而且未來女性也不會有所貢獻？

　　這些問題的答案分別為，「否」、「當然不是」，還有「別開玩笑」。遠溯自古典時期，女士已經出現在數學歷史舞台，時至今日，她們還比以往都更活躍。儘管面臨重重險阻，女性依然留下聲名，箇中艱難萬非男性所能想像。女士不只是得不到鼓舞，甚而還有人極力勸阻她們參與研究。

　　首先我們要承認，簡短列出史上最富影響力的幾位數學家（阿基米德、牛頓、歐拉、高斯），名單上只會出現男性。一九○○年之前，研究數學的女士相當稀少。這當中有幾位最常被人提起，包括：生存於西元四○○年左右的亞歷山卓的希帕蒂亞（Hypatia）、活躍於十八世紀的沙特萊夫人（Emilie du Chatelet, 1706-1749）和瑪利亞‧阿涅西（Maria Agnesi, 1718-1799），還有在十九世紀早期從事研究的索菲‧熱爾曼、瑪麗‧索莫維拉（Mary Somerville, 1780-1872）和愛達‧拉夫雷斯（Ada Lovelace, 1815-1852）。索菲亞‧柯瓦列夫斯卡婭則把名單年代延展至二十世紀前沿。

　　這裡面的希帕蒂亞是位影響深遠的幾何學者、教師和作家；沙特萊夫人的出名作品是把牛頓著作翻譯成法文；索莫維拉則是把拉普拉斯作品翻成英文。阿涅西在一七四八年發表一本數學書籍，實至名歸獲得認可。拉夫雷斯和查爾斯‧巴貝奇（Charles Babbage）合作製造查爾斯的「分析機」（一款「原型電腦」）。

　　這張女數學家名單當中，成就最卓越的是熱爾曼和柯瓦列夫斯卡婭。熱爾曼跨

足純數學和應用數學領域。我們在第**F**章談費馬最後定理篇幅也提過她，一八一六年，她獲得法國國家科學院頒發獎項，褒揚她的彈性數學分析成就。柯瓦列夫斯卡姬擁有博士學位，還曾在大學任教，就當年的女性而言，這是一項開創性的成就。這段奮鬥歷程，讓許多原本心懷猜忌的男性同行，對她都深表尊敬。

所以，二十世紀之前肯定存有女性數學家。令人驚訝的還不是她們人數很少，而是竟然有女性現身。因為女性不只是必須克服常人伸展數學抱負都要遇上的難關（也就是高等數學的極高難度），還必須面臨文化設下的重重障礙。以下我們要討論其中三種讓她們有志難伸的最嚴重阻礙。

首先是反對女性進入這門學科的負面態度，這種態度普遍深入人心，對男、女性都產生重大影響。這種態度有個核心信念，那就是不相信女性有能力從事嚴肅的數學研究。許多人心中都抱持這種信念，包括幾位深具影響力的人士。相傳伊曼努爾·康德（Immanuel Kant）談到女性時曾經表示，與其「動用她們的漂亮腦袋去為幾何學操勞，不如乾脆去長鬍子算了」。從這等重要哲學家口中講出這種評論，真可說是令人洩氣之極。[1]不幸的是，這種態度絕對不算過往陳跡。當代多起案例顯示，有些高中女生希望登記以三角學或微積分為主修科目，結果指導老師、家長或朋友卻諄諄告誡，家政或英文才是最能與女性思維方式相稱的學科。信不信由你，到今天還是有這種事情。

關於「女性沒有能力研究數學」的論證，有一項說法是罕見女性投入數學研究。換句話說，數學界罕見女性的現象，被拿來當成她們不適合研究數學的證據。這種推理方向相當荒謬。這就彷若把美國棒球大聯盟在二次戰前沒有非洲裔選手，歸咎於非洲裔美國人沒有能力打棒球，還把這點拿來當成明證。從傑基·羅賓森（Jackie Robinson）、亨利·阿倫（Henry Aaron）和其他許多人的傑出表現都可以看出，當初大聯盟欠缺黑人選手，並不是肇因於他們的能力低落，而是由於黑人沒有機會打球。

女性可以研究數學，由前面提到的案例，可以看得清楚分明。我們還可以強化論據，列出長串活躍於較近代時期的女子，包括在二十世紀早期扮演關鍵角色，推動改善先進積分理論的葛瑞絲·楊（Grace Chisholm Young），到解決希爾伯特第十問題的羅賓遜；乃至於列名二十世紀最高明代數學家之林的埃米·諾特（Emmy Noether）等女士。認定女士不能做數學的態度並無實據。

然而，在此同時卻有另一種態度，認為女性「不該」做數學。其中最溫和的人認為，這是在浪費時間；最負面的則認定這是種惡行。就好像孩子不該靠近高速公路，女性也不該靠近數學。

我們舉南丁格爾為例，後來她出了名，不過那是在醫學技術界。南丁格爾幼年時期曾熱心學習數學，惹來母親滿心疑惑問道：「數學對已婚婦女能有什麼用處？」[2]我們在第U章就曾指出，很少有人為創建的事功比數學更有用處，然而南丁格爾耳中卻只聽到相反觀點。從十九世紀女性必須奉守的傳統角色觀點看來，數學沒有絲毫用處。

接著還有人諄諄告誡，女性研習數學會破壞她們的優雅社交表現。更糟糕的是，據說有醫學證據顯示，女性動腦過度，血流就會轉向，生殖器官的血液會轉向流往腦部，後果相當悽慘。有趣的是，（所有民族的）男性似乎從來不擔心這類血流問題。

這種態度很快就自行轉為行動，不過或許更貼切的說法，應該是轉為文風不動。熱爾曼必須用男性化名來發表數學文章；柯瓦列夫斯卡婭展現實力應徵學術職位，一開始卻仍遭拒絕。就連偉大的諾特，前往德國哥廷根大學應徵初級職位之時，依然遭受敵意對待。誹謗她的人又開口反對，就怕一旦有女人踏出了這第一步，往後恐怕江河日下頹勢難擋。希爾伯特就此略帶譏諷回應表示：「我不覺得候選人的性別可以做為反對她入選的論據。畢竟我們這是所大學，不是家澡堂。」[3]諾特終究還是拿到工作，數學社群也活得還不錯。

第二項阻礙是「不得接受正規教育」。研究數學這門學問，非得接受嚴苛、周密的養成訓練不可。要觸及最前緣，就必須邁步遍歷預備課程，就數學這麼古老又複雜的學問，必須努力好幾年。昔日就連起步展開艱鉅旅途的女性都很罕見。因此要想取得高等數學果實，幾乎都是辦不到的。

男性是如何學習這門課題？他們通常請家教或採一對一方式受教。我們已經見到，萊布尼茲就教於惠更斯，歐拉則隨約翰‧伯努利學習。這是一種既成體制，由師父把薪火傳遞給未來世代。少有女子享有這等機會。

男性經過妥善訓練，接著就動身前往大學深造，於是他們的才華和能力，才得以繼續發揮。高斯曾就讀赫姆斯特大學，萬澤爾進入巴黎綜合理工學院，羅素則就讀劍橋。

　　相形之下，熱爾曼儘管潛力雄厚，卻由於性別因素，不得進入大學講堂。她只能在教室門口旁聽，或向同情她的男性同門借抄筆記，就這樣暗自努力，跟上教材進度。她終於學成了，引述高斯的說法，這點證明她是擁有「最偉大勇氣」的女性。[4]

　　因此，絕大多數女性，都沒有真正接觸到高等數學領域。這裡有必要指出，前面提到的女性，許多人的家境都很好，連帶也享有特權優勢。熱爾曼能使用她父親的藏書室。索莫維拉暗中旁聽弟弟的家教課程。這幾位都是富裕人家的女兒，她們享有的選擇自由，顯然凌駕出身較平庸家庭的女性。麥可‧迪肯（Michael Deakin）就曾針對深具數學潛力的貧窮女性提出見識：「貧窮和女性身分這雙重缺陷，顯然是太沉重了。」[5]

　　拿這種處境和約略同期的女作家所處境遇相比會很有趣。閱讀和寫作是當時淑女所受的部分訓練，即便這都被視為必要的社交技巧，不算是進入藝術事業的手段。不過許多女士都養成寫作本領。接著，若是時間充裕，又有妥當訓練和能力，她就能運用這些本事，著手創作詩歌或文學作品。珍‧奧斯丁（Jane Austen）就是其中一例，她的著作都從日常生活所見孕育成形，她仔細觀察周遭事物，發揮出色才華篩濾擇定。奧斯丁能讀、能寫，她是位藝術家。奧斯丁的著述成果，把她推上英國文學泰斗之林。

　　許多女子也確實學了些許基本密碼技術。不過拿來和文學相比，超出這點就高下立判。要想增進高等數學實力，必須理解幾何學、微積分和微分方程──有本有源層層累積。很少有人毋須訓練，自習學得這門知識。不准女士接受那種訓練，等於是不准她們培養出數學家的本領。通往科學未來的大門，在她們眼前砰然關上。我們永遠不能認識縱橫數學界的奧斯丁，由於欠缺正規教育，那個人消失了。

　　這是過去的事情。那麼現況呢？當然了，外在障壁已經崩塌，大學也不再針對女性設下禁令，不再有熱爾曼遇上的情況。情勢逆轉，從美國大學數學新生統計資料看來，的確可以感到樂觀。一九九○至九一學年，美國教育機構頒授了14,661項數學大學學位。這其中有6,917項，或就是其中百分之四十七是頒授給女性。這種幾近理想的性別劃分，會讓一個世紀前的男性數學體制覺得不可思議。

　　然而端詳高等學位，資料就沒有那麼振奮人心。同一學年期間，獲頒數學碩士學位的學生當中，女性占了五分之二，就博士學位卻只占了五分之一。[6]這點暗

示，儘管在大學部研讀數學的女性人數令人印象深刻，繼續深造接受研究所課程訓練的人數，卻遠低於此。既然明日的研究數學家和大學教授，都出自這些機構，那麼情況依然失衡。

女性為什麼不進入研究所繼續深造？從歷史看來，許多女子都一心想要進入中、小學校當老師，因此她們不必拿到研究學位。就某些情況，低度自尊加上前面敘述的種種態度，肯定也造就一種悲觀心態，懷疑自己能不能讀完研究所。同時還有激勵等事項，包括找到良師益友來幫忙打氣，紓緩高等數學研習進程必然遇上的困境。男性有許多同儕夥伴和角色楷模；女性在狂暴學術汪洋可能會覺得孤單。就許多方面看來，女性的正規教育進程，和男性同行依然有別。

就算女性克服負面態度，完成紮實教育，她們還要面對另一項障礙：「沒有贊助」。她們必須操持日常事務，沒有後援就無法兼顧自己的事業。從事數學研究必須心無旁鶩，還需投入大量時間。研究數學家有許多時間都只是靜坐思考。古往今來，不是所有人都享有相等的自由時段。如前面提示，最單純的權宜條件是獨立又有錢。相傳阿基米德出身錫拉庫薩皇室家族。洛必達侯爵（Marquis de l'Hospital, 1661-1704）家境優渥，請得起約翰‧伯努利來當家教，跟他學習風靡歐洲的微積分新學問。我們列出的女士當中，沙特萊夫人嫁入侯爵府，拉夫雷斯是位伯爵夫人，阿涅西是個富家女。這些人沒有一個必須天天操勞洗衣服。

還有個支持來源是當時的智庫，歐洲研究院。柏林、巴黎或聖彼得堡等地研究院都提供資金，讓許多學者維持溫飽。歐拉在柏林和聖彼得堡都保有工作崗位，這位數學家把這類機會運用到極致。

不然也可以找個相當輕鬆的工作，這樣就有閒暇時間來研讀、沉思。我們已經指出，萊布尼茲在出使巴黎、執行外交任務期間，不知如何得以撥出時間學習數學，最後還發展出微積分。費馬法官似乎總是沒什麼法庭事務可忙，於是他轉而投入數學。

總之，當個有錢人、加入成為研究院院士，或找個大才小用的工作，對潛在數學家都沒有壞處。今日數學家所獲贊助主要出自研究大學，大學提供辦公室、圖書館、出差旅費、志同道合的同事，而且教學負擔並不沉重。就義務方面，數學家有思考之責，得深入思考這門課題的前景。

拿這個來和女性的歷史角色相比：待在家裡生兒育女，煮飯縫紉操持家務，同

時丈夫、兄弟則外出工作。就算受過訓練，女性能從哪裡撥出時間，來思考微分方程或射影幾何學？她所負義務完全兩樣。

　　事實上，女子就連擁有自己房間的人數都很少。維吉妮亞・吳爾芙（Virginia Woolf）曾經以自己的房間爲標題寫了一篇散文，她藉此提醒我們，鮮少女性擁有一處特殊場所可供獨處、思考、寫作（或做數學）。吳爾芙編造出一段寓言，講莎士比亞的虛構妹妹茱蒂絲的故事。茱蒂絲的才華和哥哥相比毫不遜色，爲了滿足家庭所需，她必須竟日操勞，同時哥哥威廉則砥礪完善寫作技巧。按照吳爾芙文章所述，莎士比亞的妹妹

> 生性大膽，很愛幻想，和他同樣渴望去見識世界。但是茱蒂絲沒有上學，沒有機會學習文法和邏輯，至於閱讀賀拉西和味吉爾的詩歌，那就別提了。偶爾她會拾起一本書……讀了幾頁。可是接著父母就會進來，吩咐她去補襪子、去煮肉湯，別神魂不定想什麼書本文章。[7]

手足兩人一個出力贊助，另一個只接受。這是清楚分明的二分法。

　　接著談到歐拉。歐拉生了十三個孩子，總得有人負責餵養，幫他們換尿布、清洗衣物。那可不是歐拉的事。接著審視拉馬努金（Srinivasa Ramanujan, 1887-1920），才氣縱橫，令人咋舌的二十世紀早期數學家。他日常生活言行舉止，都表現得相當幼稚無能，一切事務全都由他的妻子打理。談到埃爾迪什，我們在第A章見過這個人，他在二十一歲學會怎樣在土司上塗抹奶油。顯然，早年他投身探索數學，全程都有母親提供非比尋常的支持。

　　萬一鞋子穿錯腳，該怎麼辦呢？倘若歐拉太太或拉馬努金太太或埃爾迪什太太，有旁人來負責她們的日常需求，那麼她們能不能研究數學有成？倘若這幾位女士有閒暇時段投入數學思考，那麼她們能不能成名？沒有人知道。不過，倘若女性也有人贊助支持，就像前面那幾名男子享有的那般待遇，那麼數學年報會不會刊出更多女士的作品？斷無疑義。

　　前面引述的種種障礙（負面態度、難得接受數學教育、缺乏支援體系）在柯瓦列夫斯卡婭的生活當中兼而有之。柯瓦列夫斯卡婭號稱「二十世紀之前的最偉大女數學家。」[8]她的故事點出問題所在，也彰顯出女性在數學界的功績。

　　柯瓦列夫斯卡婭一八五〇年生於莫斯科，從小家境優渥，成長環境充滿學術氣

息，有一位英國女家教，還有機會學習數學。有個迷人的故事談到她的臥房四壁，貼滿她父親的微積分課堂筆記。那位年輕女子迷上這些陌生公式，這批筆記就像沉默的朋友，伴隨她左右。她誓言有一天要學會其中的奧祕。

當然，這要經過訓練才行。剛開始她學習算術。後來柯瓦列夫斯卡婭獲准和一位遠房兄弟一起上家教課程，主要是想藉此讓那個男童感到不好意思，發憤努力學習。她就這樣習得代數知識（即便那位男生並沒學懂）。接下來，柯瓦列夫斯卡婭借了一本書，作者是一位物理學家，就住在附近。她閱讀時遇上一道三角學難題，這是她完全不懂的課題。柯瓦列夫斯卡婭不願就此放棄，卻又找不出合宜的解釋，於是她乾脆從頭發展出那項概念。那位物理學家聽聞鄰居女孩這件事情，大感驚奇地表示：「她把那整門科學分支，三角學，又發明了一次。」9

這等成就代表超凡數學創造能力。柯瓦列夫斯卡婭十七歲時和家人前往聖彼得堡，到那裡她不顧父親反對，找家教來指導微積分。她的才華極高，倘若她是名男子，肯定馬上會動身進入大學。不幸，十九世紀的俄羅斯女子沒有這種選擇餘地。

她大失所望，決意採取行動，從現代觀點來看，那是很極端的反應。十八歲時，她給自己安排權宜婚姻，嫁給一位就要前往德國的年輕學者，指望到德國有較大機會接受教育。那個人就是夫拉迪米·柯瓦列夫斯基（Vladimir Kovalevskii），這位古生物學家願意獻身這次「假婚姻」，因為這對解放女性具有潛在利益。兩人啟程前往海德堡大學，各自追求本身的興趣，同時仍維繫婚姻生活表象。

一如既往，柯瓦列夫斯卡婭在海德堡的表現也很出色，於是，一八七一年她的眼界更高了：她的目標是柏林大學和那裡深受尊崇的前輩數學家，卡爾·魏爾斯特拉斯（Karl Weierstrass, 1815-1897）。柯瓦列夫斯卡婭毅然安排拜會這位世界有名的學者，想請他擔任私人家教。魏爾斯特拉斯給她一批難題，把她打發走，心想她無法解答這些難題，再也不會回來了。

結果她辦到了。過了一週，柯瓦列夫斯卡婭拿著答案回來了。根據魏爾斯特拉斯的見解，她的作品展現出「天縱英才稟賦，那等才氣……十分罕見……就算是較年長、培育較早的學生，都難得一見」。10她又把一位心懷質疑的人拉攏過來，納入她的仰慕群眾──這次是極富影響力的世界頂尖數學家。

就這樣，年邁的魏爾斯特拉斯和年輕的柯瓦列夫斯卡婭展開一段漫長合作歷程。她的精力和洞見，贏得老教授衷心敬重，更回過頭來提拔她和歐洲大半數學社

蘇聯印行的索菲亞‧柯瓦列夫斯卡婭肖像郵票

群交往接觸。在老教授指導下，柯瓦列夫斯卡婭投身從事偏微分方程、阿貝爾積分和土星環動力學研究。一八七四年，她以這項成果獲哥廷根大學頒授數學博士學位。她也成爲女性獲得現代大學頒發博士學位的第一人。

柯瓦列夫斯卡婭這輩子不只是深受數學吸引，對社會、政治公義等議題也深感興趣。她擁護自由主義理想、支持婦女權利、贊成波蘭獨立自主。她一度爲一份立場極端的報紙寫文章。一八七一年，巴黎組成公社之際，她和丈夫潛入巴黎，而當時那座城市已經被俾斯麥的部隊包圍。這趟冒險行動進行當中，柯瓦列夫斯卡婭還眞的成爲德國士兵的射擊對象。她一進入巴黎，馬上動手照顧傷患、病號，還與這座被圍城池的極端派領導人接觸。因此，她是個願意投身社會信念採取行動的人。

不過，故事還沒有說完。除了身兼科學家和革命家之外，她還是位作家。柯瓦列夫斯卡婭寫了幾本小說、幾首詩歌、幾齣戲劇，還寫了一部自傳《童年回憶》

（*Recollections of Childhood*），內容記述她在養成階段的經歷。她在青春期還居住俄羅斯時結識了費奧多爾·杜斯妥也夫斯基（Fyodor Dostoyevsky，又名Fedor Dostoevskii），後來年紀漸長，又認識了伊凡·屠格涅夫（Ivan Turgenev）、安東·契訶夫（Anton Chekov）和喬治·艾略特（George Eliot）。這位重視社會關係的數學家，踏進了名人文士社交圈。

　　總之，柯瓦列夫斯卡婭擁有多方面的驚人天賦。才華橫溢、意志堅定、辯才無礙，曾有當代人形容她「耀眼令人驚豔」。[11]於是一幅耐人尋味、深富魅力的身影浮現眼前，正是暢銷書或電視迷你劇場主角那樣的人物。

　　就如迷你劇場情節，悲劇總是伴隨成功出現。儘管婚姻處境相當特別，她仍對丈夫培養出真正的愛，兩人在一八七八年生下一女。然而，五年之後，由於生意失敗，財務損失慘重，夫拉迪米灰心喪志，吞服氯彷自盡。索菲亞成了寡婦和單親媽媽。

　　所幸她是位世界級數學家。她得到魏爾斯特拉斯另一位弟子古斯塔·米塔格－列夫勒（Gösta Mittag-Leffler）的鼎力相助，終於獲選進入瑞典斯德哥爾摩大學任教。一八八九年，她成為終身聘教授，也是女性在數學界的第一人。

　　她在斯德哥爾摩並不是一帆風順。當時歧視女性是種常態，加上柯瓦列夫斯卡婭堅定支持革新理想，情勢雪上加霜。保守派學者對她的數學無處下手批評，只好譴責她和一位著名德國社會學家互有往來。魏爾斯特拉斯和米塔格－列夫勒都婉轉提點柯瓦列夫斯卡婭，勸她改採比較審慎的政治立場。她沒有聽從。

　　就數學方面，她獲指派為《數學學報》（*Acta Mathematica*）編輯，是有史以來第一位取得這等職位的女性。她和埃爾米特、切比雪夫等數學家（這兩位我們在前幾章介紹過）書信往來，成為俄羅斯數學界和西歐同行社群的重要橋樑。一八八八年，柯瓦列夫斯卡婭獲得法國科學院的勃丹獎（Prix Bordin），得獎作品是〈剛體繞一定點旋轉之問題探討〉（On the Rotation of a Solid Body about a Fixed Point）。自此她聲聞國際，報紙紛紛報導，賀信不斷飛來。這項讚譽足以為她在俄帝科學院贏得一席之地（卻仍不足以為她在故鄉贏得學術教席）。

　　所以，一八九一年，這位出色人物的未來似乎充滿光明前景。隨後，意外悲劇終於降臨。柯瓦列夫斯卡婭去了一趟法國，染上感冒，原本似乎無足掛齒。然而當她回到斯德哥爾摩，病情卻在冬季濕冷氣候下惡化。她回到家中，已經病弱無力處

理日常事務。索菲亞陷入昏迷，一八九一年二月十日英年早逝，年僅四十一歲。

英才早逝總要引人錯愕，令人不敢置信，她的情況正是如此，身後留下許多未能實現的夢想。全歐人士紛紛致哀弔唁，各界表達真誠追思。我們無法想像，假以天年，柯瓦列夫斯卡婭對數學界還會做出何等貢獻。我們也無從知曉，這樣的貢獻對女性在這門學科的地位，會產生何等影響。

雖說柯瓦列夫斯卡婭這等天才十分罕見，自她死後一個世紀之間，數學界倒是愈來愈常見到女性的身影。這點反過來又引發一項疑難問題。本章篇幅專門討論女性數學家，我們這樣是不是犯了個錯，把女性給邊緣化，拿她們當作另一個類群？如今女性已經進入醫學和法律專業，卻極少有人談起「女醫師」或「女律師」。我們不希望本章論述帶來一種印象，認為數學專業人士應該分成兩個類群：數學家和女數學家。這絕非我們的目的，而且這也不是真實情況。然而確實有此風險。

羅賓遜就是抱持這種見解。隨著她的尊崇地位日盛，當她進入國家科學院，還獲頒麥克阿瑟獎，旁人提到羅賓遜都稱她是男人領域的成功女性。「這樣備受矚目，」就此她寫了一段寓意非常深刻的話語：「令人稱心滿意，卻也讓人感到尷尬。我的身分就是數學家。我可不想以第一位女性這個家或那個家留名後世，寧願奉守一名數學家該有的本分，單純以我證明的定理和我解決的問題讓後人留念。」[12]就此，恰當的反應是，「阿門！」

儘管女性面對的不公平處境依然沒有泯除，仍有理由抱持樂觀，羅賓遜的期望或有可能實現。隨著眾多歧視障礙紛紛破除，數學主修登記人數確實提高了。縱然問題還沒有完全解決，不可否認確實已有進步。期望在不久的將來，以一章篇幅討論「女數學家都上哪兒去了？」這樣的問題，會顯得毫無必要。

 **Plane**

平面

本章一口氣用掉兩個字母，討論的課題，卻一再出現於先前頁面篇幅，這是非常根本的學識，看來似乎是古已有之。

我們談的是座標軸系統，也就是疊置平面上，為二維平面任意一點指定數值位址的水平、垂直網格。水平的橫軸，也就是所謂的 x 軸，帶有向右遞增的數字尺標；垂直的縱軸，也就是 y 軸，尺標則是向上遞增。有了這兩條軸，就得以在幾何點和所屬數值座標之間往返變換。

當然了，單單標繪一個點沒什麼好玩，標繪多點才顯得有趣。試舉方程式$y=$

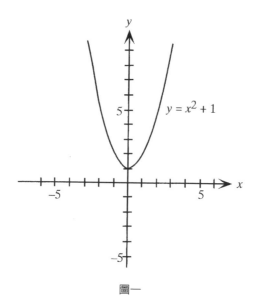

$$y = x^2 + 1$$

圖一

勒內‧笛卡兒
提供單位：Muhlenberg College Library

x^2+1為例，當我們把式子標繪出來，視之為一個平面上所有點(x, y)的群集，所得圖示就可以代表$y=x^2+1$和各變項的關係。當我們找出多點位置，就可以由代數式作出一條幾何曲線，就本例而言，也就是圖一所示拋物線。這種橋接代數和幾何的關係，似乎是自然而生。因此我們會覺得意外，怎麼這項概念到這麼晚近才出現。

雖說歐氏幾何（無代數成分的學問）可以追溯至兩千多年前，這種「**解析幾何**」出現卻還沒有超過四百年，算是非常年輕。舉幾個例子，這門學問比對數、《羅密歐與茱麗葉》以及波士頓城都更晚出現。

就如相當多項數學革新議題，這門課題同樣在十七世紀出現。開創這項變革的人是費馬和笛卡兒，都是法國人，同樣才氣縱橫，也都是數學發展進程的重要人物。前面章節已然指出，費馬的座標幾何發明，向來隱匿不顯，被他更著名的數論成就掩蔽。此外，費馬延遲發表成果，讓他的影響力大減，等到研究為外人所知，

這項概念早就不再新奇。結果發明解析幾何的光彩,便歸於率先發表、倡言的笛卡兒。

故事發生在一六三七年。笛卡兒寫了一部鉅著,書名《方法導論》(*Discours de la Methode*),可以算是科學變革的哲學地圖。他這部專論還有一篇附錄,彷彿是事後才想到附加的,標題為〈幾何學〉。笛卡兒以這段宣言做為那篇附錄的前言:「任何幾何問題都能輕鬆轉換成一類項式,於是知道特定幾條直線的長度,就足夠了解其構造……因此我沒有絲毫遲疑,逕自把這類算術項引進幾何裡面。」[1]在此之前,歐幾里德平面都是空白的,理想化形狀就在這上面分別演出自己的幾何角色,如今這處平面湧入大批數字(笛卡兒的算術項),測定形狀長度,指出所在位置。

不幸的是,多數讀者並不覺得〈幾何學〉容易閱讀。就連牛頓都坦承,最初他看不出笛卡兒方法的道理在哪裡。幾年之後,一位傳記作家寫道,牛頓

> 拿到笛卡兒的幾何學,儘管他聽說了,這非常難懂,不過還是讀了十頁左右,然後停下來,重新開始,比第一次多讀了一些,然後又停下來,回頭又從頭讀起,直到他逐漸讀通這整段內容為止。[2]

若是連牛頓都覺得困難,想像天分比較低微的學生,會陷入何等困境!笛卡兒對讀者的典型告誡說詞如下:「我可不會就此停歇,針對細節部分深入說明,因為這樣一來,我就會剝奪你自行通曉學問的樂趣……這裡我完全找不出真正困難的地方,只要稍微熟悉普通幾何學和代數學,沒有人克服不了。」[3]

笛卡兒在給梅森描述他這本書的信中,更是直言不諱。「我略過了幾項事情,」他寫道:「否則內容或許會比較清楚,不過我是故意這樣做的,也不想改用其他作法。」[4]奉勸有志寫作教科書的作者,切莫採行這其中隱含的哲理——數學闡釋別說明清楚。

所幸,還有其他人有能力改寫這些概念,用比較看得懂的措詞來說明。笛卡兒〈幾何學〉原著出版之後過了十二年,阿姆斯特丹的法蘭斯・凡司頓(Frans van Schooten, 1615-1660)整理的新版問世,裡面大量補注有用評述,於是能理解這個題材的讀者也大幅增加。結果相當重要,牛頓和萊布尼茲從比較無知階段到發明微積分這段期間,兩人都從凡司頓版本的笛卡兒著作獲得許多心得。

他們研究的題材和現代微積分並不完全相同。當時兩軸不見得都畫成彼此垂直；有時根本不畫 y 軸；還有，由於對負數反感，圖解往往只侷限於平面右上方區域，這就是所謂的第一象限，在這裡，x、y 兩座標值都為正。這一切要等過了一陣子才能釐清。

牛頓本人也做出重大貢獻，他對這門課題的影響，往往受他其他燦爛成就的掩蔽，隱沒不顯。他的《三次曲線枚舉》（*Enumeratio linearum tertii ordinis*）在一六七六年寫成（由於牛頓的拖延習性耽擱），直到一七〇四年才終於發表。這部著作向來被形容為，讓「解析幾何真正發揮潛力」的作品。[5]牛頓在這本書中介紹、分析七十二種三次方程式，還分別細心製作圖解。顯然，他對解析幾何的熱情，唯有他的耐力才得以逾越。

於是，藉由笛卡兒和費馬的革新成就，後來再加上牛頓的貢獻，這門課題的地位和標準都確立成形。我們很容易輕鬆帶過這項成就，誤以為這是平淡無奇的單純步驟。不過，歷史證明，事後看來淺顯的過程，或許在事前絕對不算不言而喻的道理。羅賓遜就曾經針對一項大費神思的數學問題，提筆論述如下：

> 我曾聽說，有人認為我瞎了眼睛，眼前就是解答，自己卻視若無睹。然而話說回來，旁人同樣全都沒有看出來。許許多多事物，就這樣擺在沙灘上，我們卻看不見，要等到旁人把其中一件拾起來。於是我們所有人都看到了。[6]

這段敘述完美道出幾何和代數在十七世紀合併的情況。

從一開始，解析幾何就清楚區分為兩項對立的重要議題。就其中一項，代數是用來為幾何效勞；就另一項，幾何是用來為代數效勞。整個看來，這就演變出一種數學共生作用，同一問題的各別面向，都得益於它和另一面的關係。

笛卡兒大體上都支持前一種關係。也就是說，他比較常由幾何問題入手，應用代數技術來求解。就他看來，較晚近的符號代數概念，能夠解答歐氏幾何古老學問的種種問題。

另一條重要門路通常多以費馬為代表，最後這也演變出比較重要的途徑。這是以代數式入手，由此作出一平面幾何圖形，好比前面我們以 $y = x^2 + 1$ 所作圖示，還有牛頓的七十二種立體造型圖解。費馬依循這條門路寫道：「每當最後得出的方程式含有兩個未知數，我們都能得到一副軌跡，在極端的情況下，軌跡會成為一條線

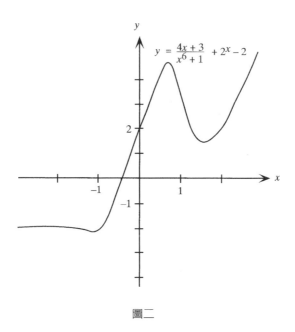

$$y = \frac{4x+3}{x^6+1} + 2^x - 2$$

圖二

（line），或筆直的或彎曲的。」[7]卡爾・波伊爾稱頌費馬這項洞見是「數學史上最重要的一段敘述」。從此數學家面對愈益繁複的方程式，只需依循算式逐一標繪各點，就可以任意作出嶄新曲線圖示。[8]

　　解析幾何出現之前，曲線型式完全侷限於「自然」發生的種類。數學家認識圓、橢圓和螺線，因為這些都出自大家熟知的幾何問題。然而類似下式圖解的曲線

$$y = \frac{4x+3}{x^6+1} + 2^x - 2$$

如圖二所示，恐怕全非他們所能想像。數學家編擬出奇特的方程式，在 x-y 平面上作出前所未見的蜿蜒曲線。得到這樣一批型式繁多的曲線之後，他們鑽研體認更深，後來更構成微積分的發展要件。

　　本章其餘篇幅我們要考量解析幾何兩項對立的基本向度。我們首先檢視，一條曲線的幾何特性，如何引領我們理解其代數特質。

　　事實上，我們在本書其他篇幅，已經見過這種現象的幾個實例。幾何圖示刺激我們的微分、積分討論，還在我們開展牛頓法的進程當中，發揮了重大影響。還有

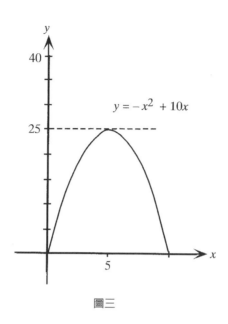

圖三

一個更簡單的實例，見於第D章，當時就談到，卡爾達諾聲稱，沒有任兩實數相加等於10，且相乘等於40。那時我們就借助微分學的最大值技術，驗證確認他的主張。不過，只要檢視乘積函數$y = -x^2 + 10x$的圖解，這整件事情就馬上可以擺平。函數圖解參見第**D**章圖九（第六十二頁），這裡我們重行標繪如圖三。

一旦我們確立目標乘積必然是這條曲線上諸點的 y 座標值，顯然其乘積就不可能達到40。由圖解可以立刻清楚得知，最大可能乘積（也就是圖示最高點）等於25。本式兩數的乘積極限值，原本是純代數考量，從對應的曲線幾何，卻也看得清楚分明。

或者我們也可以回顧第K章，內容討論到，就$x^7 - 3x^5 + 2x^2 - 11 = 0$類型方程式，採任何代數技術，都得不出精確解。就這種情況，我們引用牛頓的作法，設法求得近似解。不過這裡有點差別，儘管效率較低，採逼近路線所需輸入，都可以從解析幾何取得。

我們首先要標繪$x^7 - 3x^5 + 2x^2 - 11$圖解。當然，若採徒手標繪，這道問題就很可怕；要把這類方程式各點逐一標繪出來相當煩悶，令人怯步。不過，借助技術就彈指可得。電腦軟體或甚至掌上型計算器，都能在頃刻之間作出這種圖形，而且標

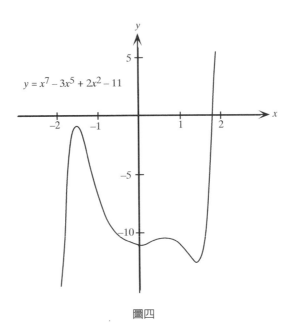

$$y = x^7 - 3x^5 + 2x^2 - 11$$

圖四

繪的點數,遠超出人類花一個月時間,費心標繪所得數量。結果如圖四所示圖形。

由於我們希望求得 $x^7 - 3x^5 + 2x^2 - 11 = 0$ 之解,必須找到一個 x 值,使上述方程式之 $y=0$。這正是所謂「x 截距」的第一個座標值,也就是圖形在 x 軸上截出的座標值。稍微瀏覽圖四就可以得知,這種截距只得一個,所以我們的七次方程式只有一解。這裡我們就必須瞄準這個數值。

若計算器和手邊的軟體附帶「縮放」功能,我們就可以趁便行事。這就彷彿,我們把部分圖解,擺在放大鏡下審視。首先我們找出一點,接著把那點附近放大,就本情況,那個點略小於 $x=2$,接著再下達妥當指令。所得結果如圖五所示,這是截點附近的放大圖解。根據這種情況的幾何圖解,答案看來就位於 $x=1.8$ 附近某處。

若是覺得這太不精確,我們還可以再放大一次。於是我們就可以依樣畫葫蘆,直到只呈現非常細小的 x 軸片段(比方說,寬只達0.00001單位),且圖中可見曲線截過軸線。我們就這樣,逐步逼近 x 截距,達到高精確水平。

就眼前例子來看,我們接連放大幾次,逐步得出方程式近似解 $x=1.7998295$。

接著驗算結果,把得數代入原始方程式,得

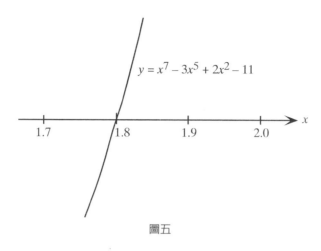

圖五

$$(1.7998295)^7 - 3(1.7998295)^5 + 2(1.7998295)^2 - 11 = -0.000004$$

結果非常接近。幸虧有作圖計算器，整個作圖運算還算輕鬆。

　　放下這道問題之前，我們要提出兩項重要觀點。首先，得出這種解所需技術，幾十年前是無從設想的，如今卻已經稀鬆平常。有了這種硬體設備，才能在幾秒鐘之內，就算好並標繪出幾百個點，這是工程師送給數學家的禮物。更重要的是，儘管求七次方程式解基本上是種代數問題，我們的解，卻是得自一條與 x 軸相交的曲線，由其幾何屬性推演得知。遇上這種情況，數學家就會說，這是「視像化的威力」，再者，解析幾何加上電腦，確實具有強大的威力，這也是不爭的事實。

　　以上介紹的是幾何為代數代勞的實例。現在，我們掉轉方向，運用代數武器來證明幾何定理。我們需要兩項先決要件：距離和斜率的代數處理法。由於我們在第 **D** 章已經談過斜率，所以這裡先就距離方面提一點看法。

　　假定我們得到圖六所示 P 和 Q 兩點，必須求出兩點之間的距離，也就是實線 PQ 之長。設兩點座標分別為圖示之 (a, b) 和 (c, d)，由此得一直角三角形 PQR。權且從 x 軸簡單讀取長度值，我們得 $\overline{PR} = c - a$；相同道理，由 y 軸可知 $\overline{QR} = d - b$。接著，由畢氏定理得知：

$$P \text{和} Q \text{之間的距離} = \sqrt{\overline{PR}^2 + \overline{QR}^2} = \sqrt{(c-a)^2 + (d-b)^2}$$

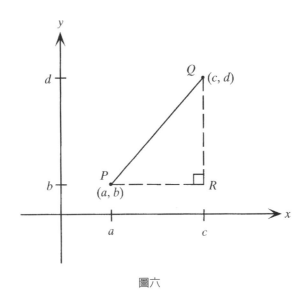

圖六

難怪這個式子在解析幾何學稱為「**距離公式**」。

　　至於斜坡代數公式，我們回憶第**D**章內容，圖六的PQ線斜率為

$$m = \frac{\text{上升量}}{\text{平移量}} = \frac{d-b}{c-a}$$

這裡要提出一項**警告**：倘若一線為垂直，則線上任意兩點的第一座標值相等，於是斜率公式的分母部分等於 0。這樣一來，所得結果就不是實數，於是我們稱垂線的斜率是無定義的。為免出現這種麻煩糾葛，我們強調底下所有直線都不是垂線。

　　斜率概念為我們帶來平行和垂直兩種幾何特性，兩種概念早在歐氏幾何時代已經出現。直覺上，斜率的概念和「傾角」相同，因此情況清楚分明，唯有斜率相等的直線才是平行線。不過，拿垂直特性來做個比較，結果就完全不是那麼清楚，有必要略事討論。

　　假定有兩線直角相交。我們把座標軸疊放上去，就這樣進入解析幾何領域，把原點精確放在直線交叉點上，如圖七所示。

　　沿著兩線分取一單位長度線段，終點分別位於座標(a, b)的點 P 和座標(c, d)的

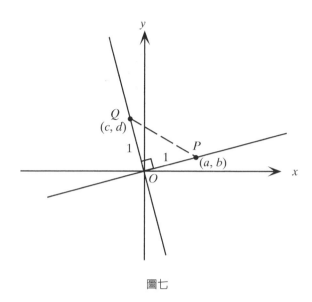

圖七

點 Q。引用前述距離公式，

$$\sqrt{(a-0)^2+(b-0)^2}=\overline{OP}=1，於是$$
$$a^2+b^2=\left(\sqrt{a^2+b^2}\right)^2=1^2=1$$

相同道理，

$$c^2+d^2=\left(\sqrt{c^2+d^2}\right)^2=1$$

於是我們得出結論

$$a^2+b^2+c^2+d^2=1+1=2 \qquad\qquad (*)$$

現在，畫虛線PQ作出直角三角形POQ。由畢氏定理必然得出

$$\overline{PQ}=\sqrt{1^2+1^2}=\sqrt{2}$$

根據距離公式，左手邊得

$$\overline{PQ}=\sqrt{(c-a)^2+(d-b)^2}$$

由等式兩邊求解並求平方，得

$$(\sqrt{2})^2 = \left(\sqrt{(c-a)^2 + (d-b)^2}\right)^2 \text{，於是}$$

$$2 = (c-a)^2 + (d-b)^2 = c^2 - 2ac + a^2 + d^2 - 2bd + b^2$$

$$= (a^2 + b^2 + c^2 + d^2) - 2ac - 2bd$$

$$= 2 - 2ac - 2bd$$

最後一式得自上述(*)。於是 $2 = 2 - 2ac - 2bd \rightarrow 0 = -2ac - 2bd \rightarrow ac = -bd$。

　　我們把斜率納入討論，這樣就能彰顯最後這項方程式所含重要意義。由 O 到 P 連線的斜率為

$$m_1 = \frac{b-0}{a-0} = \frac{b}{a}$$

串連 O 到 Q 點的直線斜率等於 $m_2 = d/c$。於是我們得

$$m_1 \times m_2 = \frac{b}{a} \times \frac{d}{c} = \frac{bd}{ac}$$

$$= \frac{bd}{-bd} \quad \text{理由是我們才剛確認的} ac = -bd$$

$$= -1$$

所以，當兩線垂直，其斜率乘積就等於 -1。這點看來相當特別，卻只不過是

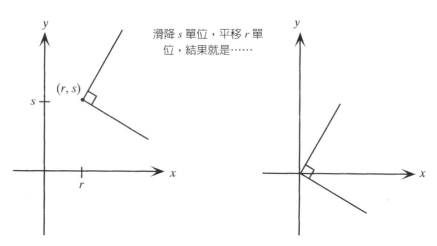

滑降 s 單位，平移 r 單位，結果就是……

圖八

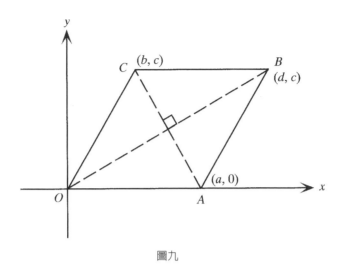

圖九

畢氏定理在解析幾何世界的轉換結果。

　　若是直線在原點之外的其他位置相交，這時會有什麼變化？舉例來說，倘若兩垂線在點(r, s)相交，如圖八左邊所示。這時我們可以讓整個構圖剛性下移 s 單位，平移 r 單位，這樣一來，交點就會移到$(0, 0)$，同時兩線段的傾角都保持不變，如同一圖右邊所示。結果就是圖七所示情況，那麼，根據上面討論，直線移動後斜率乘積等於－1。不過，原始直線的傾角和轉移後直線傾角相等，所以斜率乘積也等於－1。

　　開場白講清楚了，現在萬事齊備，可以拿代數工具來證明一項幾何定理。我們的論證必須用上距離公式、斜率理念，還有平行和垂直的種種特性──總之，就是我們前面花了幾頁篇幅匯集的所有武器。這道命題和菱形有關，各位或許還記得，菱形是四邊全等的平行四邊形。

定理：若一平行四邊形的對角線相互垂直，則該平行四邊形是個菱形。

證明：首先作一平行四邊形$OABC$，如圖九所示。該圖形頂點已經置於原點，而且邊OA順 x 軸列置，並使$\overline{OA}＝a$。（倘若我們所得平行四邊形並未做此有利調整，這時我們就可以滑移、旋轉圖形，不改變各邊的長度和相對位置，使其最後位置猶如圖九所示。）

點 C 座標爲(b, c)，由於這是個平行四邊形，因此邊CB必然與 x 軸平行。這樣一來，點 C 和 B 的第二座標值肯定相等，所以我們把 B 標示爲 (d, c)。不過，邊OC和邊AB也是平行線。這就表示

$$\frac{c}{b} = 線OC的斜率 = 線AB的斜率 = \frac{c}{d-a}$$

交叉相乘得$c(d-a)=bc$。由此可知$d-a=b$，或相當於$d=b+a$。

前面我們對這個平行四邊形做了一項重要假定：對角線OB和AC彼此垂直。我們已經知道，這就表示兩線的斜率乘積等於-1。於是我們得

$$-1 = (OB的斜率) \times (AC的斜率) = \frac{c}{d} \times \frac{c}{b-a}$$

$$= \frac{c}{b+a} \times \frac{c}{b-a} \text{，因爲我們前面證明}d=b+a$$

$$= \frac{c^2}{b^2-a^2}$$

然而，由於

$$\frac{c^2}{b^2-a^2} = -1$$

我們知道$b^2-a^2=c^2$，或簡單寫成$a^2=b^2+c^2$。接著，由距離公式，

$$\overline{OC} = \sqrt{(b-0)^2+(c-0)^2} = \sqrt{b^2+c^2}$$

$$= \sqrt{a^2} \text{，得自前述結論}$$

$$= a = \overline{OA}$$

總之，OC和OA長度相等。

現在就可以輕鬆收尾。線段CB的長度等於

$$\sqrt{(d-b)^2+(c-c)^2} = \sqrt{(d-b)^2} = d-b = (b+a)-b = a$$

所以CB和OA等長。最後，

$$\overline{AB} = \sqrt{(d-a)^2+(c-0)^2} = \sqrt{b^2+c^2} = \overline{OC} = \overline{OA} = a$$

結果得證平行四邊形 $OABC$ 所有四邊等長。這是個菱形，證明完畢。

　　讀者或許已經察覺，這項結果相當容易證明，毋須超出歐氏幾何範疇，所需工具也不出所料，包括全等三角形、平行線內錯角等項。前述證明的重要意義，在於其中所含代數本質。我們聽從笛卡兒的建議，「沒有絲毫遲疑，逕自把這類算術項引進幾何裡面」，接著就操作連串方程式，證明這是個菱形。

　　還有些實例更具宏偉重大意義，可以提出作為解析幾何的中流砥柱。舉例來說，這裡是研究橢圓、拋物線和雙曲線（即所謂的「圓錐截痕」〔conic sections〕）的燦爛舞台。希臘人把這類圖形當成從圓錐截出的不同曲線，如今我們把它納入 x-y 平面架構，這就遠比希臘的處理作法更容易理解。

　　不過，本章到這裡也該結束了。再者，若是把圓錐截痕納入討論，那麼我們「就會剝奪你自行通曉學問的樂趣」。所以我們不去談它了，最後要向 x-y 平面解析幾何致上敬意，幾何和代數並蒂花開，如今依然是數學界最幸福佳偶。

Z

$e^{i\pi}+1=0$

複數

　　這最後一章的標題暗示，我們似乎是找不到恰當字彙。事實上，採單一字母作為標題，是個非常恰當的決定，因為這段篇幅要講的是複數，而數學家毫無例外，都以字母z來代表這樣的數。

　　我們的目標是闡明複數是什麼，出自何方，還有在現代數學，複數為什麼扮演這樣吃重的角色。複數熬過了一段慘淡歷史，期間它必須打破根深蒂固的偏執成見，重新打造「數」的意義。根據希臘神話說法，雅典娜是從父親宙斯的頭部蹦出來的，出生時已經成人，然而，稍後我們就會見到，虛數是歷經許多世紀，從許多數學家的腦袋間歇萌現。

　　要了解這項概念為什麼會惹來這麼多麻煩，我們必須從熟見的實數特質入手。所有人都明白，非0的數有兩大類型，正數和負數，0則不屬於任一類。實數算術必須遵循眾多規則，不過就我們的討論目的，其中一種還特別醒目：兩正數的乘積或兩負數的乘積必為正數。好比$3×4＝12$且$(-3)×(-4)＝12$。

　　那麼，就假定我們想求一負數的平方根，比方$\sqrt{-15}$。這道問題（我們有沒有膽子說出口？）實在麻煩。任意數的平方數可為正數或0；所以，沒有哪個數的平方數等於-15。就我們的數學前輩所見，像$\sqrt{-15}$這樣的量，根本是子虛烏有，毋須理會的幻想。

　　不過，好點子很難壓抑。就這點，觀察十六世紀義大利代數學界，就可以看得很清楚，他們想出種種解方程的技術，貢獻很大。在這期間，他們也意外遇上負數的平方根。

　　前面第**Q**章我們就曾提過，那個時期的數學家，對「負的」數值概念依舊大惑

不解，至於負數的平方根，那就更別提了。觀察卡爾達諾在一五四五年著述《大術》中，二次方程式的處理作法，我們就見得到這種嫌惡態度。舉例來說，有種式子他能夠運算，稱爲「平方加上未知等於某數」（這裡未知指待求數值）。就現代符號表示，這就相當於$x^2+3x=40$型式的算式。然而，他卻不肯考量「平方減去未知等於某數」。也就是說，他從不檢視類似$x^2-3x=40$型式的算式。這種方程牽涉到一個負數數量，這是不潔的。

於是卡爾達諾通權達變，闡述另一種程序，改求$x^2=3x+40$之解。就我們的觀點視之，這就相當於$x^2-3x=40$，沒有必要另起爐灶。不過，在那個時代，負數數值會引發負向觀點，採這種迂迴代數作法必不可免。

不相信有獨角獸的人，總覺得談牠們的覓食習性是種荒謬舉止。相同道理，質疑世上存有負數的人，肯定認爲負數的平方根更是加倍荒謬。然而，結果卻是卡爾達諾率先試探，朝這個方向踏出一步，在他的《大術》中提出以下問題：「有人要你把10區分爲兩個部分，而且一個部分乘以另一個部分，得數應爲40。」[1]

卡爾達諾指出，這道問題是解不出來的。的確，沒有任何實數具有這項特質，而且我們在第**D**章，也已經運用微分學證明這點。「不過，」他表示，「我們就採這種方式來解題」，並提出以下兩解

$$5+\sqrt{-15} \text{ 和 } 5-\sqrt{-15}$$

這兩個解合理嗎？首先，這兩數之和爲

$$5+\sqrt{-15}+5-\sqrt{-15}=5+5=10$$

所以他確實「把10區分爲兩個部分」。接下來就求這兩個部分的乘積，我們使用熟見的乘法規則

$$(a+b)(c+d)=ac+ad+bc+bd$$

式中第一個括號所含各項，都與第二個括號各項相乘。結果即得

$$(5+\sqrt{-15})\times(5-\sqrt{-15})=25-5\sqrt{-15}+5\sqrt{-15}-(\sqrt{-15})^2$$
$$=25-(-15)=25+15=40$$

這是由於$(\sqrt{-15})^2 = -15$。所以，卡爾達諾似乎找到了一種作法，能把10區分為兩個部分，而且相乘得數等於40。

不過，他的解是不是「數」？$\sqrt{-15}$到底是什麼？卡爾達諾解出答案，自己卻大惑不解，不太信服。他用「迷惑」來形容，還表示這種答案的特性是，「不可思議又無用之至」，這完全不像是為數學嶄新概念背書的警世箴言。[2]

負數的平方根險些無人理睬，束之高閣，所幸義大利數學界開創出最偉大成就，三次方程式代數解。卡爾達諾在《大術》中率先發表「三次方加上未知等於某數」的解法，也就是$x^3 + mx = n$類型的算式之解，其中 m 和 n 為實數。他採行幾何途徑來解題，把三維立方式分解成不同部分，若採現代的代數符號，他的解法就可以寫成

$$x = \sqrt[3]{\frac{n}{2} + \sqrt{\frac{n^2}{4} + \frac{m^3}{27}}} - \sqrt[3]{-\frac{n}{2} + \sqrt{\frac{n^2}{4} + \frac{m^3}{27}}}$$

這項公式很好用，能解開某些問題，好比三次式$x^3 + 24x = 56$。這裡我們得$m = 24$，且$n = 56$，於是我們算出

$$\sqrt{\frac{n^2}{4} + \frac{m^3}{27}} = \sqrt{\frac{56^2}{4} + \frac{24^3}{27}} = \sqrt{784 + 512} = \sqrt{1,296} = 36$$

接著，按照前述卡爾達諾公式，這個三次式的解就是

$$x = \sqrt[3]{\frac{56}{2} + 36} - \sqrt[3]{-\frac{56}{2} + 36}$$

$$= \sqrt[3]{28 + 36} - \sqrt[3]{-28 + 36} = \sqrt[3]{64} - \sqrt[3]{8} = 4 - 2 = 2$$

的確，$x = 2$能夠滿足方程式，代入得$2^3 + 24(2) = 8 + 48 = 56$，正符要件。一切順心如意。

但是我們該怎樣看待三次方程式$x^3 - 78x = 220$？這裡我們得$m = -78$，且$n = 220$，於是

$$\sqrt{\frac{n^2}{4} + \frac{m^3}{27}} = \sqrt{\frac{220^2}{4} + \frac{(-78)^3}{27}} = \sqrt{12,100 - 17,576} = \sqrt{-5,476}$$

這裡我們遇上了恐怖的負數平方根。卡爾達諾的美妙三次方公式，惹出麻煩了。

真正讓數學家頭痛的是，三次式$x^3-78x=220$確實有個實數解，也就是$x=10$。（簡單驗算就能確認$10^3-78(10)=1,000-780=220$。）次外，我們還能求得另兩個實數解：$-5+\sqrt{3}$和$-5-\sqrt{3}$。這種情況令人非常不滿，因為眼前是個有三種實數解的實數三次方式，然而卡爾達諾公式卻似乎無法求得任何一解。學者百思莫解更甚於以往。

僵局遲遲未解，歷經一個世代，最後，另一位義大利數學家拉法艾·邦貝利（Rafael Bombelli, 約1526-1572），才在他的一五七二年《代數》（*algebra*）書中提出真知灼見。他主張，可以引進負數的平方根，來做為實數立方式的實數解，起碼暫時採用是可以的。這樣一來，這種古怪刁鑽的數，就可以發揮媒介作用，成為解三次方式的工具。

我們回頭檢視先前實例，探究麻煩出自何方，也藉此說明邦貝利心中的想法。我們暫且拋下心中對負數平方根的歧視偏見，寫出下式

$$\sqrt{-5,476}=\sqrt{5,476\times(-1)}=\sqrt{5,476}\times\sqrt{-1}=74\sqrt{-1}$$

這是由於$\sqrt{5,476}=74$。接著使用卡爾達諾公式，則$x^3-78x=220$可以寫成

$$x=\sqrt[3]{\frac{n}{2}+\sqrt{\frac{n^2}{4}+\frac{m^3}{27}}}-\sqrt[3]{-\frac{n}{2}+\sqrt{\frac{n^2}{4}+\frac{m^3}{27}}}$$
$$=\sqrt[3]{\frac{220}{2}+\sqrt{-5,476}}-\sqrt[3]{-\frac{220}{2}+\sqrt{-5,476}}$$
$$=\sqrt[3]{110+74\sqrt{-1}}-\sqrt[3]{-110+74\sqrt{-1}} \quad (*)$$

這樣一來，情況似乎惡化了，因為我們不只沒有去除−1的平方根，連立方根裡面都出現它的蹤影。不過，邦貝利倒是看出，只要謹慎處理，這個式子依然可以發揮功能。

我們必須多做幾項運算，才能看出箇中道理。首先，請注意

$$(5+\sqrt{-1})(5+\sqrt{-1})=5^2+5\sqrt{-1}+5\sqrt{-1}+\sqrt{-1}^2$$
$$=25+10\sqrt{-1}+(-1)=24+10\sqrt{-1}$$

其中我們用上 $\sqrt{-1}^2 = -1$ 論據。採另一種講法，我們證得 $(5+\sqrt{-1})^2 = 24+10\sqrt{-1}$ 。進一步展開，並計算下式：

$$(5+\sqrt{-1})^3 = (5+\sqrt{-1}) \times (5+\sqrt{-1})^2 = (5+\sqrt{-1}) \times (24+10\sqrt{-1})$$
$$= 120 + 50\sqrt{-1} + 24\sqrt{-1} + 10(\sqrt{-1})^2 = 120 + 74\sqrt{-1} + 10(-1)$$
$$= 120 + 74\sqrt{-1} - 10 = 110 + 74\sqrt{-1}$$

這應該會讓數學家心旌搖曳，原來這項算式，正是前面標有(*)的立方根兩解裡面的第一解。既然發現

$$(5+\sqrt{-1})^3 = 110 + 74\sqrt{-1}$$

我們求兩邊立方根，並推出結論

$$5+\sqrt{-1} = \sqrt[3]{110+74\sqrt{-1}}$$

採相仿運算就可以得出 $-5+\sqrt{-1}^2 = -110 + 74\sqrt{-1}$，接著可知

$$(-5+\sqrt{-1})^3 = -110 + 74\sqrt{-1}$$

我們終於能夠理解卡爾達諾公式。回頭檢視立方根式(*)，代入剛才求出的數值，我們發現

$$x = \sqrt[3]{110+74\sqrt{-1}} - \sqrt[3]{-110+74\sqrt{-1}}$$
$$= (5+\sqrt{-1}) - (-5+\sqrt{-1})$$
$$= 5+\sqrt{-1} + 5 - \sqrt{-1} = 10$$

前面我們已經驗算過了，$x=10$ 確實是原始立方式的一種解。怪的是，$\sqrt{-1}$ 竟然出手聲援幫了大忙。

談到這裡要提出一項嚴正抗議：剛開始怎麼有人料想得到，$5+\sqrt{-1}$ 是 $110+74\sqrt{-1}$ 的立方根？不解釋肯定無法明白，就連邦貝利自己也必須仰賴人為的（比方這一則）實例，事先得知那是個立方根才行。至於如何求得一般式 $a+b\sqrt{-1}$ 的立方根解，他就毫無頭緒，於是在往後一段期間，這都是個謎團。

看來邦貝利的途徑（他稱之爲「一種狂念」），仰賴魔力和憑恃邏輯的程度相當。「這整件事情，」他寫道：「似乎要依靠詭辯，不能寄望眞理。」[3]儘管如此，他願意引進負數的平方根，依然成就一項重大進展。這讓立方式得解；這救了卡爾達諾的公式，還把一種嶄新的數值，推上數學舞台。

我們料想得到，這麼令人困擾的概念，肯定不會馬上廣受採信。邦貝利之後過了六十年，笛卡兒給 $\sqrt{-9}$ 一類的數起了個名稱，他在〈幾何學〉中寫了這段文字：「不論是眞的根或假的（負數）根，都不盡然是實量，其中有些是虛量。」[4]把數學概念標上虛量稱號，就像我們說民俗地精是幻想的，或稱小說人物瘋帽人是虛構的，同樣也暗示這種量是假定的、矛盾的，或虛幻的。儘管帶有這種內涵，他使用的術語，卻傳承延用至今。

隨後到了十七世紀，牛頓指稱這類數是「不可能的數」，[5]算是給這種數下了定論。同時，萊布尼茲則採行一種僞生物學觀點，描述一種：「介於存在和不存在之間的兩棲量，我們稱之爲負向單位的虛構根。」[6]拿虛數來和兩棲類相比，或許勝過拿虛數來和瘋帽人相比，不過也沒勝多少。

這類數直到進入十八世紀許久之後，還一直是次等公民。就在那時，從微積分冒出一類問題，加上歐拉提出卓絕洞見，於是虛數在數學專業的地位逐漸提升，成爲正式的合夥人。歐拉還幫忙讓字母 i 成爲 $\sqrt{-1}$ 的標準符號。

如今，我們使用這種註記符號來定義**複數**，寫成 $z=a+bi$ 型式，其中 a 和 b 都爲實數。（請注意，本章標題字母終於出現了。）舉幾個例子，$3+4i$ 和 $2-7i$ 都是複數。由於 a 和 b 都可能爲 0，純虛數 $i(=0+1i)$ 和任意實數 $a(=a+0i)$ 都隸屬涵括更廣的複數類別。就這點看來，複數包含我們在第**Q**章見過的所有數系。

歐拉不只提供了一件註記符號，他做的事情可多了。他把困擾前輩的斷層塡補起來，告訴我們如何解 $a+bi$ 型式的任意量，求其立方根（實際上是任意根值），同時還演示論證，不等於 0 的複數有兩個平方根值，三次式有三個，四次式有四個，並依此類推。舉例來說，實數 8 顯然有立方根解，其中一個是實數 2。此外還有比較不顯眼的解，8 的另兩個立方根解爲 $-1+i\sqrt{3}$ 和 $-1-i\sqrt{3}$。（讀者若不相信，就請算出這些複數的立方值，看看答案是不是等於8。）

歐拉還鑽研複數乘冪。我們可輕鬆看出，$i^2=\sqrt{-1}^2=-1$ 且 $i^3=i^2\times i=(-1)\times i=-i$。不過歐拉的目標還更遠大。他一如既往大膽投入，證明以下驚人事實

$$e^{i\pi}+1=0$$

所有數學家很快都能看出，這是種絕無僅有的方程式，原來這個式子，把整個數學界最重要的常數，全部串連起來。這裡不只有 0 和 1 擔綱演出，連（第**C**章的）π、（第**N**章的）e，還有（第**Z**章的）i，全都回來聯手謝幕。這是貨真價實的群星會陣容。

還有更奇特的，那就是歐拉求虛數的虛冪 i^i 的計算法。光是想起這種東西，似乎就要讓人感到荒誕不經。然而，我們卻只需要前述歐拉公式，還有以下這兩種熟見的指數律就能求解：

$$(a^r)^s=a^{rs}=(a^s)^r \text{ 以及 } a^{-r}=1/a^r$$

假定我們（純憑信心）認定，就算底數和指數都是複數，這些規則也同樣適用，接著就可以做如下推理：

$$e^{i\pi}+1=0 \text{ 意味著} e^{i\pi}=-1，接著這也表示} e^{i\pi}=i^2$$

方程式兩邊各求 i 次方值，得 $(e^{i\pi})^i=(i^2)^i$，接著使用第一項指數律，把本式轉換成

$$e^{i2\pi}=(i^i)^2$$

不過別忘了 $i^2=-1$，所以我們得 $e-\pi=(i^i)^2$。兩邊分求平方根得

$$\sqrt{e^{-\pi}}=i^i$$

最後，既然 $e^{-\pi}$ 和 $1/e^{\pi}$ 是同一回事，於是我們得出結論

$$i^i=\frac{1}{\sqrt{e^{\pi}}}$$

請注意，在本例當中，一個虛數的虛冪，最後卻變成一個「實數」

$$\frac{1}{\sqrt{e^{\pi}}}$$

這可真怪。過了一個世紀，美國邏輯學家班傑明・裴爾士（Benjamin Peirce）談起

這個古怪結果，概括多數人對歐拉所做發現的反應，總結說道：「我們全無絲毫頭緒，不了解這個方程式的意思，不過我們大概也都能肯定，這其中有非常重要的意涵。」[7]

複數能廣泛流傳，大半要歸功於歐拉。他告訴大家該如何求出冪值和根值，甚至還針對複數的對數一類概念做了定義。就一個層面來看，他讓算術和代數穩居正統。

不過後來還有其他發展。往後一個世紀當中，許多數學家都投入推展複數函數的微積分計算，其中最主要的人物是法國人奧古斯丁—路易・柯西（Augustin-Louis Cauchy, 1789-1857）。歷經這些變革之後，數學家才有辦法做各種計算，好比求$z^3+4z-2i$的導數或解以下整數式

$$\int \frac{e^{iz}}{i}\, dz$$

複數確實歷經長足進展。

不過最後還出現了一項舉足輕重的成果，複數才得以享有如今的特殊地位。這項成果稱爲代數基本定理，讓複數凌駕既往所有數系，成爲代數學的最重要分支。這項定理本身，肯定列名數學最偉大定理之林。

代數基本定理的證明，遠遠超出本書討論範圍，不過，我們可以描述定理內容，解釋爲什麼它這麼重要。這項定理和解方程式有關，難怪名字包含代數一詞。

回顧第**A**章討論內容，裡面談到自然數：1、2、3……不論依據誰的標準來看，自然數都是我們周遭最單純（最不像複數）的數，而且自然數的迷人魅力，肯定有部分是得自這種單純特性。同時，卻也因爲單純，自然數並不適合用來解方程式。

舉例來說，假定我們想解$2x+3=11$。本式含係數 2、3 和11，所以這個方程式的寫法，完全落入全數系統範圍。此外，解本式得$x=4$，這也是個全數。就本例而言，自然數已經夠用，可以寫出方程式，還能得出解答。

不過$2x+11=3$又該如何處理？儘管式子寫法不脫全數系統範圍，卻沒有全數解。原來就算我們設 x 等於最小可能數值，$x=1$，解算式$2x+11$仍要得出$2(1)+11=13$，得數遠大於要求的數值 3。我們這個方程式以全數寫成，卻沒有全數解。就這方面來看，自然數是不完善的代數系統。

印在德國10馬克紙鈔的卡爾・高斯肖像

　　實數系統也不無缺陷。考量二次式$x^2+15=0$，本式只有實數（事實上是只有整數）的係數。結果我們解題卻得$x=\sqrt{-15}$，這肯定不是實數。這個方程式的寫法不脫實數系統範圍，卻沒有實數解。實數也不完善。

　　至於複數就不會出現這種缺陷。複數完全不可能藉代數逃遁。這點正是代數基本定理的精髓所在。這項定理保證，若是多項式帶有複數係數，則求解該式必然能夠得出複數解。這條規則可以規範一次方程式，比方$3x+8=2+3i$，本式有一個複數解，$x=-2+i$，還可以規範二次式，好比$x^2+x=11+7i$，本式有兩個複數解，$x=3+i$ 和$x=-4-i$。不過，這項定理同樣適用於五次多項式，好比

$$5x^5+ix^4-3x^3+(8-2i)-17x-i=0$$

這肯定有五個解（有些或許重複出現），全都是複數。事實上，多項式的冪次沒有關係。**代數基本定理**說明，寫成複數型式的任意 n 次多項式，全都有 n 個解（有些或許重複出現），這些解，本身必然都是複數。

　　我們必須注意，這項定理並沒有告訴我們，這類複數解的求法步驟，只證明這類解確實存在。不過，這依然是效能強大，非常重要的成果，因為這項定理證實，凡是以複數系統寫成的多項式，都能夠解題求得複數解。

　　十八世紀幾位數學家，包括歐拉在內，都認為這項定理成立，卻沒有人想得出

令人滿意的證明。[8]這得等另一位數學家到來才能成眞，他就是一而再、再而三出現在本書篇幅的高斯。第**A**章談到高斯，介紹他是史上最了不起的數論學家之一，到了本書收尾，又回頭談他，似乎也很恰當。一七九九年，高斯在赫姆斯特大學提出博士論文，內容包含代數基本定理的最早證明。這部論述解決了一道相當重要的問題，號稱歷來最偉大的數學博士論文。有了這部論文，其他博士學位接受人，就應該懂得謙沖自牧。

卡爾達諾認爲虛數無用，萊布尼茲把這種「兩棲」數，擺在眞實和虛幻之間，歐拉則刺探得知其中最怪誕、最迷人的特質。後來則是高斯讓複數穩穩成爲解方程式的理想數系。講句實在話，基本定理不折不扣讓複數成爲代數的天堂。

【後記】

　　英文字母用完了。讀到這裡，許多讀者大概也都把精力用完了。我們從第**A**章算術基本定理起步，展開這趟數學旅程。到了本書半途，我們在第**L**章遇上了微積分基本定理。最後我們見到了代數基本定理。

　　除了這些根本道理，裡面還混雜了許多數學課題和數學家、圖解和公式、討論課題和爭議。我們一路從**A**向**Z**前進，也從中國來到劍橋，從泰勒斯談到現代電腦。每篇每章肯定都可以擴充百倍，不過限於篇幅，我們討論任何題材都不能耽擱太久。或許有些篇章根本可以整個摘除，不過，這都歸屬作者興趣掌控，於是全都保留了下來。感謝讀者一路相隨。

【致謝】

　　本書撰寫期間，獲得親友、同事編輯鼎力支持。這裡有必要特別指出幾位。

　　特別要感謝達利爾‧卡恩斯（Daryl Karns）。達利爾最早提出構想，建議探字母書型式，來鋪陳數學內容。達利爾是位出色的生物學教授，跨足文理領域的傑出學人，而且（很榮幸）還是我的知心密友。

　　身爲穆倫堡學院（Muhlenberg College）的新任教員，我深深感戴上司、同仁的歡迎摯情，包括院長亞瑟‧泰勒（Arthur Taylor），還有數學系同事邁爾（John Meyer）、史坦普（Bob Stump）、代德金德（Roland Dedekind）、華格納（Bob Wagner）、便雅憫（George Benjamin）和納爾遜（Dave Nelson）。就系外人士，我對穆倫堡學院崔斯勒圖書館（Trexler Library）員工也同樣感激，謝謝他們在本書原稿撰述期間，欣然提供協助。

　　就穆倫堡學院院外人士，我要感謝同儕貝利（Don Bailey）、卡茨（Victor Katz）、帕爾森（Alayne Parson）和威爾斯（Buck Wales），謝謝他們在原稿進行期間，在不同階段出手相助。這裡還要向我的編輯群致謝，感謝威利父子出版公司（John Wiley & Sons）的羅斯（Steve Ross），他扮演助產士角色，爲本書催生，還有盧斯（Emily Loose）和連施勒（Scott Renschler），兩位帶領本書從青少年階段長大成人。

　　這裡還要溫馨表白，特別感激我的母親，還有埃文斯夫妻（魯絲和鮑伯），以及卡蘿‧鄧漢，感謝他們忠貞不渝的愛，還有不斷給我鼓勵。

　　最重要的是，要謝謝我的妻子兼同事，潘尼‧鄧漢（Penny Dunham）。她幫忙確定本書內容範圍，還協助勾勒出部分篇章梗概。潘尼精擅麥金塔電腦，本書收入的圖解表格，都出自她的手筆。她還負責編輯工作，大幅改良最後定稿，做出無比貢獻。毫無疑義，潘尼的影響遍布各處，由接下來的篇幅，就可以看得清楚。

威廉‧鄧漢

美國賓州愛倫鎮，一九九四年

【注釋】

前言

1. Ann Hibler Koblitz, *A Convergence of Lives*, Birkhäuser, Boston, 1983, p. 231.
2. Proclus, A *Commentary on the First Book of Euclid's Elements*, trans. Glenn R. Morrow, Princeton U. Press, Princeton, NJ, 1970, p. 17.

A 算術

1. Morris Kline, *Mathematical Thought from Ancient to Modem Times*, Oxford U. Press, New York, 1972, p. 979.
2. David Wells, *The Penguin Dictionary of Curious and Interesting Numbers*, Penguin, New York, p. 257.
3. Florian Cajori, *A History of Mathematics*, Chelsea (reprint), New York, 1980, p. 167.
4. David Burton, *Elementary Number Theory*, Allyn and Bacon, Boston, 1976, p. 226.
5. *Focus*, newsletter of the Mathematical Association of America, Vol. 12, No. 3, June 1992, p. 3.
6. Leonard Eugene Dickson, *History of the Theory of Numbers*, Vol. 1, G. E. Stechert and Co., New York, 1934, p. 424.
7. Thomas L. Heath, *The Thirteen Books of Euclid's Elements*, Vol. 1, Dover, New York, 1956, pp.349-350.
8. Donald J. Albers, Gerald L. Alexanderson, and Constance Reid, *More Mathematical People*, Harcourt Brace Jovanovich, Boston, 1990, p. 269.
9. Paul Hoffman, "The Man Who Loves Only Numbers," *The Atlantic Monthly*, November 1987, p. 64.
10. Ibid., p. 65.
11. Caspar Goffman, "And What Is Your Erdös Number?" *The American Mathematical Monthly*, Vol. 76, No. 7, 1969, p. 791.

B 伯努利試驗

1. David Eugene Smith, *A Source Book in Mathematics*, Dover, New York, 1959, p. 90.
2. Kline, *Mathematical Thought*, p. 473.
3. Charles C. Gillispie, ed., *Dictionary of Scientific Biography*, Vol. 2, Scribner's, New York, 1970, Johann Bernoulli, p. 53.
4. Anders Hald, *A History of Probability and Statistics and Their Applications before 1750*, Wiley, New York, 1990, p. 223.
5. Gillispie, *Dictionary of Scientific Biography*, Jakob Bernoulli, p. 50.
6. James R. Newman, *The World of Mathematics*, Vol. 3, Simon and Schuster, New York, 1956, pp.1452-1453.
7. Hald, *History of Probability*, p. 257.
8. Gerd Gigerenzer et al., *The Empire of Chance*, Cambridge U. Press, New York, 1990, p. 29.
9. Newman, *World of Mathematics*, p. 1455.
10. Ibid., p. 1454.
11. Ian Hacking, The Emergence of Probability, Cambridge U. Press, New York, 1975, p. 168.

C 圓

1. Vitruvius, *On Architecture*, trans. Frank Granger, Vol. 2, Loeb Classical Library, Cam- bridge, MA, 1962, p. 205.

2. Howard Eves, *An Introduction to the History of Mathematics*, 5th ed., Saunders, New York, 1983, p. 89.

3. Richard Preston, "Mountains of Pi," *The New Yorker*, March 2,1992, pp. 36-67.

4. David Singmaster, "The Legal Values of Pi," *The Mathematical Intelligencer*, Vol. 7, No. 2, 1985,pp.69-72.

5. Ibid., p. 69.

6. Ibid., p. 70.

D 微分學

1. Dirk Siruik, ed., *A Source Book in Mathematics: 1200-1800*, Princeton U. Press, Princeton, NJ, 1986, pp. 272-273.

2. James Stewart, *Calculus*, 2nd ed., Brooks/Cole, Pacific Grove, CA, 1991, p. 56.

E 歐拉

1. C. Boyer and Uta Merzbach, *A History of Matheawtics*, 2nd ed., Wiley, New York, 1991, p. 440.

2. G. Waldo Dunnington, *Carl Friedrich Gauss: Titan of Science*, Exposition Press, New York, 1955, P. 24,

3. Carl Boyer, *History of Analytic Geometry*, Scripta Mathematica, New York, 1956, p. 180.

4. Dunnington, *Carl Friedrich Gauss: Titan of Science*, pp. 27-28.

5. G. G. Joseph, *The Crest of the Peacock*, Penguin, New York, 1991, P. 323.

6. "Glossary," *Mathematics Magazine*, Vol. 56, No. 5, 1983, p. 317.

7. E. H. Taylor and G. C. Bartoo, *An Introduction to College Geometry*, Macmillan, New York, 1949, pp. 52-53.

8. André Weil, *Number Theory: An Approach through History*, Birkhäuser, Boston, 1984, p. 261.

9. W. Dunham, *Journey through Genius*, Wiley, New York, 1990, Chapter 9.

10. Weil, *Number Theory*, p. 277.

F 費馬

1 .Weil, *Number Theory*, p. 39.

2. E. T. Bell, *The Last Problem*, (Introduction and Notes by Underwood Dudley), Mathe- matical Association of America, Washington, DC, 1990, p. 265.

3. Boyer and Merzbach, *History of Mathematics*, p. 344.

4. lbid, p. 333.

5. Weil, *Number Theory*, p. 51.

6. Michael Sean Mahoney, *The Mathematical Career of Pierre de Fermat*, Princeton U. Press, Princeton, NJ, 1973, p. 311.

7. Burton, *Elementary Number 7heory*, p. 264.

8. Smith, *Source Book in Mathematics*, p. 213.

9. Ibid.

10. Harold M. Edwards, *Fermat's Last Theorem*, Springer-Verlag, New York, 1977, p. 73.

11. Bell, *Last Problem*, p. 300.

12. Gina Kolata, "At Last, Shout of 'Eureka!' in Age-Old Math Mystery," *New York Times*, June 24, 1993, p. 1; Michael Lemonick, "*Fini* to Feanat's Last Theorem," *Time*, July 5, 1993, p. 47.

13. Edwards, *Fermat's Last Theorem*, p. 38.

G 希臘幾何學

1. Ivor Thomas, *Greek Mathematical Works*, Vol. 1, Loeb Classical Library, Cambridge, MA, 1967, pp. viii-ix.

2. Ibid., p. 391.

3. Ibid., p. 147.

4. Heath, *Thirteen Books of Euclid's Elements*, Vol. 1, p. 153.

5. Dunham, *Journey through Genius*, pp. 37-38.

6. Thomas, *Greek Mathematical Works*, p. ix.

7. Heath, *Thirteen Books of Euclid's Elements*, Vol. 1, pp. 253-254.

8. Proclus, *Commentary on the First Book*, p. 251.

9. Ibid.

10. A. Conan Doyle, The Complete Sherlock Holmes, Garden City Books, Garden City, NY, 1930, p. 12.

11. Heath, Thirteen Books of Euclid's Elements, Vol. 1, p. 4.

12. American Mathematical Monthly, Vol. 99, No. 8, October 1992, p. 773.

13. Morris Kline, Mathematics in Western Culture, Oxford U. Press, New York, 1953, p. 54.

14. G. H. Hardy, A Mathematician's Apology, Cambridge U. Press, New York, 1967, pp. 80-81.

H 斜邊

1. Elisha Scott Loomis, The Pythagorean Proposition, National Council of Teachers of Mathematics, Washington, DC, 1968.

2. Frank J. Swetz and T. I. Kao, Was Pythagoras Chinese? Pennsylvania State U. Press, University Park, PA, 1977, pp. 12-16.

3. Edmund lngalls, "George Washington and Mathematics Education," Mathematics Teacher, Vol. 47, 1954, p. 409.

4. James Mellon, ed., The Face of Lincoln, Viking, New York, 1979, p. 67.

5. Ulysses S. Grant, Personal Memoirs, Bonanza Books, New York (facsimile of 1885 ed.), pp. 39-40.

6. The New England Journal of Education, Vol. 3, Boston, 1876, p. 16 1.

7. The Inaugural Addresses of the American Presidents, annotated by Davis Newton Lott, Holt, Rinehart & Winston, New York, 1961, p. 146.

8. *The New England Journal of Education*, Vol. 3, Boston, 1876, p. 161.

I 等周問題

1. Virgil, *The Aeneid*, trans. Rolfe Humphries, Scribner's, New York, 1951, p. 16.

2. Proclus, *Commentary an the First Book*, p. 318.

3. Thomas, *Greek Mathematical Works*, Vol. 2, p. 395.

4. Ibid., pp. 387-389.

5. Ibid., p. 589.

6. Ibid., p. 593.

J 辯證

1. Michael Atiyah comment in "A Mathematical Mystery Tour," *Nova*, PES television pro- gram.

2. Bertrand Russell, *The Basic Writings of Bertrand Russell:1903-1959*, Robert Egner and Lester Denonn, eds., Simon and Schuster, New York, 1961, p. 175.

3. Charles Darwin, *The Autobiography of Charles Darwin*, Dover Reprint, New York, 1958, p. 55.

4. Boyer, *History of Analytic Geometry*, p. 103.

5. Thomas, *Greek Mathematical Works*, Vol. 1, p. 423.

6. Russell, *The Basic Writings of Bertrand Russell: 1903-1959*, p. 163.

7. John Bartlett, ed., *Familiar Quotations*, Little, Brown, Boston, 1980, p. 746.

8. Barry Cipra, "Solutions to Euler Equation," *Science*, Vol. 239, 1988, p. 464.

9. Hardy, *Mathematician's Apology*, p. 94.

10. Malcolm Browne, "Is a Math Proof a Proof If No One Can Check It?" *New York Times*, December 20, 1988, p. 23.

K 封爵的牛頓

1. John Fauvel, Raymond Flood, Michael Shortland, and Robin Wilson, *Let Newton Be!*, Oxford U. Press, New York, 1988, pp. 11-12.

2. Ibid., p. 14.

3. Kline, *Mathematics in Western Culture*, p. 214.

4. Adolph Meyer, *Voltaire: Man of Justice*, Howell, Soskin Publishers, New York, 1945, p. 184; Fauvel et al., *Let Newton Be!*, p. 185.

5. R. S. Westfall, *Never at Rest*, Cambridge U. Press, New York, 1980, p. 270.

6. Ibid., pp. 273-274.

7. Ibid., p. 266.

8. Ibid., p. 202.

9. Joseph E. Hoffman, *Leibniz in Paris*, Cambridge U. Press, Cambridge, UK, 1974, p. 229.

10. Westfall, *Never at Rest*, pp. 715-716.

11. Ibid., p. 761.

12. Derek Whiteside, ed., *The Mathematical Papers of Isaac Newton*, Vol. 2, Cambridge U. Press, Cambridge, UK, 1968, pp. 221-223.

L 被人遺忘的萊布尼茲

1. J. M. Child, *The Early Mathematical Manuscripts of Leibniz*, Open Court Publishing, London, 1920, p. 11.

2. J. Hoffman, *Leibniz in Paris*, pp. 2-3.

3. Ibid., p. 15.

4. C. H. Edwards, Jr., *7he Historical Development of Calculus*, Springer-Verlag, New York, 1979, p.234.

5. Child, *Early Mathematical Manuscripts of Leibniz*, p. 12.

6. J. Hoffman, *Leibniz in Paris*, pp. 91-93.

7. Ibid., p. 151.

8. Eves, *Introduction to History of Mathematics*, p. 309.

M 數學人物

1. G. Pólya, "Some Mathematicians I Have Known," *American Mathematical Monthly*, Vol. 76, No. 7, 1969, pp. 746-753.

2. Paul Halmos, *I Have a Photographic Memory*, American Mathematical Society, Provi- dence, RI, 1987, p. 2.

3. Pólya, "Some Mathematicians I Have Known," pp. 746-753.

4. Westfall, *Never at Rest*, p. 192.

5. Eves, *Introduction to History of Mathematics*, p. 370.

6. John F. Bowers, "Why Are Mathematicians Eccentric?" *New Scientist* 22/29, December 1983, pp. 900-903.

7. Westfall, *Never at Rest*, p. 105.

8. Harold Taylor and Loretta Taylor, *George Pólya: Master of Discovery*, Dale Seymour Publications, Palo Alto, CA, 1993, P. 21.

9. Ed Regis, *Who Got Einstein's Office*, Addison-Wesley, Reading, MA, 1987, p. 195.

10. Scott Rice, ed., *Bide of Dark and Stormy*, Penguin, New York, 1988, p. 124.

11. *Math Matrix* (newsletter of the Department of Mathematics, The Ohio State University), Vol. 1, No. 5, 1986, p. 3.

12. Don Albers and G. L. Alexanderson, "A Conversation with Ivan Niven," *College Mathe- matics Journal*, Vol. 22, No. 5, November 1991, p. 394.

13. JoAnne Growney, "Misundentanding," *Intersections*, Kadet Press, Bloomsburg, PA, 1993, p. 48.

N 自然對數

1. Leonhard Euler, *Opera Omnia*, Vol. 8, Set. 1, B. 6. Teubneri, Leipzig, 1922, p. 128.

2. Charles Darwin, *The Autobiography of Charles Darwin*, Dover, New York, 1958, pp. 42-43.

O 數學探源

1. Victor Katz, *A History of Mathematics: An Introduction*, HarperCollins, New York, 1993, p. 4.

2. *Joseph, Crest of the Peacock*, p. 61.

3. Ibid., p. 80.

4. Ibid., P. 82.

5. Ibid., pp. 83-84.

6. Swetz and Kao, *Was Pythagoras Chinese?*, p. 29.

7. Boyer and Merzbach, *History of Mathematics*, p. 223.

8. Cajori, *History of Mathematics*, p. 87.

9. Harry Carter, trans., *The Histories of Herodotus*, Vol. 1, Heritage Press, New York, 1958, p. 131.

P 質數定理

1. Boyer and Merzbach, *History of Mathematics*, p. 501.

Q 商

1. René Descartes, *The Geometry of René Descartes*, trans. David Eugene Smith and Marcia L. Latham, Dover, New York, 1954, p.2.

2. Kline, *Mathematical Thought*, 1972, pp. 592-593.

3. Ibid., p. 251.

4. Ibid., pp. 593-594.

5. Ibid., p. 981.

R 羅素悖論

1. Ronald W. Clark, *The Life of Bertrand Russell*, Knopf, New York, 1976, p. 7.

2. Ibid., p. 28.

3. Robert E. Egner and Lester E. Denonn, eds., *The Basic Writings of Bertrand Russell 1903-1959*, Simon & Schuster, New York, 1961, p. 253.

4. Ibid., pp. 253-254.

5. Bertrand Russell, *Introduction to Mathematical Philosophy*, Macmillan, New York, 1919, p. 1.

6. Bertrand Russell, *The Autobiography of Bertrand Russell, 1872-1914*, George Allen & Unwin Ltd., London, 1967, p. 145.

7. "A Mathematical Mystery Tour," *Nova*, PBS television program.

8. Russell, *Autobiography*, p. 152.

9. Clark, *Life of Russell*, p. 258.

10. Egner and Denonn, *Basic Writings*, p. 595.

11. Ibid., p. 589.

12. Ibid., p. 253.

13. A. J. Ayer, *Bertrand Russell*, U. of Chicago Press, Chicago, 1972, p. 17.

14. Clark, *Life of Russell*, p. 53.

15. Ibid., p. 441.

16. Ibid., p. 334.

17. Egner and Denonn, *Basic Writings*, p. 479.

18. Clark, *Life of Russell*, p. 382.

19. Egner and Denonn, *Basic Writings*, p. 352.

20. Ibid., p. 298.

21. Clark, *Life of Russell*, p. 451.

22. Egner and Denonn, *Basic Writings*, p. 63.

23. Clark, *Life of Russell*, p. 202.

24. Bertrand Russell, *My Philosophical Development*, George Allen & Unwin Ltd., London, 1959, p. 76.

25. Ibid., pp. 75-76.

26. Egner and Denonn, *Basic Writings*, p. 255.

27. Kline, *Mathematical Thought*, p. 1192.

28. Ibid., p. 1195.

29. Egner and Denonn, *Basic Writings*, p. 255.

30. Clark, *Life of Russell*, p. 110.

31. Egner and Denonn, *Basic Writings*, p. 370.

S 球狀曲面

1. Plato, *Timaeus and Critias*, trans. Desmond Lee, Penguin, London, 1965, pp. 45-46.

2. Bartlett, *Familiar Quotations*, p. 638.

3. Heath, *Thirteen Books of Euclid's Elements*, Vol. 3, p. 261.

4. T. L. Heath, ed., *The Works of Archimedes*, Dover, New York, 1953, p. 39.

5. Ibid., p. 1.

T 三等分問題

1. John Fauvel and Jeremy Gray, eds., *The History of Mathematics: A Reader*, Macmillan, London, 1987, p. 209.

2. Cajori, *History of Mathematics*, p. 246.

3. Descartes, *Geometry of René Descartes*, pp. 216-219.

4. Cajori, *History of Mathematics*, p. 350.

5. P. L. Wantzel, "Recherches sur les moyens de reconnoitre si un Problènie de Géométlie peut se résoudre avec la règle et le compas," *Journal de mathematiques pures et appliquees*, Vol. 2, 1837, pp. 366-372.

6. Ibid., p. 369.

7. Underwood Dudley, "What to Do When the Trisector Comes," *The Mathematical Intelli- gencer*, Vol. 5, No. 1, 1983, p. 21.

8. Robert C. Yates, *The Trisection Problem*, National Council of Teachers of Mathematics, Washington, DC, 1971, p. 57.

U 數學的功用

1. Kline, *Mathematics in Western Culture*, p. 13.

2. Richard Aldington, trans., *Letters of Voltaire and Frederick the Great*, George Routledge & Sons Ltd., London, 1927, pp. 382-383.

3. Kline, *Mathematical Thought*, p. 1052.

4. James Ramsey Ullman, ed., *Kingdom of Adventure: Everest*, William Sloane Publishers, New York, 1947, pp. 34-35.

5. René Taton and Curtis Wilson, eds., *The General History of Astronomy*, Vol. 2, Cam- bridge U. Press, New York, 1989, p. 107.

6. Albert Van Heiden, *Measuring the Universe*, U. of Chicago Press, Chicago, 1985, p. 129.

7. Albert Van Helden, "Roemer's Speed of Light," *Journal for the History of Astronomy*, Vol. 14, 1983, pp. 137-141.

8. Taton and Wilson, *General History of Astronomy*, p. 154.

9. Ibid., p. 153.

10. Bartlett, *Familiar Quotations*, p. 275.

11. Willard F. Libby, *Radiocarbon Dating*, 2nd ed., U. of Chicago Press, Chicago, 1955, p. 5.

12. Ibid., p. 9.

13. Morris Kline, *Mathematics for Liberal Arts*, Addison-Wesley, Reading, MA, 1967, p. 546.

14. Hardy, *Mathematician's Apology*, p. 119.

15. Stillman Drake, trans., *Discoveries and Opinions of Galileo*, Doubleday, Garden City, NY, 1957, pp. 237-238.

W 女數學家都上哪兒去了？

1. Nadya Aisenberg and Mona Harrington, *Women of Academe: Outsiders in the Sacred Grove*, U. of Massachusetts Press, Amherst, MA, 1988, p. 9.

2. Cecil Woodham Smith, *Florence Nightingale: 1820-1910*, McGraw-Hill, New York, 195 1, p. 27.

3. Auguste Dick, *Emmy Noether*, trans. H. I. Blocher, Birkhäuser, Boston, 1981, p. 125.

4. Fauvel and Gray, *History of Mathematics*, p. 497.

5. Michael A. B. Deakin, "Women in Mathematics: Fact versus Fabulation," *Australian Mathematical Society Gazette*, Vol. 19, No. 5, 1992, p. 112.

6. "Earned Degrees Conferred by U.S. Institutions," *Chronicle of Higher Education*, June 2, 1993, p. A-25.

7. Virginia Woolf, *A Room of One's Own*, Harvest/HBJ Books, New York, 1989, p. 47.

8. Gillispie, *Dictionary of Scientific Biography*, essay on Sonya Kovalevsky, p. 477.

9. Koblitz, *Convergence of Lives*, p. 49.

10. Ibid., pp. 99-100.

11. Ibid., p. 136.

12. Albers et al., *More Mathematical People*, p. 280.

X-Y X-Y平面

1. Descartes, *Geometry of René Descartes*, p. 2.

2. Whiteside, *Mathematical Papers of Isaac Newton*, Vol. 1, p. 6.

3. Descartes, *Geometry of René Descartes*, p. 10.

4. Ibid.

5. Boyer, *History of Analytic Geometry*, p. 138.

6. Albers et al., *More Mathematical People*, p. 278.

7. Boyer, *History of Analytic Geometry*, p. 75.

8.. Ibid.

Z 複數

1. Struik, *Source Book in Mathematics*, p. 67.

2. Ibid., p. 69.

3. Katz, *History of Mathematics*, p. 336.

4. Descartes, *Geometry of René Descartes*, p. 175.

5. Whiteside, *Mathematical Papers of Isaac Newton*, Vol. 5, p. 411.

6. Kline, *Mathematical Thought*, p. 254.

7. *A Century of Calculus*, Part I, Mathematical Association of America, Washington, DC, 1992, p. 8.

8. William Dunham, "Euler and the Fundamental Theorem of Algebra," *The College Math- ematics Journal*, Vol. 22, No. 4, 199 1, pp. 282-293.

【索引】

國家圖書館出版品預行編目資料

數學教室A to Z：數學證明難題和大師背後的故事/威廉‧鄧漢（William Dunham）著；
　蔡承志譯.--初版.--臺北市：商周出版：家庭傳媒城邦分公司發行, 2009.09（民98）
　面；　公分.（科學新視野；93）
　譯目：The Mathematical Universe: An Alphabetical Journey Through the Great Proofs,
　　Problems, and Personalities.
　ISBN 978-986-6369-41-4（平裝）

　1. 數學　2. 歷史　3. 傳記

310.9   98014685

科學新視野 93

數學教室A to Z：數學證明難題和大師背後的故事

作　　　　者／威廉‧鄧漢（William Dunham）
譯　　　　者／蔡承志
企 畫 選 書／陳靜芬
責 任 編 輯／陳靜芬

版　　　　權／林心紅
行 銷 業 務／賴曉玲、蘇魯屏
副 總 編 輯／楊如玉
總 經 理／彭之琬
發 型 人／何飛鵬
法 律 顧 問／台英國際商務法律事務所　羅明通律師
出　　　　版／商周出版
　　　　　　　臺北市中山區民生東路二段141號9樓
　　　　　　　電話：(02) 2500-7008　　傳眞：(02) 2500-7759
　　　　　　　E-mail：bwp.service@cite.com.tw
發　　　　行／英屬蓋曼群島商家庭傳媒股份有限公司城邦分公司
　　　　　　　臺北市民生東路二段141號2樓
　　　　　　　書虫客服專線：(02)2500-7718；2500-7719
　　　　　　　24小時傳眞專線：(02)2500-1990；2500-1991
　　　　　　　服務時間：週一至週五上午09:30-12:00；下午13:30-17:00
　　　　　　　劃撥帳號：19863813　戶名：書虫股份有限公司
　　　　　　　E-mail：service@readingclub.com.tw
　　　　　　　歡迎光臨城邦讀書花園　網址：www.cite.com.tw
香港發行所／城邦（香港）出版集團有限公司
　　　　　　　香港灣仔駱克道193號東超商業中心1樓
　　　　　　　電話：(852) 25086231　傳眞：(852) 25789337
　　　　　　　E-mail：hkcite@biznetvigator.com
馬新發行所／城邦（馬新）出版集團　Cité (M) Sdn. Bhd. (458372U)
　　　　　　　11, Jalan 30D/146, Desa Tasik, Sungai Besi,
　　　　　　　57000 Kuala Lumpur, Malaysia.
　　　　　　　電話：603-90563833　傳眞：603-90562833

封 面 設 計／莊謹銘
排　　　　版／浩瀚電腦排版股份有限公司
印　　　　刷／鴻霖印刷傳媒股份有限公司
總 經 銷／聯合發行股份有限公司　電話：(02) 29178022　傳眞：(02)29156275

■2009年（民98）9月8日初版一刷　　　　　　　Printed in Taiwan
■2013年（民102）8月12日初版5刷

定價／360元

城邦讀書花園
www.cite.com.tw